预制装配整体式模块化建筑施工及验收

张季超　周观根　徐其功　许　勇　段敬民　编著
张雪松　卢利敏　赵　祺　周逸铖

科学出版社

北京

内 容 简 介

本书重点介绍了预制装配整体式模块化建筑在施工及验收方面所取得的成果。

本书内容包括绪论、建筑模块材料、建筑模块制作、防腐涂装及防火保护措施、施工组织设计及 BIM 技术应用、运输和吊装、建筑模块安装、施工安全与绿色施工、检测与监测、验收、施工组织设计实例、广东科学中心巨型钢结构模块施工实例、建筑模块智能建造、智能建造管理系统等。

本书可供土木工程领域的科技人员，以及高等院校相关专业的师生参考。

图书在版编目（CIP）数据

预制装配整体式模块化建筑施工及验收/张季超等编著. —北京：科学出版社，2024.3

ISBN 978-7-03-068601-5

Ⅰ.①预… Ⅱ.①张… Ⅲ.①预制结构-装配式构件-建筑施工 ②预制结构-装配式构件-建筑施工-工程验收 Ⅳ.①TU3 ②TU712.5

中国版本图书馆 CIP 数据核字（2021）第 064825 号

责任编辑：童安齐 / 责任校对：马英菊
责任印制：吕春珉 / 封面设计：东方人华平面设计部

科 学 出 版 社 出版
北京东黄城根北街 16 号
邮政编码：100717
http://www.sciencep.com
北京中科印刷有限公司印刷
科学出版社发行 各地新华书店经销
*

2024 年 3 月第 一 版 开本：787×1092 1/16
2024 年 3 月第一次印刷 印张：18 1/2
字数：420 000

定价：210.00 元

（如有印装质量问题，我社负责调换）

销售部电话 010-62136230 编辑部电话 010-62137026

前　言

预制装配整体式模块化建筑是推进高品质、好房子建设的优秀载体，预制装配整体式模块化建筑体系作为建筑工业化中的一种新兴技术，具有重量轻、预制化程度高，施工效率高和工期短等特点。

本书内容丰富，概念清晰，叙述简明扼要。书中着重阐述模块化建筑施工的基本流程和关键技术，紧密结合模块化建筑施工及验收规程，展示模块化建筑结构施工的全过程，并介绍装配式结构施工组织设计及预制装配整体式模块化结构施工组织的实例，以及建筑模块智能建造新技术等。

本书由广州大学张季超、许勇，浙江东南网架股份有限公司周观根、周逸铖，广东省建科建筑设计院有限公司徐其功，河南工程学院段敬民，广州番禺职业技术学院张雪松，河南省基本建设科学实验研究院有限公司卢利敏，墨点狗智能科技（东莞）有限公司赵祺编著。

在编写本书过程中，参考了国内外近年来出版的建筑施工及验收等方面的教材、规范、手册及论文，在此向有关作者表示感谢。

本书得到广东省重点领域研发计划项目（项目编号：2020B0101130005）、广州大学高水平大学建设（项目编号：27000523）、广州市"121"人才梯队工程、河南工程学院人才项目、番禺职业技术学院人才项目等资金资助。

因作者水平有限，书中难免有遗漏和不足之处，热切希望读者批评指正。

目　　录

1 绪 论

1.1 概 述

1.1.1 预制装配整体式模块化建筑的基本概念

随着我国城镇化战略的加速推进，建筑业在改善人民居住环境、提升生活质量中的地位凸显。目前我国传统"粗放"的建造模式仍较为普遍，一方面，生态环境遭到严重破坏，资源利用率低；另一方面，建筑安全事故高发，建筑质量也难以保障。因此，工业化、智能化建造替代传统工程建设模式势在必行，而在建筑工业化发展道路上，模块化建筑是建筑工业化高度发展的结果，其核心概念就是标准化的预制装配式空间模块。预制装配整体式模块化建筑是指采用工厂预制构件，包括各个子系统、结构骨架、围护组件、功能部件等，在工厂内制造成整体式单元模块，运输至现场用装配化方式构筑的基础上，将水平模块（构件）和竖直模块（构件）通过整体浇筑组装而成的建筑物。预制装配整体式模块化建筑适用于高层和超高层建筑并且装配率高，是目前装配式建筑发展的高端模式。

预制装配整体式模块化建筑与现浇建筑的主要区别是施工方式不同[1]。传统的现浇建筑施工工序为在现场搭设脚手架，绑扎钢筋笼，制作构件模板，然后浇捣混凝土形成建筑整体。预制装配整体式模块化建筑是将尺寸适宜运输的集成建筑模块在工厂进行预制，并对模块内部进行布置与装修，之后运输至施工现场完成吊装、拼接工作，最终通过混凝土整浇为建筑整体。模块化建筑在质量保证、结构设计、性能标准等方面体现出显著的优势。其优势在于：预制部件在工厂已完成，省去了脚手架的搭设，建造周期短；工厂可控环境下质量有严格保证，规模效益显著；受气候条件影响小；模块隔声、保温、防火性能优良；优化建材利用率，减少建筑垃圾，以及对现场周边地区的侵扰；可拆卸并能够重复利用。目前，预制装配整体式模块化建筑在欧洲、北美，以及澳大利亚、日本、韩国等已经得到应用和推广。随着我国建筑工业化的进程加快，预制装配整体式模块化建筑正在大力推广应用。

1.1.2 发挥预制装配整体式模块化建筑的优势

建筑业的生产模式正由传统化的建造模式逐渐向工业化建造模式过渡。传统建造模式大部分的生产活动都发生在施工现场，对于材料的使用、设备的安装都基于传统的施工模式。工业化建造模式则将大部分或者全部的构配件生产由施工现场转为工厂车间或现场预制车间，将人工建造方式转为机械化生产，将施工现场湿作业主导的作业转为机械式吊装与拼装等干作业。模块单元现场吊装、安装如图 1-1-1 所示。相比传统建造模式，建筑工业化有利于提高生产力、提高施工安全和工程质量，有利于提高建筑综合品质和性能，以及减少用工、缩短工期、减少资源能源消耗、降低建筑垃圾和扬尘等。

图 1-1-1　模块单元现场吊装、安装

预制装配整体式模块化建筑与传统建筑在施工验收方面相比，有以下显著优势。

1. 质量方面

相对于传统建筑，预制装配整体式模块化建筑质量更加可靠、稳定。装配式建筑的预制构件及相关子系统是在工厂机械流水线中统一生产制造（图 1-1-2），通过合理作业流程和产品质量控制标准，可以生产出高质量的预制构件，且构件质量容易得到保证。另外，结构构件或模块出厂时，其已达到使用强度，不存在强度滞后性，且受季节影响小，可将冬季施工和夏季施工造成的不良影响降至最低。相比之下，传统建筑施工在露天现场进行，受客观条件如施工人员素质、天气、运输等的影响，控制构件的质量比较困难，也给建筑的验收带来困难；现浇混凝土需要连续施工，其结构产生强度需要一定的时间，而且我国的北方严寒地区，能进行湿作业的施工季节有限，会影响施工的整体效率。

图 1-1-2　模块化构件工厂化生产制造

2. 技术方面

传统建筑施工对工人的技术要求较高，而装配式建筑采用工厂预制、现场安装的手段，大大降低了对工人的技术要求，提高了现场施工的机械化。同时，装配式建筑可以做到在设计阶段对整栋建筑全部构件进行分解、拆分，对设计—生产—施工—使用—维护等全寿命周期采用计算机管理，有利于工厂合理、精确下料，机械化切割，进行流水线生产。计算施工模拟和建筑信息模型（building information model，BIM）效果图如图 1-1-3 和图 1-1-4所示。

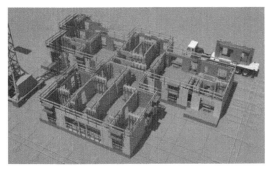
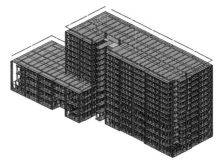

图 1-1-3 计算施工模拟   图 1-1-4 建筑信息模型效果图

3. 成本方面

随着劳动力成本的日益攀升，由纯人工劳动转变为自动化、机械化和智能化的工厂生产，可大大降低劳动力成本。工厂预制与现场施工可同步进行，特别是预制件养护期大大缩短，可以显著提升建设速度，缩短工期成本，同时缩短资金投入的时间成本。现场大量减少对模板、钢管的使用，可以缩减原材料成本。在工厂预制时，可以将保温、隔热、水电安装、外观装饰等多方面功能要求结合起来一次完成生产，既可缩短不同工种交叉施工的工期，又可减少因不同工种未协调施工造成的返修，也极大地缩减了建设成本。

4. 社会效益方面

预制装配整体式模块化建筑大量构件采用工厂预制，减少了现场钢筋绑扎和混凝土浇筑作业，减少了噪声、粉尘和光污染，降低了对周边居民生活环境的不良影响，同时也减少了对环境的破坏。根据企业测算，与传统现浇生产方式相比，装配式住宅实现节能 1/3 以上，比传统现场作业节约施工用水 60%～80%，可降低现场扬尘 80% 以上，减少建筑垃圾 80% 左右。预制的部分组件或子系统可以兼作模板使用，可以大量减少现场对模板和钢管支撑的使用，最大限度地减少建筑垃圾及废弃物的排放。在节约能耗的同时，也能满足国家环境保护政策对建筑业推广绿色施工的要求。

1.1.3 预制装配整体式模块化建筑的发展

建筑业的生产模式变迁历程大致可以分为三个阶段（图 1-1-5）：传统建筑生产模式阶段、工业化建筑生产模式阶段和模块化建筑生产模式阶段。第一阶段为传统建筑生产模式阶段，这个阶段的大部分生产活动都发生在施工现场，人工体力劳动密集，对于材料的使用和设备的安装都是基于传统的施工模式的。第二阶段为工业化建筑生产模式阶段，这个阶段的大部分构件和部件均在工厂生产，在施工现场对构件进行吊装和拼装。第三阶段为模块化建筑生产模式阶段，在这个阶段，构件和大型组件均在工厂内自动生产，并且采用了集成化的设计、生产和运输模式，最后在施工现场进行吊装和拼装。模块化建筑生产模式结合智能建造技术，将会完全颠覆建筑业的生产模式，极大提高建筑业的生产力，实现建筑业的转型升级。

传统建筑生产模式

- 大部分的生产活动都发生在施工现场
- 现场生产，对于材料的使用、设备的安装都基于传统的施工模式
- 人工式

工业化建筑生产模式

- 由工厂内的机器生产构件和部件
- 在施工现场仅进行对构件的吊装与拼装
- 机械化

模块化建筑生产模式

- 在工厂内自动生产构件和大型组件
- 在施工现场进行对组件的吊装与拼装
- 集成式的设计，优化生产和运输
- 自动化、智能化

图 1-1-5　建筑业生产模式变迁历程

　　装配式建筑即采用工厂预制的构件运输至现场组装而成的建筑形式，而模块化建筑即模块集成的建筑物，是将建筑物的各个子系统，包括结构骨架、围护组件、功能部件等，在工厂内制造成整体式单元模块，在现场用装配化方式构筑组装而成的房屋系统（图 1-1-6）。模块集成的建筑装配率高，是装配式建筑的高端模式。

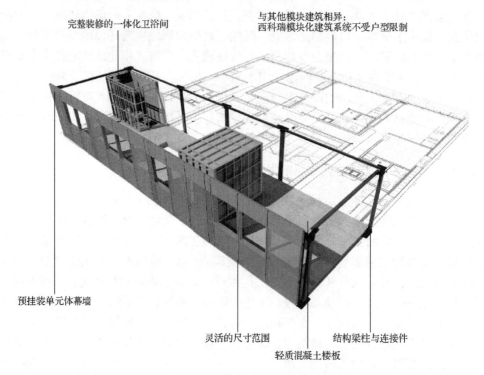

完整装修的一体化卫浴间

与其他模块建筑相异：
西科瑞模块化建筑系统不受户型限制

预挂装单元体幕墙

灵活的尺寸范围

轻质混凝土楼板

结构梁柱与连接件

图 1-1-6　模块集成化单元

模块化建筑将尺寸适宜运输的集成建筑模块在工厂进行预制,并对模块内部进行布置与装修,之后运输至施工现场完成吊装、拼接工作,最终成为建筑整体。某些方面其与临时性建筑在形式上有相似之处,但模块化建筑在质量保证、结构设计、性能标准等方面体现出显著的差异。模块化建筑的优势在于:建造周期短;工厂可控环境下质量有严格保证;规模效益显著;受气候条件影响小;模块隔声、保温、防火性能优良;优化建材利用率,减少建筑垃圾;减少对现场周边地区的侵扰;可拆卸并能够重复利用。目前,模块化建筑在欧洲、北美、日本、韩国等地已经取得较大范围的应用和推广。

新型建筑工业化建造是否实现的标志,现阶段可由能否实现下述的"9个化"来衡量。

(1)建筑设计个性化。标准化是工业化建造的基础,个性化是工业化建造成败的关键。因为建筑不仅是一个工程,而且是一种文化的表达,个性化应是建筑必须具有的要素。

(2)结构设计体系化。应该研究能够符合工业化建造要求的结构体系,并能形成菜单式订购的体系建筑。除已形成的轻钢门式刚架体系建筑、螺栓球节点网架结构体系建筑等外,更应研究和引进新的体系,如轻钢低层及多层钢框架结构体系建筑、多高层钢支撑框架结构体系建筑等。

(3)部品尺寸模数化。模数化是实施标准化的前提,各类部品之间以及部品与建筑之间的模数协调、配套和通用,是实现部品系列化、商品化生产供应的前提条件,是机械化装配施工的保证,是建筑物得以实现工业化设计和建造的关键。

(4)结构构件标准化。结构构件标准化的优劣对于实现大规模的工厂化生产有重要关系。因此应对不同的结构体系,基于已有工程实践的分析比较,提出标准化、系列化的结构构件系列,包括截面形式、材料等。

(5)加工制作自动化。加工制作系统是否实现新型建筑工业化建造的最直观的衡量标志。为了实现新型建筑工业化建造在生产方式和技术发展上与传统的大批量生产有质的变化,需要对不同的体系建筑研制数字化信息控制的高度自动化的生产系统,并逐步发展为可自律操作的智能生产系统。

(6)配套部品标准化。配套建筑部品也是工业化建造的基本组成单元,直接关系到建筑工业化建造的品质。各类部品研发时,应以模数化技术解决部品的通用性问题,以标准化实现部品的工业化生产,以系列化应对建筑个性化的要求,以集成化满足现场安装的需要。

(7)现场安装装配化。现场安装是关系到建造进度和质量及建筑物整体性、适用性、安全性和耐久性等好坏的关键工序,应针对成熟部品和工业化建筑体系研制装配专用设备,实现装配工艺优质、高效。

(8)建造运维信息化。应采用信息技术建立全过程信息化管理平台,包括建筑、结构、水、电、暖、建筑部品、部品间的连接等的设计、建造、安装、装饰、运行、维修等建筑全寿命周期的信息体系,实现建造全过程信息的交流和共享,采用智能化技术可提高运维管理的效率。

(9)拆除废件资源化。在设计、建造和部品制备等环节中都应考虑整个建筑拆除后废件资源化利用的可能性，甚至建筑整体的可拆除、可更换性。提高建筑部品利用效率、减少资源浪费本来就是推行建筑工业化的宗旨之一，也是我国建筑业可持续发展的必由之路。

1.2 预制装配整体式模块化建筑的建造

1.2.1 预制装配整体式模块化建筑施工的发展

我国的建筑施工特别是钢筋混凝土施工主要采用的是现场施工（"现浇"），这种工艺要求绝大部分施工过程均是由工人现场操作，如搭设脚手架、支设模板、制作安装钢筋、浇筑混凝土等，在某种程度上导致了建筑材料浪费量大、施工现场混乱、安全隐患较多，且人力投入较大。当前发达国家逐步摒弃这种"现浇"方法，实行绿色高效的装配式建筑施工方式。该施工方式具有节约能源、清洁生产、缩短工期、保证质量、减少消耗等诸多优点。伴随着国民生活水平的不断提高、经济的快速健康发展，我国的建筑行业施工质量和技术也得到了大幅度提高。在国家大力提倡使用装配式建筑的引导下，建筑行业的装配式建筑施工已经迸发出新的生机和活力。目前，我国有很多的高质量建筑已经使用了预制装配式结构施工技术来建造施工，并取得了良好的质量和经济效果。其中，预制装配整体式模块化建筑施工方法，将设计、制作、现场施工有机结合，设计先行于施工，而设计取决于消费者的需求。模块化建筑的设计者可以满足消费者对房屋的不同需求，消费者不仅可以在原样板房中进行选择，还可以将房屋更多地体现出个人风格与特色；施工中用到的模块构件都可以在工厂预制，制作时不受天气、环境等因素的影响，制作完成后随着进度安排运输到现场进行拼接、组装。

传统模式下的建筑施工，需要大量的人力、物力、财力来满足施工要求，并且受季节及天气影响较大；而模块构件不仅可以克服以上缺点，还能在工厂量化生产，从而可以提高效率、降低材料消耗。模块构件工业化，能够提高模块构件的精密性，可以提高施工中的精密控制。

与传统模式下的施工相比，模块化建筑施工的工期缩短很多。因为模块化施工能够将设计的结构及非结构装饰简单化，将其分解成单个子系统并便于实施。一般来说，模块化建筑的预制比例很高，通常可以达到85%以上[2]。也就是说，大部分的模块构件在工厂批量完成，剩余的水电及消防的管线、管道等也是提前留置好洞口，在后期施工时进行穿线与焊接的。因此，不同部位的单个子系统可以提前进入制作，在工序进行施工时构件已经可以保证进场等待安装，提高了工作效率。在进行施工安装时，单个子模块为立体的构件，使用机械将构件吊至指定位置后，将一侧焊接即可完成安装。与传统的装配式大板建筑相比，其省去了临时的支撑固定系统及现浇接头工序。这样一来，单以一个住宅工程来讲，从设计到最终完成只需要几个月。在进行因火山、地震、战争等不可抗力因素诱发的灾后重建时，政府可以在短时间内组织工厂进行模块化系统批量生产，快速完成模块化住宅建造，从而在最短时间内安置受灾群众，所以模块化建筑无疑又是赈灾时的另一可行的选择。

模块化建筑施工可以降低资源的消耗，主要表现在以下三个方面。

（1）用工消耗减少。与同等面积的房屋比较用工量降低 15%～18%，若是砖混结构的房屋用工总量会降低 35%～55%。用工总量的减少主要表现在现场的人员减少，比传统模式下的建筑减少 50% 以上。

（2）材料消耗减少。对方木、钢模板与木模板、砖、砂、水泥等建筑材料的消耗减少，比传统模式下的建筑减少 50% 以上；特别是混凝土用量较少，与传统的建筑模式相比，作为模块的盒壁可以作为结构支撑衔接角柱和梁同时受力，所以能省去梁、板、柱上的大量混凝土。模块化构件可以分为承重构件和非承重构件。对于承重构件，多用在承重结构部位如底层或承重骨架的镶嵌房屋等，这部分采用材料为钢筋混凝土和金属材料；对于非承重构件，多用在卫生间、厨房、卧室等装饰装修位置，该部分材料多为塑料等质量较轻的材料。

（3）机械消耗减少。对建筑机械（如塔吊、吊篮等）使用减少，机械费用比传统模式下的建筑减少 30% 以上。

随着建筑工程的发展，因模块化建筑可以满足业主关于建筑物的造型、层数及不同时代的想象与要求等，因而许多业主采用这种新型的模块化建筑。例如科德角式小屋（一层或一层半高且结构紧凑的房屋）等，在模块化设计下的施工将更加简便。模块构件有着空间结构单元的特点，在力学性能上表现为受力性能好、抗震性能高等特点。在进行设计时，将墙体构件与顶板构件安装在一起，这样也就避免了传统设计下的楼板长度过长而导致其搁置的问题。在进行构件制作时，房间由各种子模块拼接而成，这样一来规格型号会相对减少。随着人们在环保意识方面的不断加强，生态环境保护被日益重视，而模块化建筑因其绿色设计的特点使之更健康环保，在进行设计时可以将生态设计与补偿设计共生，建筑内广泛运用的新型建筑材料，将使房屋更节能环保。新型建筑材料的运用，不仅使房屋更加坚固，而且其独特的保温作用，将减少房间温差的变化，减少对空调、取暖设备的依赖，更节能、环保。新风经多级过滤后引入室内，每小时彻底换气一次以上，减少二次装修带来的室内甲醛含量。

1.2.2 预制装配整体式模块化建筑的施工流程

预制装配整体式模块化建筑施工的主要流程为工厂制造、模块构件运输、现场组装施工，即建筑的部分或全部构件在工厂预制完成，然后运输到施工现场，再将构件通过可靠的连接方式组装而成的施工过程。

1. 工厂制造

预制装配整体式模块化建筑工厂内的制造主要为构件的预制和组装，大致的施工过程为：根据设计方提供的图纸等资料购置相应的原材料，并制作相对应尺寸和形状的模块构件（图 1-2-1），即建筑模块制作前，应根据各专业施工图纸和施工组织设计，合理地选定制作的模块。此后根据施工图纸的要求组装相应的模块，组装过程要严格按照相关的施工工艺进行，以免出现组装后的模块存在严重缺陷以至于需要返工。模块制作好后即可通过吊装等方式将模块装车运输至现场。

图 1-2-1　预制模块构件工厂制作

2. 模块构件运输

模块在工厂组装完成后,须通过车辆运输至施工现场后再吊装和安装,建筑模块在运输时宜选择平坦畅通的道路,并在运输过程中应避免模块间的碰撞。在运输方面除满足技术要求外,还要符合国家或地区的交通法律法规,如要考虑运输车及模块的质量,在某些路段是否超重,或车的体积过大时是否要夜间行车等。若车上模块高度超过 2.6m,模块外部应有的明显高度标记,建筑模块超高、超长、超宽时,应采取相应措施。建筑模块运输宜采用多式联运,预制模块构件装车运输如图 1-2-2 所示。

图 1-2-2　预制模块构件装车运输

3. 现场组装施工

预制装配整体式模块化建筑现场组装施工主要为施工吊装和安装两方面的内容。

模块单元主要通过车辆运输,在交通场地条件允许的情况下直接由吊车从运输车上吊起施工(图 1-2-3),可以极大减少对场地的占用、降低影响施工现场周边建筑设施的使用等,且对于处于人流量、车流量较多的商业地段、城市中心地段等类似环境下具有极大的便利。同时,也可以集中运输至场地后统一吊装施工,因为预制装配整体式模块化建筑的单元模块以后装修为主,可露天存放,对于拥有充足场地条件的大型工程比较方便。由于模块以框架单元在工厂内已组装完毕,这样减少了大量的高空作业量和组装吊装的难度。模块框架单元地面组装减少了大量的脚手架搭设，只需搭设少量简易脚手架或设置操作性爬梯或挂篮即能保证操作条件。模块框架单元地面组装降低了大量的高空作业所形成的安全施工控制难度及安全风险。采用模块框架单元可以多个框架单元同时进行地面组装，扩大了施工作业面，缩短了组装周期，有利于工程总进度的控制。

图 1-2-3 预制模块构件施工吊装

预制装配整体式模块化结构考虑模块划分方式、模块单元尺寸的选取、剪力墙的构造方式，为保证施工工序间衔接配合、运输规划、人力资源配合等，其施工安装流程相比其他结构体系有很大的不同，尤其是对于筒体结构这种差别更加明显。例如，目前的高层模块化结构，无论是需要现浇的钢筋混凝土内筒体系，还是采用装配的钢结构内支撑，都需要先构造核心体系，再对核心体系四周的模块进行安装；而预制装配整体式模块化结构，以模块划分方向为主方向，先吊装核心体系所在主方向以外的模块单元，后吊装核心模块，并且逐层安装，安装流程如图 1-2-4 所示。

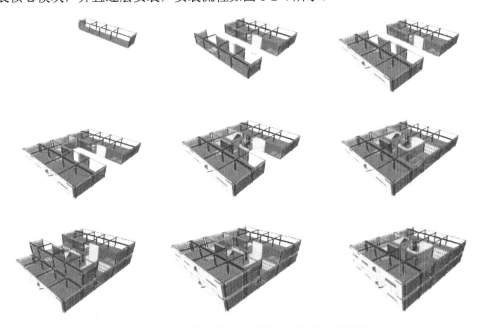

图 1-2-4 预制装配整体式模块化结构的安装流程

1.3　预制装配整体式模块化建筑的检测与验收

1.3.1　预制装配整体式模块化建筑检测的必要性

　　常规的施工工程的验收方法,主要有隐蔽工程验收、检查施工记录、检查标样试块强度报告或检查其他相关资料,但这样的验收方法对预制装配整体式模块化建筑结构工程来说存在诸多问题,如无法检测套筒内钢筋是否被截断、灌浆料实体强度是否达到要求、灌浆是否饱满等。所以,预制装配整体式模块化建筑结构需要有更深入的检测方法,包括构件在出厂前的质量检测和施工现场的进场检测等,其检测的重点如图 1-3-1 所示。

　　出厂前的质检分为企业自检和委托第三方检测。企业自检主要对构件的外观尺寸、尺寸偏差、夹芯外墙板中内外墙板之间的拉结件等进行检测;委托第三方检测的主要内容包括饰面砖与构件基面黏结强度及结构性能检测等,工厂阶段的检测如图 1-3-2 所示。

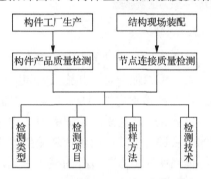

图 1-3-1　模块构件质量检测重点

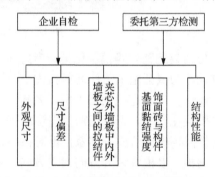

图 1-3-2　工厂阶段的检测

　　预制装配整体式模块化结构在施工现场的检测主要分为进场检测和结构实体检测[3]。装配整体式模块化结构的预制模块在进场检测时应注意:预制构件是在工厂预先制作,并在工厂内进行组装成模块的,组装时需要较高的精度,同时每个模块具有唯一性,一旦某个预制构件有缺陷,势必会对整个组装工程质量、进度、成本造成影响。因此,必须对预制模块进行严格的进场检查。预制模块进场时必须有预制构件厂的出厂检查记录。预制构件进场前,应检查构件出厂质量合格证明文件或质量检验记录,所有检查记录和检测合格单必须签字齐全、日期准确。预制模块构件的外观质量不应有严重缺陷。预制模块用螺栓连接应有质量证明文件和抗拉强度检测报告,并应符合现行行业标准《钢结构高强度螺栓连接技术规程》(JGJ 82—2011)的相关规定。首批进场部件(预制模块、卫浴系统、螺栓、焊接材料等)必须进行一般项目的全数检查,首批进场构件检测全部合格。后续进场构件每批进场数量不超过 100 件为一批,每批应随机抽查构件数量的 5%,且不应少于 3 件。预制模块构件检测的一般项目包括长(高)、宽、厚,对角线差,表面平整度,侧向弯曲、翘曲,预埋件定位尺寸,预留洞口位置,结构安装用套筒、螺栓、预埋内螺母,主筋外留长度、保护层厚度,灌浆孔畅通等。

　　预制装配整体式模块化结构在结构实体检测时应注意:构件在吊装和安装等施工过程中可能存在人为的操作失误,使得构件在安装后未能达到预期所要发挥的作用。因此,部件整体安装后要对涉及结构安全的主体模块连接处、钢梁等重要部位进行结构实体检验。结构实体检测应在监理工程师见证下，由施工项目技术负责人组织实施。承担结构实体检测的实验室应具有相应的检测资质。此外，还要对预制混凝土构件以及用于建筑模块连接的现浇混凝土的强度进行检测，应以在浇注地点制备并与结构实体相同养护条件下的试件强度为依据，也可采用非破损或局部破损的检测方法检测。对预制模块构件、建筑模块连接节点的结构性能、叠合楼板现浇层厚度及同条件养护试件的强度等检测应按相关标准的有关规定进行。

1.3.2 预制装配整体式模块化建筑质量控制点

构件的成型质量和吊装精度质量的控制（图1-3-3）是预制装配式模块化建筑结构工程的重点环节，也是核心内容。

图1-3-3 吊装质量控制

1. 预制构件质量控制

预制构件的质量控制主要包括模具制作与安装质量控制，钢筋骨架制作、成型，入模质量控制，混凝土质量控制，成品质量控制。

模具制作与安装质量控制主要是对模具精度进行控制。根据不同构件形状，模具分为底模、内侧模、外侧模、吊模四个部分，均为可拆、可移螺栓连接方式，具有足够的刚度和精度，模板组装定位准确、操作方便。模具精度要求高，几何尺寸偏差必须控制在设计要求允许的范围之内，其边长允许偏差为±2mm，高度允许偏差为+1mm，对角线允许偏差为±3mm，表面凹凸允许偏差为2mm，扭曲允许偏差为2mm，弯曲允许偏差为3mm。

钢筋和混凝土的质量控制点与一般工程相似。钢筋的规格或型号应符合图纸设计要求，钢筋表面必须清理干净，否则不得浇入混凝土内。受力钢筋的弯钩和弯折应符合规范规定，弯钩的弯后平直部分长度应符合图纸要求，弯曲后表面不得有裂纹，弯曲尺寸允许偏差：受力钢筋长度为±5mm；弯起钢筋的弯折位置为±10mm。钢筋安装时，钢筋网和钢筋成品（骨架）安装位置的偏差符合设计要求。已成型的钢筋骨架入模后，及时垫好钢筋保护层支架，支架设置间距为每500mm一个。混凝土的配合比计算、塌落度检测、浇筑、振捣、养护及脱模必须满足混凝土规范要求。

构件脱模后，应及时进行成品验收。对于存在缺陷的构件，应进行面层处理与损坏部位的修补，构件修补完成后，应根据事先的缺陷检查记录，对修补后的构件面逐一检查验收，合格后方可用于工程，否则应返工至合格为止。

2. 预制构件安装精度控制与校核

在底部结构正式施工前，必须布设好上部结构施工所需的轴线控制点，所设的基准点组成一个闭合线，以便进行复核和校正。

楼层观测孔的施工放样，应在底层轴线控制点布设后，用线锤把该层底板的轴线基准点引测到顶板施工面，用此方法把观测孔位预留正确以确保工程质量。用钢尺工作应进行钢尺鉴定误差、温度测定误差的修正，并消除定线误差、钢尺倾斜误差、拉力不均匀误差、钢尺对准误差、读数误差等。

每层轴线之间的偏差为±2mm。层高垂直偏差为±2mm。所有测量计算值均应列表，并应有计算人、复核人签字。在仪器操作上，测站与后视方向应用控制网点，避免转站而造成积累误差。定点测量应避免垂直角大于45°。对易产生位移的控制点，使用前应进行校核。在3个月内，必须对控制点进行校核。避免因季节变化而引起的误差。在施工过程中，要加强对层高和轴线以及净空平面尺寸的测量复核工作。

1.3.3 后浇混凝土部位质量控制点

模块化结构浇筑混凝土的部位主要为叠合楼板、剪力墙板、模块间接缝位置等，现浇混凝土部位的钢筋、模板、混凝土浇筑质量是现浇混凝土结构质量控制要点。

后浇混凝土结构钢筋质量控制包括钢筋制作与安装质量控制、钢筋工程隐蔽验收。

钢筋制作与安装质量控制的基本要求：钢筋进场时，应按规定抽取试件做力学性能检验，其质量必须符合有关标准的规定。钢筋在施工现场加工制作，则钢筋加工的允许偏差应符合相关的规定；钢筋安装时，钢筋的品种、级别、规格和数量必须符合设计要求。

钢筋隐蔽工程验收：在完成钢筋工程安装后应及时进行班组自检，同时要求水电预埋施工班组自检，并相互检查，之后报项目部质检员进行检查验收，当质检员查验并现场督促整改完成后确认符合要求，再正式报请工程监理部到场进行隐蔽工程验收（施工员和质检员对现场质量情况有充分把握时，应提前半天做验收准备）；严禁不经隐蔽工程验收进行混凝土的浇灌。

此外，后浇混凝土部位质量控制点还应注意以下工程基本要求。

模板工程基本要求：模板工程采用胶合板、钢木模板等材料。安装应满足下列要求：模板的接缝不应漏浆；模板与混凝土的接触面应清理干净并涂刷隔离剂，但不得采用影响结构性能或妨碍装修工程施工的隔离剂；浇筑混凝土前，模板内的杂物应清理干净并浇水湿润，但模板内不应有积水；固定在模板上的预埋件、预留孔洞和预埋钢管等不得遗漏，安装必须牢固、位置准确，其偏差应符合规定。

混凝土工程基本要求：混凝土采用商品混凝土泵送施工方法。混凝土原材料、配合比、外加剂应符合相应规范规定；混凝土的强度等级必须符合设计要求；用于检查结构构件混凝土强度的试件，应在混凝土的浇筑地点按照要求随机抽取制作，并做好养护；混凝土运输、浇筑及间歇的全部时间不应超过混凝土的初凝时间；同一施工段的混凝土应连续浇筑；分层浇筑时，上一层混凝土应在底层混凝土初凝之前浇筑完毕；施工缝、后浇带的位置及处理应按设计要求和施工技术方案处理；浇灌施工时安排钢筋工在现场随时将下踩的钢筋网向上提拉，保证板面钢筋的保护层厚度不超标；现浇结构混凝土浇筑完毕后应根据季节、时段及时采取覆盖保湿养护或其他有效的养护措施；混凝土尚未达到一定强度（通常浇灌后 8h 内）时，不得在其上踩踏或进行模板安装等作业。

1.3.4　预制装配整体式模块化结构的优点及存在的问题

　　1.　预制装配整体式模块化建筑结构工程的优点

　　通过预制装配式模块化建筑结构工程与现浇混凝土结构对比可以发现，预制装配式模块化建筑结构工程存在如下优点。

　　（1）劳动强度明显降低，周转材料大量减少。

　　（2）工序减少，内墙工序由 7 道减少到 2 道，而外墙由 9 道减少到 2 道，并消除了抹灰带来了空鼓、开裂等通病。

　　（3）现场手工作业量较大减少，工程模块预制化率高。

　　（4）大部分构件在工厂制作，产品质量控制更为精细。

　　2.　存在的问题

　　从社会综合效益分析及改善住宅品质、提高安全生产和文明施工水平、缩短施工周期、减少对熟练劳动力依赖等潜在价值来看，发展预制装配式模块化建筑技术，是社会经济发展到一定水平的必然选择，也将是我国住宅建设发展的必由之路。但在大力开展工业化住宅建设的同时，仍然有较多问题需要研究解决。

　　（1）施工方面。国内目前的模块化建筑技术尚未成熟，国内主要流行的仍然是现浇结构和预制装配式混凝土结构，所以生产相应模块化施工设备的厂商较少，如吊装较大模块施工机械等的厂商较少，这些都对装配整体式模块化结构的推广带来较大的影响。

　　（2）检测及验收方面。预制装配式建筑相关设计、施工标准规范欠缺，相关施工工艺、工法和安全规程还未建立，甚至与国内现行的建筑技术标准、规范在很多方面还不兼容，使得设计、审批、验收无标准可依，这对预制装配式模块化建筑的大规模推广是一个障碍。

　　3.　小结

　　预制装配整体式模块化建筑的建设一方面需要协调解决好建筑模块体系和标准化部品体系两个层面的问题，另一方面应重视发展住宅成套使用技术，如工程施工中通常要遇到防水、排烟通风道、轻质隔墙、围护结构保温隔热等各种专门化建造技术。将各类集成技术成套化，提高住宅工程质量和生产效率，降低建造成本，这也是我国预制装配式模块化建筑体系发展初级阶段必须解决的问题。

　　虽然国外发达国家在预制装配整体式模块化建筑的发展方面领先于我国，但其也并非一蹴而就，也有其自身发展的阶段性。研发我国工业化住宅的技术体系应当结合我国国情，目前需尽快制定符合我国现阶段发展水平的技术体系，并有选择性地引进国外先进的技术，以加快我国预制装配式模块化建筑产业化的进程。

　　预制装配整体式模块化建筑的另一个重要方面是全面推行以某种结构形式或施工方法为特征的专用住宅建筑体系。这是一种以住宅功能目标为主体、以市场为导向的完整的生产体系。其主要特征是把规划和设计、生产和施工、销售和管理等融于一体；结合现代城市居住理念，积极采用建筑工业化生产模式和各项集成技术，以及系统管理方式，逐步形成适合我国国情、配套较为完善的预制装配整体式模块化建筑体系。

2 建筑模块材料

预制装配整体式模块化建筑在施工建造方式上与现浇结构有所不同，其对建筑模块所使用的材料在性能等级上也与其他构件有所区别，如模块在运输过程中产生的振动、施工吊装时吊点处的应力集中等对模块构件材料的力学性能的影响等，因此预制装配整体式模块化结构在材料的使用与现浇结构所用材料是不同的。

2.1 混 凝 土

2.1.1 混凝土的耐久性

混凝土耐久性是指混凝土在抵抗周围环境中各种物理和化学作用下，仍能保持原有性能的能力。混凝土工程的耐久性与工程的使用寿命相联系，是使用期内结构保持正常功能的能力，这一正常功能不仅仅包括结构的安全性和结构的适用性，而且更多地体现在适用性上[4]。

对重要工程或大型工程，应针对具体的环境类别和作用等级，分别提出抗冻耐久性指数、氯离子在混凝土中的扩散系数等具体量化的耐久性指标。

预制装配整体式模块化结构对混凝土有耐久性指标要求，大批量、连续生产的同一配合比混凝土，混凝土生产单位应提供基本性能试验报告。水泥、外加剂进场检验，当满足下列情况之一时，其检验批容量可扩大一倍。

（1）获得认证的产品。

（2）同一厂家、同一品种、同一规格的产品，连续三次进场检验均一次检验合格。

混凝土材料应根据结构所处的环境类别、作用等级和结构设计使用年限，按同时满足混凝土最低强度等级、最大水胶比和混凝土原材料组成的要求确定。

模块化结构构件的混凝土强度等级应同时满足耐久性和承载能力的要求。

素混凝土结构满足耐久性要求的混凝土最低强度等级，一般环境下其不低于C15；冻融环境和化学腐蚀环境应根据有关规定确定，氯化物环境可按环境作用等级确定。

2.1.2 混凝土的强度等级

实现建筑工业化的目的之一，是提高产品质量。模块化构件在工厂生产，易于进行质量控制，考虑到模块构件在运输和施工过程中受到的影响，因此对其采用的混凝土的最低强度等级的要求高于现浇混凝土。预制构件的混凝土强度等级不宜低于C30；预应力混凝土预制构件的混凝土强度等级不宜低于C40，现浇混凝土的强度等级不应低于C25；预制装配整体式模块化结构可采用与装配式结构一样的混凝土强度等级或在关键部品结构适当提高一个等级。

2.1.3 混凝土的变形性能

预制装配整体式模块化结构的混凝土变形与现浇结构一样可分为两类：一类是在荷载作用下的受力变形，如单调短期加荷、多次重复加荷以及荷载长期作用下的变形；另一类与受力无关，称为体积变形，如混凝土收缩、膨胀以及由温度变化所产生的变形等。

1. 混凝土的应力-应变曲线

混凝土在单调短期加荷作用下的应力-应变曲线是其最基本的力学性能，曲线的特征是研究混凝土构件的强度、变形、延性（承受变形的能力）和受力全过程分析的依据。根据试验结果并顾及混凝土的塑性性能，应将混凝土轴心受压的应力-应变曲线简化以便于应用（图 2-1-1）。图 2-1-1 中相应于构件中最大应力 f_c 时混凝土的应变值 ε_0 为 0.002，相应于破坏时的极限应变值 ε_{cu} 为 0.0033。

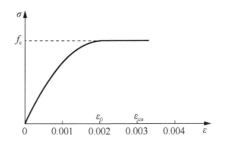

图 2-1-1   混凝土应力-应变曲线

2. 混凝土的弹性模量和剪切模量

在材料力学中，衡量弹性材料应力-应变之间的关系，可用弹性模量表示为

$$E = \frac{\sigma}{\varepsilon}$$

弹性模量高，即表示材料在一定应力作用下，所产生的应变相对较小。但是，混凝土是弹塑性材料，它的应力-应变关系只是在应力很小的时候，或者在快速加荷进行试验时才近乎直线。一般说来，其应力-应变关系为曲线关系，不是常数而是变数。混凝土的弹性模量 E_c 是较难测定，不容易做准确的。确定弹性模量数值的做法如下：取棱柱体试件，加荷至不超过适当的应力 $\sigma = 0.5 f_c$ 为止，反复进行 5~10 次。虽然混凝土是弹塑性材料，卸荷后会有残余变形，但是每经一次加荷，残余变形都将减少一些。实践结果表明，经 5~10 次反复之后，变形渐趋稳定，应力-应变关系已近于直线，且与第一次加荷时应力-应变曲线原点的切线大致平行。据此，即以加荷应力到 $\sigma = 0.5 f_c$ 为止，重复 5~10 次；所得应力-应变曲线的斜率作为混凝土弹性模量的试验值。

混凝土的剪切模量为

$$G_c = 0.4 E_c$$

混凝土弹性模量的取值应按表 2-1-1 取用。

表 2-1-1　混凝土弹性模量　　　　　（单位：$10^4\,N/mm^2$）

混凝土强度等级	C15	C20	C25	C30	C35	C40	C45	C50	C55	C60	C65	C70	C75	C80
E_c	2.20	2.55	2.80	3.00	3.15	3.25	3.35	3.45	3.55	3.60	3.65	3.70	3.75	3.80

注：1. 当需要时，可根据试验实测数据确定结构混凝土的弹性模量；

2. 当混凝土中掺有大量矿物掺和料时，弹性模量可按规定龄期根据实测值确定。

2.2　钢　　材

2.2.1　钢筋的力学性能

钢筋作为预制装配整体式模块化建筑施工的重要材料，其对模块构件甚至建筑质量有直接的影响。如何把好钢筋质量关是施工企业的重要工作。通过对钢筋材料验收技术的掌握，加强对钢筋产品的质量验收，保证工程质量有重要的作用[5]。

做好钢筋进场前的验收工作，必须了解钢筋的性质，看其是否符合质量证明书标注的要求。钢筋的物理性能主要包括强度、弹性、塑性及硬度等，这些性能主要是钢筋在外力作用下表现出的特性，如尺寸和形状的改变。

（1）强度是钢筋在外力作用下，对塑性变形和断裂的抵抗能力，包括屈服强度和抗拉强度。

屈服强度是钢筋在静荷载作用下，产生大量塑性变形时的应力值。其特点是不继续增加荷载，而试样继续发生变形。由于钢筋的含碳量较高，在发生屈服时变形不明显，要测定屈服点较困难，工程上规定当产生塑性变形等于试样原来长度的 0.2%时的应力值，叫条件屈服点，所以在试验上经常以条件屈服点来表示。

抗拉强度是钢筋断裂前的最大应力值。工程上所用的钢筋，不仅要求其具有较高的抗拉强度，并具有一定的屈强比。屈强比越小，结构的可靠性越高，但屈强比太小时钢筋的有效利用率太低，应合理选用屈强比。

（2）弹性反映了钢筋的刚度，是钢筋在受力条件下计算结构变形的重要指标。在弹性变形阶段，当外力消失后，变形消失，钢筋恢复原来的形状和尺寸。

（3）塑性是指钢筋在外力作用下产生塑性变形而不断裂的能力。在工程中，钢筋的塑性通常用伸长率和冷弯性能表示。伸长率越大，说明钢筋的塑性越好。在塑性变形阶段，当外力消失后，变形不能完全消失，钢筋不能恢复至原来的形状和尺寸。冷弯性能是钢筋在常温下承受弯曲变形的能力，冷弯有助于暴露钢材的某些缺陷，如气孔、杂质和裂纹等。

（4）硬度是指钢筋抵抗其他更硬物体压入的能力，即钢筋对局部塑性变形的抗力。一般材料的硬度越高，其耐磨性越好；强度越高，其塑性变形的抗力越大，硬度值也越高。

钢筋进场加工时，应按国家现行标准的规定抽取试件做屈服强度、抗拉强度、伸长率、弯曲性能和重量偏差检验，检验结果应符合相应标准的规定。

成型钢筋模块进场时，应抽取试件做屈服强度、抗拉强度、伸长率和重量偏差检验，检验结果应符合国家现行相关标准的规定。对由热轧钢筋制成的成型钢筋，当有施工单位或监理单位的代表驻厂监督生产过程，并提供原材钢筋力学性能第三方检验报告时，可仅进行质量偏差检验。

对按一、二、三级抗震等级设计的叠合梁、柱和斜撑构件（含梯段）中的纵向受力普通钢筋应采用 HRB400E、HRB500E、HRBF400E 或 HRBF500E 钢筋，其强度和最大力下总伸长率的实测值应符合下列规定。

（1）抗拉强度实测值与屈服强度实测值的比值不应小于 1.25。

（2）屈服强度实测值与屈服强度标准值的比值不应大于 1.30。

（3）最大力下总伸长率不应小于 9%。

钢筋应平直、无损伤，表面不得有裂纹、油污、颗粒状或片状老锈。

成型钢筋的外观质量和尺寸偏差应符合国家现行相关标准的规定。

钢筋机械连接套筒、钢筋锚固板及预埋件等的外观质量应符合国家现行相关标准的规定。

2.2.2 钢结构用钢材的力学性能

预制装配整体式模块化结构中的多数模块为钢结构（图 2-2-1），钢结构用钢材的选择在很大程度上影响着建筑的质量安全[6]。模块构件钢框架采用的钢材品种主要为热轧钢板、钢带和型钢，以及冷轧钢板、钢带和冷弯薄壁型钢及压型板。钢结构模块构件一般直接选用型钢，这样可减少制造工作量，降低造价。型钢尺寸不合适或构件很大时则用钢板制作。常用的热轧型钢有 H 型钢、T 型钢、工字钢、槽钢、角钢和钢管。建筑用冷弯型钢常用厚度为 1.5～5.0mm 薄壁板或钢带经冷轧（弯）或模压而成。压型钢板是冷弯型钢的另一种形式，它是用 0.3～2.0mm 的镀锌或镀铝锌板、彩色涂层钢板经冷轧（压）成的各种类型的波形板。冷弯型钢和压型钢板常用于轻钢结构。

图 2-2-1 预制钢板

目前，承重结构的钢材宜采用 Q235 钢、Q345 钢、Q390 钢和 Q420 钢，其质量应符合现行国家产品标准和设计要求。进口钢材产品的质量应符合相关设计和合同规定的标准。

对属于下列情况之一的钢材应进行抽样复验，其复验结果应符合现行国家产品标准和设计要求。

（1）国外进口钢材。

（2）钢材混批。

（3）板厚等于或大于 40mm 且设计有 Z 向性能要求的厚板。

（4）建筑结构安全等级为一级大跨度钢结构中的主要受力构件所采用的钢材。

（5）设计有复验要求的钢材。

（6）对质量有异议的钢材。

钢板厚度及允许偏差应符合其产品标准的要求。

型钢的规格尺寸及允许偏差应符合其产品标准的要求。

钢材的表面外观质量除应符合国家现行有关标准的规定外，尚应符合下列规定。

（1）当钢材的表面有锈蚀麻点或划痕等缺陷时其深度不得大于该钢材厚度允许偏差值的 1/2。

（2）钢材表面的锈蚀等级一般规定为 C 级及 C 级以上。

（3）钢材端边或断口处不应有分层夹渣等缺陷。

2.2.3 钢筋焊接网的力学性能

钢筋焊接网是一种在工厂用专门的焊网机采用电阻点焊（低电压、高电流、焊接接触时间很短）焊接成型的网状钢筋制品。利用计算机自动控制网片的生产，焊接质量好，带焊接点的钢筋在拉力试验时，断点几乎均不在焊点处。焊接前后钢筋的力学性能几乎没有太大变化。

焊接网就钢筋直径和网孔径尺寸而言，其变化范围较大。钢筋直径一般为 0.5～25.0mm，网孔径尺寸为 6～300mm（个别可达到 400mm）。钢筋焊接网按钢丝直径和用途分为细网和轻网两大类。细网钢筋直径 0.5～1.5mm，主要用于墙面抹灰，防止表面裂缝的产生；轻网钢筋直径一般为 5～12mm（最大可达 25mm），网孔尺寸为 100mm×100mm～200mm×200mm。本节介绍的焊接网应是在工厂制造，纵向和横向钢筋分别以一定间距排列且互呈直角，全部交叉点均用电阻点焊在一起的钢筋网片，即采用低电压、低电流、自动控制电焊而成。冷轧带肋钢筋严禁采取手工电弧焊。

钢筋焊接网具有很多不同于其他类型钢筋网的优点。首先，钢筋焊接网可以大量降低钢筋安装工时，比绑扎网节约工时 50%～70%；其次，钢筋焊接网的受力筋和分布筋可采用较小直径的钢筋，配以较密的钢筋间距，钢筋焊接网的纵筋和横筋形成网状结构共同起黏合锚固作用，有利于防止混凝土裂缝的产生与发展；再次，钢筋焊接网特别适用于大面积混凝土工程，钢筋焊接网的网孔尺寸非常整齐，远超过手工绑扎网，网片刚度大、弹性好，浇灌混凝土时钢筋不易局部弯折，混凝土保护层厚度易于控制、均匀，明显提高钢筋工程质量；最后，钢筋焊接网具有较好的综合经济效益，虽然其单价高于散支钢筋，但是钢筋焊接网设计强度比 I 级钢筋高 50%～70%，考虑构件构造要求后，仍可节约钢筋 30%左右。

钢筋焊接网宜采用 CRB550 级冷轧带肋钢筋或 HRB400 级热轧带肋钢筋制作，也可采用 CPB550 级冷拔光面钢筋制作。

钢筋焊接网分为定型焊接网和定制焊接网两种。

（1）定型焊接网在两个方向上的钢筋间距和直径可以不同，但在同一方向上的钢筋宜有相同的直径、间距和长度。

（2）定制焊接网的形状、尺寸应根据设计和施工要求，由供需双方协商确定。

钢筋焊接网的规格宜符合下列规定。

（1）钢筋直径：冷轧带肋钢筋或冷拔光面钢筋为 4～12mm，冷加工钢筋直径在 4～12mm 内可采用 0.5mm，受力钢筋宜采用 5～12mm；热轧带肋钢筋宜采用 6～16mm。

（2）钢筋焊接网长度不宜超过 12m，宽度不宜超过 3.3m。

（3）钢筋焊接网制作方向的钢筋间距宜为 100mm、150mm、200mm；与制作方向垂直的钢筋间距宜为 100～400mm，且宜为 10mm 的整倍数。钢筋焊接网的纵向、横向钢筋可以采用不同种类的钢筋。

焊接网钢筋的强度标准值应具有不小于 95%的保证率。

冷轧带肋钢筋及冷拔光面钢筋的强度标准值是根据极限抗拉强度确定，用 f_{stk} 表示。热轧带肋钢筋的强度标准值是根据屈服强度确定，用 f_{yk} 表示。焊接网钢筋的强度标准值（f_{stk} 和 f_{yk}）应按表 2-2-1 采用。

表 2-2-1　焊接网钢筋强度标准值

焊接网钢筋	符号	钢筋直径/mm	f_{stk} 或 f_{yk} /（N/mm²）
冷轧带肋钢筋 CRB550	ϕ^R	5、6、7、8、9、10、11、12	550
热轧带肋钢筋 HRB400	Φ	6、8、10、12、14、16	400
冷拔光面钢筋 CPB550	ϕ^{cp}	5、6、7、8、9、10、11、12	550

焊接网钢筋的抗拉强度设计值 f_y 和抗压强度设计值 f_y' 应按表 2-2-2 采用。

表 2-2-2　焊接网钢筋的抗拉强度设计值　　　　　（单位：N/mm²）

焊接带肋钢筋	符号	f_y	f_y'
冷轧带肋钢筋 CRB550	ϕ^R	360	360
热轧带肋钢筋 HRB400	Φ	360	360
冷拔光面钢筋 CPB550	ϕ^{cp}	360	360

注：在钢筋混凝土结构中，轴心受拉和小偏心受拉的构件的钢筋抗拉强度设计值大于 300N/mm² 时，仍应按 300N/mm² 取用。

焊接网钢筋的弹性模量 E_s 应按表 2-2-3 采用。

表 2-2-3　焊接网钢筋弹性模量 E_s　　　　　（单位：N/mm²）

焊接网钢筋	E_s
冷轧带肋钢筋 CRB550	1.9×10^5
热轧带肋钢筋 HRB400	2.0×10^5
冷拔光面钢筋 CPB550	2.0×10^5

焊接网钢筋的疲劳应力比值 ρ_s^f 应按下式计算：

$$\rho_s^f = \frac{\sigma_{s,min}^f}{\sigma_{s,max}^f}$$

式中：$\sigma_{s,min}^f$——构件疲劳验算时，同一层钢筋的最小应力；

$\sigma_{s,max}^f$——构件疲劳验算时，同一层钢筋的最大应力。

冷轧带肋钢筋焊接网用于疲劳荷载作用下的板类受弯构件，当进行疲劳验算钢筋的最大应力不超过 280N/mm²、疲劳应力比值 ρ_s^f 大于 0.3 时，钢筋的疲劳应力幅值应不大于 80N/mm²。

图 2-2-2 为预制装配整体式钢筋笼。

图 2-2-2　预制装配整体式钢筋笼

2.2.4　受力预埋件锚筋的力学性能

受力预埋件的锚筋所采用的钢筋严禁采用冷加工钢筋，抗拉强度设计值 f_y 取值不应大于 300N/mm²，直锚筋与锚板应采用 T 形焊接。当锚筋直径不大于 20mm 时宜采用压力埋弧焊；当锚筋直径大于 20mm 时宜采用穿孔塞焊。当采用手工焊时，焊缝高度不宜小于 6mm，且对 300MPa 级钢筋不宜小于 0.5d，对其他钢筋不宜小于 0.6d，其中 d 为锚筋的直径。受拉直锚筋和弯折锚筋的锚固长度不应小于国家标准、规范的基本要求，锚筋在混凝土结构工程中不应布置太密集，锚筋与混凝土中的钢筋应有间隙，施工中也可使锚筋与钢筋绑扎连接或焊接，以确保锚筋的连接安全性，同时锚筋的计算截面面积应满足受力要求。注意预埋件锚筋长度、弯钩长度不能超出混凝土表面。

受力预埋件的锚筋应采用 HRB400 或 HPB300，不应采用冷加工钢筋。

2.3　连 接 材 料

预制装配整体式模块化建筑中模块之间的连接，模块与构件之间的连接是施工重点把控的内容，其对连接材料类型的选择及力学性能等都要有严格的要求[7-8]。

2.3.1 钢筋套筒灌浆连接材料

（1）钢筋套筒灌浆连接接头应满足强度和变形性能的要求。

（2）钢筋套筒灌浆连接接头的抗拉强度不应小于连接钢筋的抗拉强度标准值，且破坏时应断于接头外钢筋。

（3）钢筋套筒灌浆连接接头的屈服强度不应小于连接钢筋屈服强度的标准值。

（4）钢筋套筒灌浆连接接头应能经受规定的高应力和大变形反复拉压循环检验，且经历拉压循环后，其拉压强度仍符合《钢筋套筒灌浆连接应用技术规程》（JGJ 355—2015）的要求。

（5）钢筋套筒灌浆连接接头单向拉伸、高应力反复拉压、大变形反复拉压试验加载过程中，当接头拉力达到连接钢筋抗拉荷载标准值的 1.15 倍而未发生破坏时，应判为合格，可停止试验。

（6）钢筋套筒灌浆连接接头的变形性能应符合表 2-3-1 的规定。当频遇荷载组合下，构件中对单向拉伸试验参与变形的加载峰值提出调整要求。

表 2-3-1　套筒灌浆接头的变形性能

项目		变形性能要求
对中单向拉伸	残余变形/mm	$\mu_0 \leqslant 0.10$（$d \leqslant 32$）
		$\mu_0 \leqslant 0.14$（$d > 32$）
	最大力下总伸长率/%	$A_{sgt} \geqslant 6.0$
高应力反复拉压	残余变形/mm	$\mu_{20} \leqslant 0.3$
大变形反复拉压	残余变形/mm	$\mu_4 \leqslant 0.3$ 且 $\mu_8 \leqslant 0.3$

注：μ_0——接头试件加载至 $0.6 f_{yk}$ 并卸载后在规定标距内的残余变形；

　　A_{sgt}——接头试件的最大力下总伸长率；

　　μ_{20}——接头试件按规定加载制度经高应力反复拉压 20 次后的残余变形；

　　μ_4——接头试件按规定加载制度经大变形反复拉压 4 次后的残余变形；

　　μ_8——接头试件按规定加载制度经大变形反复拉压 8 次后的残余变形。

（7）钢筋套筒灌浆连接接头采用的套筒应符合现行行业标准《钢筋连接用灌浆套筒》（JG/T 398—2019）的规定。

（8）钢筋套筒灌浆连接接头采用的灌浆料应符合现行行业标准《钢筋连接用套筒灌浆料》（JG/T 408—2019）的规定。

（9）钢筋浆锚搭接连接接头应采用水泥基灌浆料，灌浆料的性能应满足表 2-3-2 的要求。

表 2-3-2　钢筋浆锚搭接连接接头用灌浆料的性能要求

项目		性能指标
泌水率		0
流动性/mm	初始值	$\geqslant 200$
	30min 保留值	$\geqslant 150$
竖向膨胀率/%	3h	$\geqslant 0.02$
	24h 与 3h 的膨胀率之差	0.02～0.50

续表

项目		性能指标
抗压强度/MPa	1d	≥35
	3d	≥55
	28d	≥80
氯离子含量/%		≤0.06

（10）钢筋锚固板的材料应符合现行行业标准《钢筋锚固板应用技术规程》（JGJ 256—2011）的规定。

（11）受力预埋件的锚板及锚筋材料应符合现行国家标准《混凝土结构设计规范（2015 年版）》（GB 50010—2010）的有关规定。

（12）连接用焊接材料，螺栓、锚栓和铆钉等紧固件的材料应符合国家现行标准《钢结构设计规范》（GB 50017—2017）、《钢结构焊接规范》（GB 50661—2011）和《钢筋焊接及验收规程》（JGJ 18—2012）等的规定。

（13）夹芯外墙板中内外墙板的拉结件应符合下列规定。

① 金属及非金属材料拉结件均应具有规定的承载力、变形和耐久性能，并应经过试验验证。

② 拉结件应满足夹芯外墙板的节能设计要求。

2.3.2　预埋件

在预制装配整体式模块化建筑的施工中，预埋件可分为受力预埋件和构造预埋件两种，通常由两部分组成：一是埋设在混凝土中的锚筋，这种锚筋一般采用Ⅰ级或Ⅱ级钢筋，也可以用角钢或其他型钢；二是外露在混凝土表面的锚板，一般选用 3 号钢板或角钢等。

在预埋件受力较大的地方，常在锚筋末端焊接挡板，称之为小锚板，目的是增强钢筋的锚固性能；而对于有抗剪要求的预埋件，在锚板上需加焊抗剪钢板，以满足使用要求。

所有预埋件表面及钢结构施工完毕后涂红丹一道、灰色油漆两道以防锈，在涂刷时禁止污染混凝土面。在预埋件加工过程中不得使用未经检验的材料或是严重锈蚀的下脚料。待预埋件检查合格后必须敲掉焊渣。

预埋件的制作，必须用机械的方法切割钢板、角钢、钢筋等钢材。尽可能不用人工气焊（乙炔、氧气）切割，因为钢材受热容易变形，而且棱边不整齐、平整，预埋件尺寸偏差太大，用气焊切割也使钢材的性能发生了变化。钢板（角钢）用等离子切割机下料，先在钢板上划好线，并且要量对角线，待对角线相等后才能正式下料，切割的边缘一定要整齐；角钢下料前，一定要检查角钢的角是否为 90°，如不是 90°，此角钢不允许使用，再者为角钢的平直度必须保证（防止扭曲）。

梁底预埋件在下料时应注意，当预埋件宽度和梁宽度相等，在实际下料时，为了防止预埋件宽度大于梁宽，而使梁底模板与梁侧模板产生缝隙，在浇筑混凝土时漏浆，影响混凝土质量，从而一般情况下，预埋件宽度=梁宽−5mm。柱侧面的预埋件的宽度等于此柱侧面的宽度时，为了保证柱的截面尺寸，混凝土的浇筑质量，同样，预埋件的宽度=此侧面柱的宽度-5mm。

预埋件设计规定如下所述。

（1）受力预埋件的锚板宜采用 Q235、Q345 级钢，锚板厚度应根据受力情况计算确定，且不宜小于锚筋直径的 60%；受拉和受弯预埋件的锚板厚度尚宜大于 $b/8$，其中 b 为锚筋的间距。

（2）由锚板和对称配置的直锚筋所组成的受力预埋件（图 2-3-1），其锚筋的总截面面积 A_s 应符合下列规定。

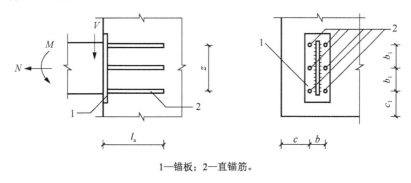

1—锚板；2—直锚筋。

图 2-3-1 由锚板和直锚筋组成的预埋件

① 当有剪力、法向拉力和弯矩共同作用时，应按下列公式计算，并取其中的较大值：

$$A_s \geqslant \frac{V}{\alpha_r \alpha_v f_y} + \frac{N}{0.8\alpha_b f_y} + \frac{M}{1.3\alpha_r \alpha_b f_y z}$$

$$A_s \geqslant \frac{N}{0.8\alpha_b f_y} + \frac{M}{0.4\alpha_r \alpha_b f_y z}$$

② 当有剪力、法向压力和弯矩共同作用时，应按下列两个公式计算，并取其中的较大值：

$$A_s \geqslant \frac{V - 0.3N}{\alpha_r \alpha_v f_y} + \frac{M - 0.4Nz}{1.3\alpha_r \alpha_b f_y z}$$

$$A_s \geqslant \frac{M - 0.4Nz}{0.4\alpha_r \alpha_b f_y z}$$

式中： f_y ——锚筋的抗拉强度设计值，不应大于 300N/mm²；

V ——剪力设计值；

N ——法向拉力或法向压力设计值，法向压力设计值不应大于 $0.5f_c A$，此处，A 为锚板的面积；

M ——弯矩设计值；

α_r ——锚筋层数的影响系数（当锚筋按等间距布置时：两层取 1.0；三层取 0.9；四层取 0.85）；

α_v ——锚筋的受剪承载力系数；

α_b ——锚板的弯曲变形折减系数；

z ——沿剪力作用方向最外层锚筋中心线之间的距离。

当 M 小于 $0.4Nz$ 时取 $0.4Nz$。

上述公式中的系数 α_v、α_b 应按下列公式计算：

$$\alpha_v = (4.0 - 0.08d)\sqrt{\frac{f_c}{f_y}}$$

$$\alpha_b = 0.6 + 0.25\frac{t}{d}$$

式中：d——锚筋直径；

t——锚板厚度。

当 $\alpha_v > 0.7$ 时，取 0.7；当采取防止锚板弯曲变形的措施时，可取 $\alpha_b = 1.0$。

（3）有锚板和对称配置的弯折锚筋及直锚筋共同承受剪力的预埋件（图 2-3-2），其弯折锚筋的截面面积 A_{sb} 应符合下列规定：

$$A_{sb} \geqslant 1.4\frac{V}{f_y} - 1.25\alpha_v A_s$$

其中系数 α_v 按《混凝土结构设计规范（2015 年版）》（GB 50010—2010）第 9.7.2 条取用。当直锚筋按构造要求设置时，A_s 应取为 0。

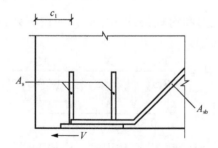

图 2-3-2 由锚板和弯折锚筋及直锚筋组成的预埋件

注：弯折钢筋与钢板之间的夹角不宜小于 15°，也不宜大于 45°。

（4）预埋件锚筋中心至锚板边缘的距离不应小于 $2d$ 和 20mm。预埋件的位置应使锚筋位于构件的外层主筋的内侧。

预埋件的受力直锚筋直径不宜小于 8mm，且不宜大于 25mm。直锚筋数量不宜少于 4 根，且不宜多于 4 排；受剪预埋件的直锚筋可采用 2 根。

对受拉和受弯预埋件，其锚筋的间距 b、b_1 和锚筋至构件边缘的距离 c、c_1，均不应小于 $3d$ 和 45mm。

对受剪预埋件，其锚筋的间距 b 及 b_1 不应大于 300mm，且 b_1 不应小于 $6d$ 和 70mm，锚筋至构件边缘的距离 c_1 不应小于 $6d$ 和 70mm，b、c 均不应小于 $3d$ 和 45mm。

受拉直锚筋和弯折锚筋的锚固长度不应小于规定的受拉钢筋锚固长度；当锚筋采用 HPB300 级钢筋时末端还应有弯钩。当无法满足锚固长度的要求时，应采取其他有效的锚固措施。受剪和受压直锚筋的锚固长度不应小于 $15d$，其中 d 为锚筋的直径。

（5）预制构件宜采用内埋式螺母、内埋式吊杆或预留吊装孔，并采用配套的专用吊具实现吊装，也可采用吊环吊装。

内埋式螺母或内埋式吊杆的设计与构造，应满足起吊方便和吊装安全的要求。专用内埋式螺母或内埋式吊杆及配套的吊具，应根据相应的产品标准和应用技术规定选用。

（6）吊环应采用 HPB300 级钢筋制作，锚入混凝土的深度不应小于 30d 并应焊接或绑扎在钢筋骨架上，其中 d 为吊环钢筋的直径。在构件的自重标准值作用下，每个吊环按 2 个截面计算的钢筋应力不应大于 65N/mm^2；当在一个构件上设有 4 个吊环时，应按 3 个吊环进行计算。

（7）混凝土预制构件吊装设施的位置应能保证构件在吊装、运输过程中平稳受力。设置预埋件、吊环、吊装孔及各种内埋式预留吊具时，应对构件在该处承受吊装荷载作用的效应进行承载力的验算，并应采取相应的构造措施，避免吊点处混凝土局部破坏。预埋件如图 2-3-3 所示。

图 2-3-3　预埋件

2.3.3　焊接材料

焊接时所用的焊条、焊丝等焊接材料应符合现行相关国家标准的规定，选择的焊条型号应与所焊钢筋的力学性能相适应。

钢材的化学成分决定了钢材的碳含量数值，是影响钢材的焊接性和焊接接头安全性的重要因素之一，直接影响焊接工艺参数和工艺措施的制定。钢结构焊接施工企业不但要保证焊接接头的力学性能符合设计要求，还要在工程前期准备阶段就应确切地了解所用钢材的实际成分和有关性能，以作为焊接性试验、焊接工艺评定及制作、安装焊接工艺参数及措施制定的依据，同时应按国家现行有关工程质量验收规范要求对钢材的成分、性能进行必要的复验。

焊接材料（焊条、焊丝和焊剂）的复验应符合国家现行相关工程质量验收标准的规定，复验时的组批规则按生产批号进行，检验项目及代表数量应按相应的国家焊接材料标准执行。焊接填充材料的选配原则，根据设计要求除保证焊接接头强度、塑性不低于钢材标准规定的下限值以外，还应保证接头的冲击韧性不低于母材标准规定的冲击韧性下限值。

焊丝应符合现行国家标准《熔化焊用钢丝》（GB/T 14957—94）、《气体保护电弧焊用碳钢、低合金钢焊丝》（GB/T 8110—2016）、《非合金钢及细晶粒钢药芯焊丝》（GB/T 10045—2018）、《低合金钢药芯焊丝》（GB/T 17493—2008）的规定。

埋弧焊用焊丝和焊剂应符合现行国家标准《埋弧焊用碳钢焊丝和焊剂》（GB/T 5293—99）、《埋弧焊用低合金钢焊丝和焊剂》（GB/T 12470—2003）的规定。焊接材料熔敷金属中扩散氢的测定方法依据现行国家标准《熔敷金属中扩散氢测定方法》（GB/T 3965—2012）执行。水银置换法只用于焊条电弧焊；甘油置换法和气相色谱法适用于焊条电弧焊、埋弧焊及气体保护焊。当用甘油置换法测定的熔敷金属材料中的扩散氢含量小于 2mL/100g 时，必须使用气相色谱法测定。钢材分类为Ⅲ、Ⅳ类钢种匹配的焊接材料扩散氢含量指标，由供需双方协商确定，也可以要求供应商提供。埋弧焊时应按现行国家标准并根据钢材的强度级别、质量等级和牌号选择适当焊剂，同时尽可能有良好的脱渣性等焊接工艺性能。

气体保护焊使用的氩气纯度不应低于 99.95%。焊接难度为 C 级、D 级和特殊钢结构工程中主要构件的重要焊接节点，采用的二氧化碳质量应符合该标准中优等品的要求。

2.3.4　机械接头连接

机械连接具有可以提前加工、接头强度高、应用范围广、施工速度快等优点[9]。普通房屋和构筑物受力钢筋的连接都可用机械连接。机械连接接头如图 2-3-4 所示。

图 2-3-4　机械连接接头

根据钢筋抗拉强度以及高应力和大变形条件下反复拉压性能的差异，机械连接接头应分为下列三个等级。

Ⅰ级：接头抗拉强度不小于被连接钢筋实际抗拉强度或 1.10 倍钢筋抗拉强度标准值，并具有高延性及反复拉压性能。

Ⅱ级：接头抗拉强度不小于被连接钢筋抗拉强度标准值，并具有高延性及反复拉压性能。

Ⅲ级：接头抗拉强度不小于被连接钢筋屈服强度标准值的 1.35 倍，并具有一定的延性及反复拉压性能。

因此，工程中应用钢筋机械连接接头时，应由该技术提供单位有效的接头形式检验报告，报告必须符合下列条件。①每种规格钢筋的接头试件不应少于 3 根。②钢筋母材抗拉强度试件不应少于 3 根，且应取自接头试件的同一根钢筋。③每根接头试件的抗拉强度均应符合规定，对于 Ⅰ 级接头，试件抗拉强度尚应不小于钢筋抗拉强度实测值的 0.95 倍；对于 Ⅱ 级接头，应大于 0.90 倍。

另外，现场应进行外观质量检查和单向拉伸试验。对接头有特殊要求的结构，应在设计图纸中另行注明相应的检验项目。现场检验应符合下列要求。

（1）接头的现场检验按验收批进行。同一施工条件下采用同一批材料的同等级、同形式、同规格接头，以 5m 为一个验收批次进行检验与验收，不足 500 个也作为一个验收批次。

（2）对接头的每一验收批，必须在工程结构中随机截取 3 个接头试件做抗拉强度试验，按设计要求的接头等级进行评定。

（3）当 3 个接头试件的抗拉强度均符合相应等级的要求时，该验收批次评为合格。如有 1 个试件的强度不符合要求，应再取 6 个试件进行复检。复检中如仍有 1 个试件的强度不符合要求，则该验收批次评为不合格。

（4）现场检验连续 10 个验收批抽样试件抗拉强度试验 1 次合格率为 100% 时，验收批接头数量可以扩大 1 倍。

（5）外观质量检验的质量要求、抽样数量、检验方法、合格标准以及螺纹接头所必需的最小拧紧力矩值由各类型接头的有关技术规程确定。

（6）现场截取抽样试件后，原接头位置的钢筋允许采用同等规格的钢筋进行搭接连接，或采用焊接及机械连接方法补接。

（7）对抽检不合格的接头验收批次，应由建设方会同设计等有关方面研究后提出处理方案。

2.3.5 钢筋锚固板

随着工程新技术、新材料的发展，如结构优化设计、高强度及更大直径钢筋，以及环氧树脂涂层钢筋及成束钢筋的应用等，使传统的直筋或弯筋锚固带来的设计与施工问题日益突出。因此，减小钢筋锚固长度、优化钢筋锚固条件的研究显得十分重要。近年来发展成熟的钢筋锚固板技术就是解决上述问题的措施之一。

锚固板是一种设置于钢筋端部用于锚固钢筋的承压板，可通过焊接、螺纹等方式与钢筋连接形成钢筋锚固板。

（1）锚固板应符合下列规定。

① 全锚固板承压面积不应小于锚固钢筋公称面积的 9 倍。

② 部分锚固板承压面积不应小于锚固钢筋公称面积的 4.5 倍。

③ 锚固板厚度不应小于锚固钢筋公称直径。

④ 当采用不等厚或长方形锚固板时，除应满足上述面积和厚度外，尚应通过省部级相关标准的产品鉴定。

⑤ 采用部分锚固板锚固的钢筋公称直径不宜大于 40mm；当公称直径大于 40mm 的钢筋采用部分锚固板锚固时，应通过试验验证确定其设计参数。

（2）锚固板原材料宜选用表 2-3-3 中的牌号，且应满足表 2-3-3 的力学性能要求。

表 2-3-3 锚固板原材料力学性能要求

锚固板原材料	牌号	抗拉强度 σ_a / (N/mm²)	屈服强度 σ_b / (N/mm²)	伸长率 δ /%
球墨铸铁	QT450-10	≥450	≥310	≥10
钢板	45	≥600	≥355	≥16
	Q345	450~630	≥325	≥19
锻钢	45	≥600	≥355	≥16
	Q235	370~500	≥225	≥22
铸钢	ZG230-450	≥450	≥230	≥22
	ZG270-500	≥500	≥270	≥18

（3）采用部分锚固板的钢筋不应采用光圆钢筋。采用全锚固板的钢筋可选用光圆钢筋。

图 2-3-5 钢筋锚固板

（4）钢筋锚固板试件的极限拉力不应小于钢筋达到极限强度标准值时的拉力。

（5）钢筋锚固板在混凝土中的锚固极限拉力不应小于钢筋达到极限强度标准值时的拉力。

（6）锚固板与钢筋的连接宜选用直螺纹连接，采用焊接连接时，宜选用穿孔塞焊。

钢筋锚固板如图 2-3-5 所示。

2.3.6 其他灌浆材料

灌浆就是把适当的可以凝结的浆液灌入裂缝含水岩层、混凝土或松散土层中，从而降低被灌物的渗透性并提高其强度，进而达到加固载体和抗渗防水目的一种方法。该方法被广泛应用在土木工程中，可起到防渗、补强、加固、堵漏、堵水的作用[10]。随着灌浆技术的广泛应用，灌浆材料也得到了较大的发展。

水泥基灌浆材料最重要的性能指标是流动度和竖向膨胀率。

（1）流动度。水泥基灌浆材料区别于其他水泥基材料的特征之一是该类材料具有好的流动性，依靠自身重力的作用，能够流进所要灌注的空隙，不需振捣就能够密实填充。对于大型设备灌浆或狭窄间隙灌浆，对流动性的要求更高。因此，流动度的大小是该类材料是否具有可使用性的前提，假如流动性不够，浆体不能顺利流满所要填充的空间，如果从另一侧进行补灌，显然会形成窝气，带来工程隐患。

（2）竖向膨胀率。水泥基灌浆材料的另一个重要特性是该类材料具有膨胀性，以能够密实填充所灌注的空间，增大有效承载面，起到有效承载的作用。

2.3.7 夹芯墙板中内外墙板连接件

在夹芯墙板中，连接件连接内外钢筋混凝土墙板和保温层，其主要作用是承受两片混凝土墙板之间的剪力，而且连接件抗剪性能的优劣直接决定着夹芯保温墙板整体性能的发挥。

为了避免预制夹芯保温墙板中连接件和墙板连接部位发生冷热桥效应，连接件需要具有较低的导热系数，从而提高墙板的保温性能；且连接件需要具备较好的耐腐蚀性，以保证其在呈碱性环境的混凝土中具有更好的耐久性；连接件的热膨胀系数需要与两侧的墙板相近，以保证在墙板的服役期间，可以减少保温连接件与内外叶墙板之间的相对滑动。

按照材料的不同，夹芯墙中的连接件分为金属材料连接件、合金材料连接件和以纤维材料为代表的非金属连接件。金属材料连接件的造价相对较低，但是导热系数高，墙体中容易产生热桥；合金材料连接件的耐腐蚀性较好，耐久性高，但造价相对较高；纤维材料连接件导热系数低，强度较高，但成本相对较高。

夹芯墙板（图2-3-6）中内外墙板的连接件应满足下列要求。

（1）夹芯墙板连接件受力材料应满足国家或行业现行标准的技术要求。

（2）连接件可采用复合非金属材料，也可采用金属材料，均应满足规定的承载力、变形、抗剪、抗拉和耐久性能，并应经过试验验证。

（3）拉结件应满足夹芯外墙板的节能设计要求。

图2-3-6　夹芯墙板

2.3.8　连接用紧固标准件

钢结构连接用的紧固标准件为高强度大六角头螺栓连接副、扭剪型高强度螺栓连接副，钢网架连接用的紧固标准件为高强度螺栓、普通螺栓、铆钉、自攻钉、拉铆钉、射钉、锚栓（机械型和化学试剂型）、地脚锚栓（图2-3-7）等，紧固标准件及螺母、垫圈等标准配件，其品种、规格、性能等应符合现行国家产品标准和设计要求。高强度大六角头螺栓连接副和高强度扭剪型螺栓连接副出厂时应分别随箱带有扭矩系数和紧固轴力（预拉力）的检验报告。

图2-3-7　地脚锚栓

高强度大六角头螺栓连接副应按规定检验其扭矩系数，其检验结果应符合相关规定。

扭剪型高强度螺栓连接副应按规定检验预拉力，其检验结果应符合相关规定。

高强度螺栓连接副，应按包装箱配套供货，包装箱上应标明批号、规格、数量及生产日期。螺栓、螺母、垫圈外观表面应涂油保护，不应生锈和沾染脏物，螺纹不应损伤。

对建筑结构安全等级为一级，跨度 40m 及以上的螺栓球节点钢网架结构，其连接高强度螺栓应进行表面硬度试验，对 8.8 级的高强度螺栓其硬度应为 21～29HRC；10.9 级高强度螺栓其硬度应为 32～36HRC，且不得有裂纹或损伤。

2.4　轻质内隔墙

轻质内隔墙是指非承重轻质内隔墙。这种隔墙的特点是自重轻、墙身薄、拆装方便、节能环保，有利于建筑工业化施工，在预制装配整体式模块化建筑中也有广泛应用。轻质内隔墙工程所用材料的种类和内隔墙的构造方法很多，按构造方式不同可分为砌块式、骨架式和板材式，按施工工艺不同可归纳为板材隔墙、骨架隔墙、活动隔墙、玻璃隔墙四种类型。加气混凝土砌块、空心砌块及各种小型砌块等砌体类轻质隔墙不含在建筑装饰工程范围内。板材隔墙是指不需设置隔墙龙骨，由隔墙板材自承重，将预制或现制的隔墙板材直接固定于建筑主体结构的隔墙工程。

2.4.1　轻质隔墙板

轻质隔墙板是一种新型节能墙材料，是一种外形像空心楼板一类的墙材。它是由无害化磷石膏、轻质钢渣、粉煤灰等多种工业废渣组成，经变频蒸汽加压养护而成的。轻质隔墙板具有质量轻、强度高、多重环保、保温、隔热、隔声、呼吸调湿、防火、快速施工、降低墙体成本等优点。

2.4.2　GRC 轻质隔墙材料

玻璃纤维增强混凝土（glass fiber reinforced concrete，GRC）是一种以耐碱玻璃纤维为增强材料、水泥砂浆为基体材料的纤维水泥复合材料。其突出特点是具有很好的抗拉和抗折强度，以及较好的韧性。这种材料尤其适合制作装饰造型和用来表现强烈的质感。与外墙装饰材料相比，GRC 材料的最大优势是可以满足建筑师个性化需求，完成装饰造型与肌理质感的表达。

2.4.3　纤维增强低碱度水泥建筑平板

纤维增强低碱度水泥建筑平板适用于以温石棉、短切中碱玻璃纤维或抗碱玻璃纤维等为增强材料，以低碱度硫铝酸盐水泥为胶结材料制成的建筑平板。

纤维增强低碱度水泥建筑平板主要用于室内的非承重内隔墙和吊顶平板等。

2.4.4　蒸压加气混凝土板

蒸压加气混凝土板是指在蒸压加气混凝土生产中配置经防锈涂层处理的钢筋网笼或钢筋网片的预制板材。经高温高压、蒸汽养护，反应生成具有多孔状结晶的蒸压加气混凝土板，其密度较一般水泥质材料小，且具有良好的耐火、防火、隔声、隔热、保温等性能。

2.4.5　轻集料混凝土条板

轻集料混凝土条板主要由发泡的轻集料混凝土条板组成，在发泡的轻集料混凝土条板内设有一层聚苯乙烯泡沫塑料中间夹层。发泡的轻集料混凝土条板的四边中至少有两边为弧形边，在安装时，两板连接处呈双弧状刚性连接，连接处用氯氧镁水泥等材料作胶凝材料，不易裂缝。

2.4.6　彩钢夹芯板

彩钢夹芯板使用的板芯主要有酚醛泡沫、聚苯、挤塑聚苯乙烯、硬质聚氨酯、三聚酯和岩棉等，而酚醛泡沫具有优异的防火、保温性能，是其他材料无法替代的。例如，酚醛泡沫的保温效果是聚苯的两倍多，防火性能上也比聚氨酯要高，且聚氨酯燃烧时会释放含氰化氢的浓烟。

2.4.7　石膏墙板

石膏墙板是以建筑石膏为原料，加水搅拌，浇注成型的轻质建筑石膏制品。生产中允许加入纤维、珍珠岩、水泥、河沙、粉煤灰、炉渣等，以使其具有足够的机械强度。石膏墙板包括纸面石膏板和石膏空心条板。

2.4.8　金属面夹芯板

金属面夹芯板是指上、下两层为金属薄板，芯材为有一定刚度的保温材料，如岩棉、硬质泡沫塑料等，在专用的自动化生产线上复合而成的具有承载力的结构板材，也称为"三明治"板，如金属面聚苯乙烯夹芯板、金属面硬质聚氨酯夹芯板，以及金属面岩棉、矿渣棉夹芯板。

2.4.9　复合轻质夹芯隔墙板和条板隔墙材料

1. 复合轻质夹芯隔墙板

复合轻质夹芯隔墙板（图 2-4-1）由双面中密度水泥纤维防水板（100%不含石棉）与轻集料混凝土芯体（膨胀珍珠岩粉、聚苯乙烯颗粒、轻质波特兰水泥、添加剂等）组成，其特点是轻质、实心、薄体、高强度、隔声、隔热、防水、防火、防潮、防冻、防老化、吊挂力强、耐冲击、可钉可锯、施工简单，以及可直接开槽埋设线管。

图 2-4-1　复合轻质夹芯隔墙板

2. 条板隔墙材料

条板隔墙材料应符合以下规定。

（1）条板的原材料应符合国家现行有关产品标准的规定，并应优先采用节能、利废、环保的原材料，不得使用国家明令淘汰的材料。

（2）条板隔墙安装时采用的配套材料应符合国家现行有关标准的规定。

（3）用于条板隔墙的板间接缝的密封、嵌缝、黏结及防裂增强材料的性能应与条板材料性能相适应。

（4）固定条板隔墙的木楔宜采用三角形硬木楔，预埋木砖应做防腐处理。

（5）条板隔墙安装使用的镀锌钢卡和普通钢卡、销钉、拉结钢筋、锚固件、钢板预埋件等的用钢，应符合国家现行建筑用钢标准的规定。

（6）镀锌钢卡和普通钢卡的厚度不应小于 1.5mm。镀锌钢卡的热浸镀锌层不宜小于 175g/m²；普通钢卡应进行防锈处理，并不应低于热浸镀锌的防腐效果。

（7）复合夹芯条板隔墙所用配套材料及嵌缝材料的规格、性能应符合设计要求，并应符合国家现行有关标准的规定。

2.5　木　　材

2.5.1　木结构建筑的特点

与其他建筑材料相比，木材具有独特的优势：不仅具有密度小、强度高、弹性好、色调丰富、纹理美观和易加工等特点，而且还是一种环保的可再循环资源。木结构建筑的特点归纳起来主要有以下几个方面。

1. 抗震性能好

木结构具有良好的弹性性能，能承受瞬间冲击荷载及周期性荷载，因而具有很好的抗震性能；木结构住宅自身质量轻，地震时吸收的地震力也相对较少。同时，由于木构架和墙体体系的连接形成空间结构形式，构件之间能相互作用，所以在地震时仍可保持结构的稳定和完整，不易倒塌。

从历次震害调查中发现，木结构的延性较好，特别是农村典型的穿斗式木结构房屋，即使在高烈度的地区，虽然结构的变形较大，但是很少发现倒塌的木结构。有些木结构房屋虽然围护结构倒塌了，但作为主体结构的木梁、木柱依然屹立完好。

2. 施工方便，周期短

木结构房屋的建造所需技术简易，一般房屋只需要有一两个熟练木工做技术性较复杂的工作，如主持绳墨、放线定平、做梁柱榫卯等，其他较简单的木工工作可由其他人承担。此外，木材还可以加工成各种不同尺寸的料子，使用起来灵活多变，改建、拆除简单易行。

3. 保温隔热性能好

木材的自身构造可吸收空气，因而木结构房屋具有优越的保温、隔热性能。相关资料显示，在相同厚度的条件下，木材的隔热性能比普通混凝土高 16 倍，比钢材高 400 倍，比铝材高 1600 倍。在冬天室外温度完全相同的条件下，木结构要比混凝土结构建筑的室内温度高 6℃，夏天则刚好相反，因而木结构建筑就好像一台天然的温度调节器，对比其他结构形式的房屋而言，人生活在木结构建筑里，会感觉更加舒适。

4. 灵活性

工匠可以将木材加工成各种不同尺寸的构件，分别用于不同的部位，因而可以看出木材具有易于加工、使用起来灵活多变的特点。木结构设计灵活多样，外表及室内布局不拘一格，改建、拆除均操作简便。

5. 使用寿命长

只要对木材采用合理方法来改进其防潮、防火、防虫等性能，木结构寿命可逾百年之久。如果使用得当，木材是一种耐久性超强的天然、可再生、无污染的资源。木结构的主要缺点是它很容易受到昆虫和真菌的侵蚀，以及自身防火性能不好。如果通过采取合理措施使木材免受这些因素的影响，木结构可抵御大部分的自然灾害，从而具有良好的耐久性。

2.5.2　木材的力学性能

1. 木材受拉性能

木材顺纹抗拉强度很高，而横纹抗拉强度很低，仅为顺纹抗拉强度的 1/14～1/10。木材在受拉破坏前变形很小，没有显著的塑性变形，因此属于脆性破坏。木结构受拉构件不得采用垂直木纹方向承受拉力，且拉杆要使用 I 等材。

2. 木材顺纹受压性能

木材受压时具有较好的塑性变形，它可以使应力集中逐渐趋于缓和，所以局部削弱的影响比受拉时小得多。木材对受压强度的影响也较小，斜纹和裂缝等缺陷也较受拉时的影响缓和，所以木材的受压性能要比受拉性能可靠得多。

3．木材受弯性能

在实际工程中，受弯构件可分为单向弯曲构件和双向弯曲构件。弯曲构件应进行承载能力极限状态下的强度验算和正常使用状态下的刚度（挠度）验算。

4．木材的受剪性能

木材的受剪可分为截纹受剪、顺纹受剪和横纹受剪（图 2-5-1）。

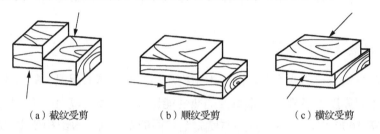

　　　（a）截纹受剪　　　　　　　（b）顺纹受剪　　　　　　　（c）横纹受剪

图 2-5-1　木材的受剪

截纹受剪是指剪切面垂直于木纹，木材对这种剪切的抵抗能力很大，一般不会发生这种破坏。顺纹受剪是指作用力与木板平行。横纹受剪是指作用力与木纹垂直。横纹剪切强度约为顺纹剪切强度的一半，而截纹剪切则为顺纹剪切强度的 8 倍。木结构中通常多用顺纹受剪。剪切破坏属于脆性破坏。

5．影响木材力学性能的因素

木材是由管状细胞组成的天然有机材料，它的力学性能受许多因素的影响。

1）木材的缺陷

天然生长的木材不可避免地会存在一些缺陷，对木材影响最大的缺陷是腐朽、虫蛀，这是任何等级的木材绝对不允许的。此外，对木材影响较大的缺陷还有木节、斜纹、裂缝及髓心。

一般将木材材质按缺陷的多少和大小，以及承重结构的受力要求，分Ⅰ、Ⅱ、Ⅲ三个等级（Ⅰ级最好，Ⅲ级最差）。承重结构构件按受力方式及受力重要性分为三类：受拉或拉弯构件材质等级选用Ⅰ级；受弯或压弯构件材质等级选用Ⅲ级；受压构件及次要受弯构件（如吊顶小龙骨）材质等级选用Ⅲ级。

2）含水率

木材的含水率对木材强度有很大影响，木材强度一般随含水率的增加而降低，当含水率达到纤维饱和点时，含水率再增加，木材强度也不再降低。含水率对受压、受弯、受剪及承压强度影响较大，而对受拉强度影响较小。

按含水率的大小，木材可分为干材（含水率≤18%）、半干材（含水率=18%～25%）和湿材（含水率>25%）。《木结构设计规范》（GB 50005—2017）规定，在制作构件时，木材的含水率应符合下列要求。

（1）对原木或方木结构不应大于 25%。

（2）对板材结构及受拉构件的连接板不应大于18%。

（3）对于木制连接件不应大于15%。

（4）对于胶合木结构不应大于15%，且同一构件木板间的含水率差别不应大于5%。

3）木纹斜度

木材是一种各向异性的材料，不同方向的受力性能相差很大，同一木材的顺纹强度最高，横纹强度最低。

此外，木材的力学性能还与受荷载作用时间、温度的高低、湿度等因素的影响有关。受荷载作用随时间的增长，木材的强度和刚度下降。温度升高、湿度增大，木材的强度和刚度下降。

2.6　气凝胶超级隔热保温材料

在预制装配整体式模块化建筑甚至是整个建筑行业中，选用绿色环保型绝热材料，有助于房屋的隔热和保温，为家居生活提供舒适的环境；采用轻质隔热材料不但可以减轻建筑物自重，而且有利于提高整体结构的防火性能。因此，通过改进围护结构的保温隔热性能，大幅度地降低其传热系数，是我国建筑节能潜力最大的途径。多年来，西方发达国家已投入巨额经费对隔热材料开展了深入的研究，并取得了许多重要的研究成果，而我国在高性能隔热材料研究方面起步较晚。发展高性能建筑节能材料及其建筑隔热保温体系，有效降低建筑空调负荷和能耗，是构建节能建筑和实施节能改造的重要组成部分。

2.6.1　气凝胶超级隔热保温材料的快速制备方法

近年来，随着微纳米先进制备及高性能微纳米材料的快速发展，气凝胶作为一种新型的轻质纳米多孔性固态材料越来越引起人们的重视，是目前质量最轻和隔热性能最好的固态材料，常温下热导率可低至0.013W/（m·K），孔隙率可高达99%，比表面积高达1000m^2/g，密度可低至0.003g/cm^3，同时还具有良好的吸声、减震、疏水、不燃等性能，是具有优异特性的超级绝热材料（即热导系数低于无对流空气的热导率）。

气凝胶是一种由胶体粒子或高聚物分子相互交联构成的具有三维网络结构的轻质纳米多孔材料，因其半透明和超轻重被称为"固态烟"或"冻烟"，在能源与环境问题日益突出的今天，气凝胶高效的隔热性能可望大幅度降低能源的损耗，尤其是在建筑行业和热力工业行业，气凝胶隔热材料的应用可望大幅度降低建筑的空调能耗与热量传输过程中的损耗，而且气凝胶具有良好的疏水性能（疏水角可达160°）、耐热性能（耐热温度可达到1200℃而不燃烧）等，成为目前最具发展前景的高性能气凝胶隔热保温材料（图2-6-1）。

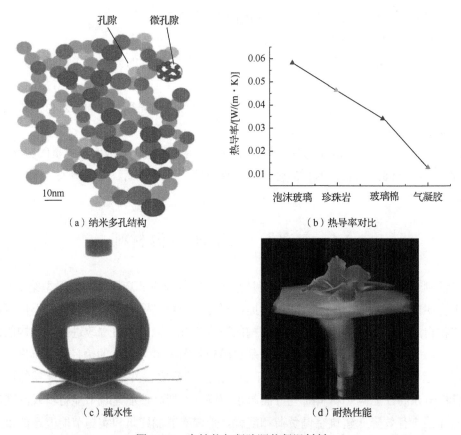

图 2-6-1　高性能气凝胶隔热保温材料

　　SiO_2 气凝胶的优异性能使其在节能和低碳环保方面具有潜在的应用空间，但由于溶胶-凝胶、表面改性、疏水处理等制备工艺流程复杂、制备周期长，并且凝胶干燥采用的超临界干燥法需要在高温高压下进行，对容器要求高，因此气凝胶的应用当前仅限于航空、航天、工业高温装置隔热等高端领域，在建筑隔热保温领域的发展与应用也因其高成本而受到限制。

　　针对气凝胶制备工艺复杂、周期长及超临界干燥效率低、成本高等问题，开发出一种基于一步溶胶置换-表面改性快速处理与低成本常压干燥的气凝胶制备工艺，获得具有超级绝热性能 [热导率 0.018W/ (m·K)]、疏水角（159.8°）、不燃（耐热温度 1200℃）、低密度（0.140g/cm³）、高孔隙率（94.9%）的高性能气凝胶隔热保温材料，将气凝胶制备周期缩短至原来的 1/5～1/3，突破了气凝胶在建筑节能等民用领域发展和应用的高成本瓶颈。

　　首先，基于低成本常压干燥技术和溶剂置换-表面改性一步处理法，建立了 SiO_2 气凝胶绝热材料的低成本和快速制备工艺流程；采用单因素试验方法研究了气凝胶溶胶-凝胶、溶剂置换、表面改性等工艺参数影响，确定了气凝胶材料的制备工艺参数范围。气凝胶制备工艺流程如图 2-6-2 所示，不同 $H_2O/EtOH$ 体积比对气凝胶完整性的影响如图 2-6-3 所示。

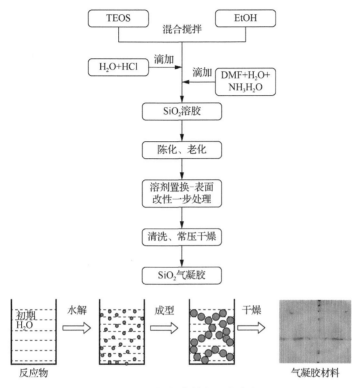

图 2-6-2　气凝胶制备工艺流程

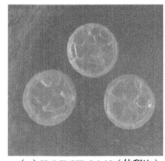

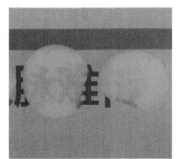

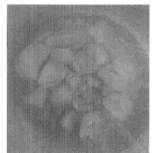

（a）H_2O/EtOH=0∶10（体积比）　　（b）H_2O/EtOH=1∶4（体积比）　　（c）H_2O/EtOH=1∶1（体积比）

图 2-6-3　不同 H_2O/EtOH 体积比对气凝胶完整性的影响

　　然后，通过表 2-6-1 示出的四因素（水解时间、老化液配比、改性时间和改性剂浓度）、三水平（水平 1～水平 3）正交试验设计，对关键工艺参数进行了优化。

　　气凝胶制备工艺参数是影响材料性能的直接外在因素，固定原材料配比，通过设计四因素、三水平 $L_9(3^4)$ 正交试验，研究水解时间、老化液配比、改性时间及改性剂浓度对 SiO_2 气凝胶性能的综合影响。SiO_2 气凝胶的影响因素水平、正交试验设计和试验数据如表 2-6-1～表 2-6-3 所示。

表 2-6-1　SiO₂ 气凝胶的影响因素水平

因素名称		水平 1	水平 2	水平 3
水解时间/h	A	12	24	48
老化液配比（体积比）	B	1∶9	1∶4	1∶1
改性时间/h	C	24	48	72
改性剂浓度/%	D	5	10	15

注：1. 水解温度为恒温 35℃；

2. 老化液配比为水与无水乙醇的体积比；

3. 改性剂为三甲基氯硅烷，改性液为三甲基氯硅烷与正己烷混合液。

表 2-6-2　SiO₂ 气凝胶正交试验设计

序号	组合	A	B	C	D
1	$A_1B_1C_1D_1$	12	1∶9	24	5
2	$A_1B_2C_2D_2$	12	1∶4	48	10
3	$A_1B_3C_3D_3$	12	1∶1	72	15
4	$A_2B_1C_2D_3$	24	1∶9	48	15
5	$A_2B_2C_3D_1$	24	1∶4	72	5
6	$A_2B_3C_1D_2$	24	1∶1	24	10
7	$A_3B_1C_3D_2$	48	1∶9	72	10
8	$A_3B_2C_1D_3$	48	1∶4	24	15
9	$A_3B_3C_2D_1$	48	1∶1	48	5

表 2-6-3　正交试验法制备 SiO₂ 气凝胶的试验数据

序号	颜色	形状	密度/（g/cm³）	疏水角/（°）
1	白色，不透明	小块	0.6167	133.8
2	淡蓝色，透明	中小块	0.2461	143.6
3	淡蓝色，透明	小块	0.2370	142.4
4	淡蓝色，透明	大块	0.1591	145.9
5	淡白色，半透明	小块	0.5460	117.0
6	淡白色，半透明	小块	0.4977	111.2
7	淡蓝色，透明	中小块	0.2467	139.5
8	淡蓝色，透明	大块	0.1391	147.6

通过四因素、三水平的正交试验，得到 SiO₂ 气凝胶的低成本与快速制备工艺的优化工艺条件，制备得到性能优异的 SiO₂ 气凝胶，该气凝胶的密度为 0.140g/cm³，疏水角为 159.8°。该试验周期相比于常规方法制备气凝胶的试验周期缩短至原来的 1/5～1/3，突破了气凝胶在建筑节能等民用领域发展和应用的高成本瓶颈。

2.6.2　气凝胶隔热保温材料传热模型与机理

针对高性能成型气凝胶隔热材料，分析纤维类型、含量、排列、铺层结构对气凝胶绝热毡热导系数和力学性能间的影响关系，阐释了不同尺度纤维与气凝胶纳米颗粒的界面产生与发展规律；采用罗瑟兰（Rosseland）扩散方程和等效热阻法建立了多层定向纤维增强气凝胶复合材料的有效热导率模型，发展了跨微纳尺度、多物相、各向异性整体成型气凝胶绝热毡的热物理传递规律，为气凝胶绝热毡结构设计、性能优化和节能应用建立了理论基础。

对于有序纤维增强气凝胶绝热毡的传热机理，针对有序纤维增强的各向异性气凝胶绝热毡，基于单元体热导模型和等效热阻法，采用 Rosseland 扩散方程和等效热阻法，建立了多层定向纤维增强气凝胶复合材料的有效热导率模型。纤维体积分数、纤维层数和间距，以及温度对复合材料各方向有效热导率的影响，使得跨微纳尺度、多物相、各向异性整体成型气凝胶绝热毡的热物理传递规律向前发展，为气凝胶绝热毡结构设计、性能优化和节能应用提供了理论指导。

对于有序纤维增强气凝胶复合材料的传热模型，基于单元体热导模型和等效热阻法，建立多层有序纤维增强气凝胶隔热复合材料的有效热导率模型，考虑纤维排列方向和铺层方式对气凝胶复合材料的影响。

以四层纤维为例，其热流传导方向及热导单元体模型如图 2-6-4 所示，对于纤维增强气凝胶隔热复合材料，其导热方式以纤维热传导和气凝胶热传导为主。复合材料在各热流方向上的单元体热导模型如图 2-6-5 所示，假设在单元体中为一维稳态导热，总热导热流 $Q_{t,c}$ 分为以下两部分：①流经气凝胶通道的气凝胶热导热传导 $Q_{a,c}$；②流经纤维所在通道的气凝胶和纤维的热导热传导 $Q_{a+f,c}$，则其在沿各热流方向上的等效热阻如图 2-6-6 所示，其中 $R_{a,c}$ 和 $R'_{a,c}$ 为气凝胶的热导热阻，$R_{f,c}$ 为玻璃纤维的热导热阻。

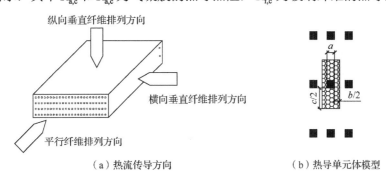

（a）热流传导方向　　　　　　（b）热导单元体模型

图 2-6-4　纤维增强气凝胶复合材料的热流传导方向及热导单元体模型

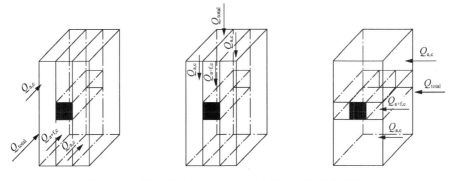

图 2-6-5　复合材料在各热流方向上的单元体热导模型

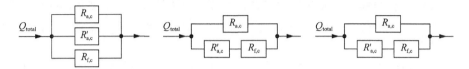

图 2-6-6　复合材料在各热流方向上的等效热阻

纤维增强气凝胶复合材料的辐射热导率采用 Rosseland 扩散方程计算为

$$\lambda_{t,r} = \frac{16\sigma T^3}{3\rho_t K_{e,R,t}} \qquad (2\text{-}6\text{-}1)$$

式中：$\lambda_{t,r}$——复合材料的辐射热导率；

　　　　σ——斯特藩-玻尔兹曼常数；

　　　　T——复合材料的表面温度；

　　　　ρ_t——复合材料的密度；

　　　　$K_{e,R,t}$——复合材料的平均质量衰减系数。

考虑到纤维增强气凝胶复合材料是纤维与气凝胶的复合体，在确定复合材料辐射热导率时，其 Rosseland 平均质量衰减系数为

$$K_{e,R,t} = K_{e,R,f} w_f + K_{e,R,a} w_a \qquad (2\text{-}6\text{-}2)$$

式中：$K_{e,R,f}$——纤维的 Rosseland 平均质量衰减系数；

　　　　w_f——玻璃纤维在复合材料内的质量份额；

　　　　$K_{e,R,a}$——气凝胶的 Rosseland 平均质量衰减系数；

　　　　w_a——气凝胶在复合材料内的质量份额。

根据复合材料有效热导率模型，研究不同热流方向下对复合材料有效热导率与纤维间距的关系，如图 2-6-7 所示。由图 2-6-7 可以看出，当纤维层数不变，增强纤维的体积分数随纤维间距的增大而减小。当纤维间距不变时，体积分数随纤维层数的增加而增大，以纤维间距 $b=10\mu m$ 为例，常温下复合材料有效热导率与纤维层数的关系如图 2-6-8 所示。

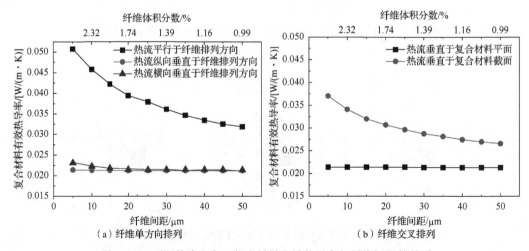

图 2-6-7　不同热流方向下复合材料有效热导率与纤维间距的关系

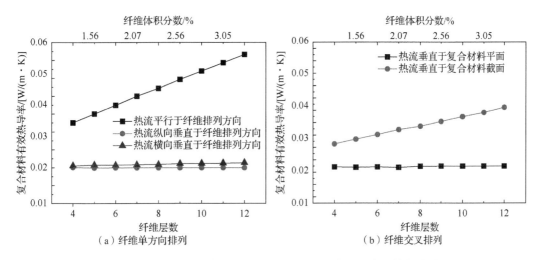

图 2-6-8　不同热流方向下复合材料有效热导率与纤维层数的关系

根据以上对有序纤维增强气凝胶复合材料的实验和传热模型介绍，可以看出通过加入有序纤维及对其排列方式的控制，是在维持气凝胶定向有效热导率的前提下提高并控制其柔性和定向强度的有效途径。

2.6.3　高性能气凝胶隔热保温系统

基于低成本快速制备出的气凝胶超级绝热材料，针对绿色建材和建筑节能应用，已有科研工作者研发出气凝胶隔热玻璃、气凝胶隔热保温涂料、气凝胶隔热保温腻子等全系列高性能建筑隔热保温材料，其具有优良的隔热、保温、抗老化、耐候性，以及防潮、防火等性能，其中隔热保温指标远优于相关行业标准。

基于高性能建筑隔热保温系统化需求，利用低成本快速制备气凝胶的纳米多孔结构和超级绝热性能，研发出高性能气凝胶隔热保温砂浆、高性能气凝胶隔热腻子、高性能气凝胶隔热保温涂料等全系列建筑隔热保温材料，其具有优良的隔热、保温、抗老化、耐候性及防潮、防火等性能，其中隔热保温指标远优于相关行业标准。

基于低成本快速制备的气凝胶超级绝热材料，利用其纳米多孔结构，辅配以钛白粉、水性乳液等其他涂料助剂，通过气凝胶与钛白粉复合，使涂料既具有较低的热传导系数，又具有很高的太阳光反射率，从而涂料具有优异的隔热保温性能，其施工性、低温稳定性、耐人工气候老化性等各项技术指标均合格，且检测得到隔热温差为 14℃，较标准规定要求提高 40%，具有良好的隔热保温性能。

2.6.4　纤维增强气凝胶绝热材料

针对纳米多孔气凝胶绝热材料在工程应用中普遍存在的强度低、韧性差、结构不稳定等共性问题，采用纤维增强整体成型技术，制备出具有良好力学性能、较低导热系数、隔声减震、耐火不燃等高性能成型气凝胶隔热保温材料；并根据不同的工程场合和温度要求，获得了一系列常温、高温等系列成型气凝胶绝热毡和绝热板材，适用于新建建筑墙体和屋面等围护结构隔热保温及既有建筑的围护结构节能改造，可减少30%以上通过建筑墙体、屋面的热量和冷量损失，大幅降低建筑供热、供冷等暖气空调负荷。

1. 玻璃纤维增强气凝胶

玻璃纤维增强气凝胶以具有高强度、高耐温的玻璃纤维为增强体，采用低成本气凝胶快速制备工艺制备出高温型气凝胶纤维板材，通过控制玻璃纤维有序排列和铺层结构获得了隔热保温和力学能可控的各向异性成型隔热保温材料，其热导率低至 0.018W/（m·K），耐热温度高达 1200℃，疏水角 160°，抗压强度大于 100MPa。高温型玻璃纤维-气凝胶隔热保温板如图 2-6-9 所示，气凝胶溶胶与增强纤维的复合制备过程如图 2-6-10 所示，玻璃纤维与 SiO_2 气凝胶的相间结合微观形貌如图 2-6-11 所示。

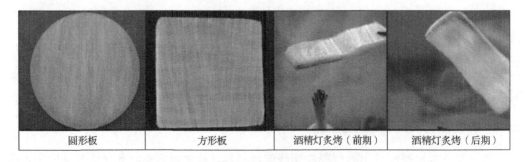

| 圆形板 | 方形板 | 酒精灯炙烤（前期） | 酒精灯炙烤（后期） |

图 2-6-9　高温型玻璃纤维-气凝胶隔热保温板

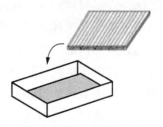

（a）将配制好的部分溶胶倒入预制模具中　　　（b）将第一层纤维添加至模具的溶胶中

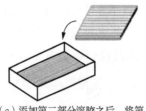

凝胶

（c）添加第二部分溶胶之后，将第二层纤维添加至模具的溶胶中　　　（d）得到多层玻璃纤维增强纯气凝胶复合材料

图 2-6-10　气凝胶溶胶与增强纤维的复合制备过程

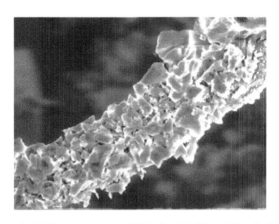

图 2-6-11　玻璃纤维与 SiO_2 气凝胶的相间结合微观形貌（扫描电镜图）

　　对于有序玻璃纤维增强的各向异性气凝胶隔热板，通过对多层有序玻璃纤维单向和正交等不同铺层方式，研究纤维铺层方式对气凝胶隔热复合材料的力学及热学性能的影响；根据材料的受力特点进行力学结构设计，实现气凝胶隔热复合材料力学和热学性能的可控设计和优化。

　　选用具有可排序和可铺层特点的长玻璃纤维，添加量为 3%（质量分数），并以四层有序纤维的正交排列作为结构设计方式，研究纤维铺层方式对 SiO_2 气凝胶隔热复合材料的力学及热学性能的影响。四层有序纤维的不重复铺层方式共有六种，分别为 LLLL、LTLL、LLTT、LTTL、LTLT、LTTT，如图 2-6-12 所示，有序纤维定向性的 FFT 定量分析如图 2-6-13 所示，纤维增强气凝胶隔热复合材料抗折强度随测试角度的变化矢量图如图 2-6-14 所示。

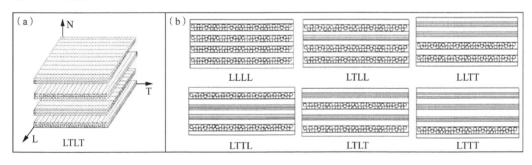

图 2-6-12　有序纤维的铺层方式

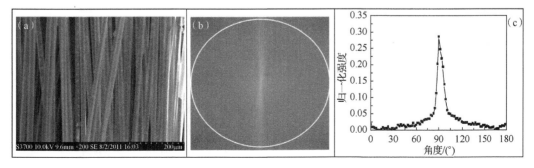

图 2-6-13　有序纤维定向性的 FFT 定量分析

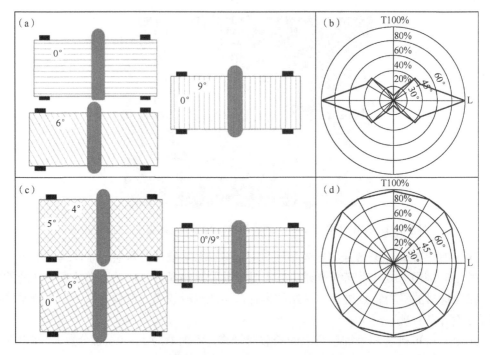

图 2-6-14　纤维增强气凝胶隔热复合材料抗折强度随测试角度的变化矢量图

发现具有铺层结构的定向纤维增强 SiO_2 气凝胶隔热复合材料的压缩性能随纤维层的正交次数的减少而增大；弯曲弹性模量则随纤维层在与受力角垂直方向上层数的增加而增大。铺层设计的复合材料的热导率具有各向异性特点，在与纤维同向的 L 方向上，纤维形成的导热通径使复合材料的热导率提高到了 $0.057W/（m·K）$，但在 N 向上，六种铺层结构的 SiO_2 气凝胶隔热复合材料热导率相近，并维持在 $0.026W/（m·K）$ 左右。对纤维增强 SiO_2 气凝胶隔热复合材料进行结构设计时，可以设定热流方向为 N 向，再根据材料的受力特点进行力学结构设计，以提高气凝胶复合材料力学性能并降低材料的热导率和密度，实现 SiO_2 气凝胶隔热复合材料力学和热学性能的可控设计和优化。

2. 涤纶无纺布增强气凝胶

以具有良好韧性的高模量涤纶无纺布为增强体，采用低成本气凝胶快速制备工艺制备出常温型成型气凝胶隔热保温毡，如图 2-6-15 所示。该隔热保温毡具有良好的柔性，密度为 $160kg/m^3$，热导率低至 $0.017W/（m·K）$，耐热温度为 350℃，疏水角为 159°，抗压强度大于 45MPa。

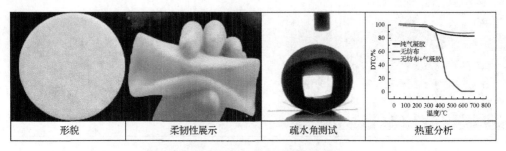

图 2-6-15　常温型柔性气凝胶隔热保温毡

　　对不同类型纤维增强的系列气凝胶纤维毡，考虑了纤维类型、纤维添加量和气凝胶与纤维的表面结合对气凝胶隔热复合材料性能的影响，阐释不同尺度纤维与气凝胶纳米颗粒的界面产生与发展规律。结果表明，玻璃纤维增强能使气凝胶复合材料具有更好的力学强度、热稳定性和耐火性能，而无纺布涤纶纤维则使气凝胶材料具有良好的柔韧性。纤维类型对纤维增强气凝胶隔热复合材料力学性能的影响如图 2-6-16 所示，纤维孔隙尺度对 SiO_2 气凝胶复合材料力学性能的影响如图 2-6-17 所示，纤维增强 SiO_2 气凝胶隔热复合材料的力学性能-纤维添加量变化曲线如图 2-6-18 所示。玻璃纤维和涤纶纤维的添加量（质量分数）分别为 3%～4% 和 1%～2% 时，复合材料具有超级绝热性能，并且密度较小。纤维添加量对 SiO_2 气凝胶隔热复合材料的疏水性能的影响如图 2-6-19 所示。

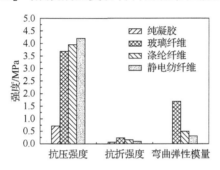

图 2-6-16　纤维类型对纤维增强气凝胶隔热复合材料力学性能的影响

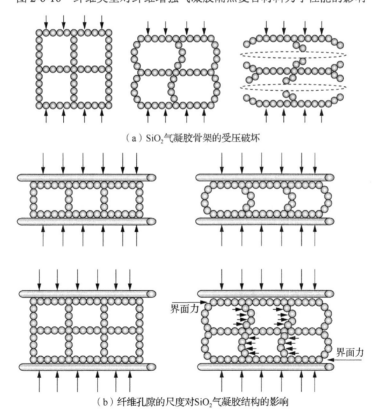

（a）SiO_2 气凝胶骨架的受压破坏

（b）纤维孔隙的尺度对 SiO_2 气凝胶结构的影响

图 2-6-17　纤维孔隙尺度对 SiO_2 气凝胶复合材料力学性能的影响

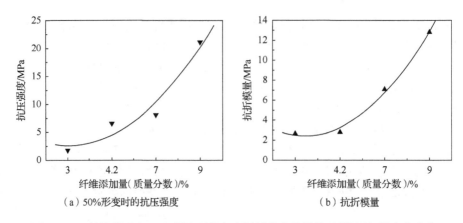

（a）50%形变时的抗压强度　　　　　（b）抗折模量

图 2-6-18　纤维增强 SiO_2 气凝胶隔热复合材料的力学性能-纤维添加量变化曲线

（a）纤维与水珠的接触　　　　　（b）疏水接触角-纤维添加量曲线

图 2-6-19　纤维添加量对 SiO_2 气凝胶隔热复合材料的疏水性能的影响

2.6.5　气凝胶玻璃透光性测试

采用建筑玻璃透光性测试方法测试了 SiO_2 气凝胶绝热材料的透光性，测试温度为室温。SiO_2 气凝胶的太阳光谱透射率曲线如图 2-6-20 所示。

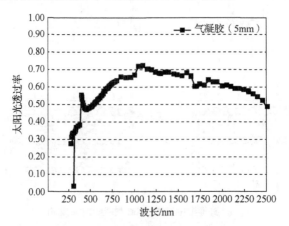

图 2-6-20　SiO_2 气凝胶的太阳光谱透射率曲线

SiO_2 气凝胶由于其具有低密度、高孔隙率及高比表面积等各种优越性能,所以其太阳能透射率性能也较好,即具有高透光性能。其测试得到 SiO_2 气凝胶绝热材料的可见光总透射率为 0.71,太阳光总透射率为 0.77。

根据试验制备的气凝胶的热导率及气凝胶夹层玻璃的太阳光总透射率,实验制作的气凝胶夹层玻璃的传热系数为 $1.2W/（m^2 \cdot K）$。

表 2-6-4 中 5mm 厚的气凝胶的可见光总透射率为 0.71,太阳光总透射率为 0.69,与两块普通平板玻璃组成夹层玻璃后,可见光总透射率为 0.62,太阳光总透射率为 0.58,结果显示,该气凝胶玻璃在具有一定的太阳光透射率条件下同时也具有较好的遮阳效果。

表 2-6-4 气凝胶玻璃的光学热工参数

类型	厚度/mm	可见光总透射率	太阳光总透射率	遮阳系数	传热系数/[W/(m²·K)]
气凝胶	5	0.71	0.69	0.78	
单层普通玻璃	5	0.89	0.82	0.92	5.7
双层普通玻璃	5+5	0.77	0.71	0.80	5.5
普通玻璃+气凝胶+普通玻璃	5+5+5	0.62	0.58	0.66	1.2

气凝胶夹层玻璃的传热系数相比于普通平板玻璃降低约 80%,在北方采暖地区应用具有显著节能效果,因此,高性能气凝胶玻璃具有广泛的应用前景。

2.6.6 气凝胶隔热保温毡

无机气凝胶保温毡是以纳米 SiO_2 气凝胶为主体材料,无机纤维毡增强体,通过特殊工艺复合而成的集保温、防火、防水、隔声于一体的超级建筑保温隔热材料。

1. 无机气凝胶保温毡性能优势

气凝胶的存在使无机纳米保温毡拥有了极低的热导率,可真正做到室内外热量相互隔绝的效果,充分起到保温节能的作用。本材料的高效防火、无机环保、厚度小、可任意裁切尺寸,以及使用寿命长等特点达到了建筑墙体保温隔热的几乎所有要求,是建筑墙体保温应用的最佳选择,无机气凝胶保温毡基本技术指标如表 2-6-5 所示。

表 2-6-5 无机气凝胶保温毡基本技术指标

项目	技术指标
密度	180～200 kg/m³
热导率	0.013～0.020 W/(m·K)
憎水率	≥99.0%
燃烧性能	A1 级

在外墙内保温的应用中,无机气凝胶保温毡体现出了无比的优越性。在无机气凝胶保温毡保温系统中也能采取面砖等多种外墙装饰形式,不再局限于幕墙或者涂料的单一形式,其与一般保温材料的应用对比如表 2-6-6 所示。

表 2-6-6 无机气凝胶保温毡与一般保温材料的应用对比

一般保温材料	① 厚度过大，大面积使用后导致室内空间利用率小； ② 稳定性差，且易老化，在使用过程中容易变形造成墙面开裂； ③ 强度差，外界冲击对墙面易造成破坏； ④ 易燃、毒害物质残留严重
无机气凝胶保温毡	① 厚度小，很好地保证了室内的空间利用率； ② 稳定性极好，不会变形，不可能因此造成墙面开裂； ③ 耐冲击、抗压能力好； ④ 完全不燃，且无毒、无味、无放射性，对环境和人体无害

2. 对混凝土墙体保温优势

从采用无机气凝胶保温毡的混凝土墙体保温构造及热工性能（表 2-6-7～表 2-6-9）中，可以看到无机气凝胶保温毡保温效果较好。

表 2-6-7 加气混凝土砌块墙体外保温构造及热工性能

结构简图	基本构造	厚度 /mm	热导率 /[W/(m·K)]	修正系数	主体部位 传热阻 /(m²·K/W)	主体部位 传热系数 /[W/(m²·K)]
1 2 3456 内 外	1. 混合砂浆	20	0.870	1.00		
	界面剂					
	2. 加气混凝土砌块（B07）	240	0.220	1.25		
	3. 水泥砂浆	20	0.930	1.00		
	4. 黏结剂					
	5. 无机纳米保温毡	10	0.018	1.05	1.60	0.62
		6	0.018	1.05	1.39	0.72
	6. 抗裂砂浆（网格布）	5	0.930	1.00		

表 2-6-8 钢筋混凝土墙体外保温构造及热工性能

结构简图	基本构造	厚度 /mm	热导率 /[W/(m·K)]	修正系数	主体部位 传热阻 /(m²·K/W)	主体部位 传热系数 /[W/(m²·K)]
1 2 3456 内 外	1. 混合砂浆	20	0.870	1.00		
	界面剂					
	2. 钢筋混凝土墙	240	1.740	1.00		
	3. 水泥砂浆	20	0.930	1.00		
	4. 黏结剂					
	5. 无机气凝胶保温毡	10	0.018	1.05	0.87	1.15
		6	0.018	1.05	0.66	1.52
	6. 抗裂砂浆（网格布）	5	0.930	1.00		
	弹性底涂，外墙涂料					

表 2-6-9　加气混凝土砌块墙体内保温构造及热工性能

结构简图	基本构造	厚度/mm	热导率/[W/(m·K)]	修正系数	主体部位	
					传热阻/(m²·K/W)	传热系数/[W/(m²·K)]
	1. 抗裂砂浆（网格布）	5	0.930	1.00		
	2. 无机气凝胶保温毡	10	0.018	1.05	1.60	0.62
		6	0.018	1.05	1.39	0.72
	3. 黏结剂					
	4. 水泥砂浆	20	0.930	1.00		
	5. 加气混凝土砌块（B07）	240	0.220	1.25		
	界面剂					
	6. 混合砂浆	20	0.870	1.00		
	弹性底涂，外墙涂料					

2.6.7　主要技术指标

（1）对气凝胶制备工艺复杂、周期长及超临界干燥效率低、成本高等问题，有一种基于一步溶胶置换-表面改性快速处理与低成本常压干燥的气凝胶低成本快速制备工艺，可获得具有超级绝热性能［热导率 0.018W/（m·K）］、疏水角（159.8°）、不燃性（耐热温度 1200℃）、低密度（0.140g/cm³）和高孔隙率（94.9%）的高性能气凝胶隔热保温材料。该工艺将气凝胶制备周期缩短至原来的 1/5～1/3，突破了气凝胶在建筑节能等民用领域发展和应用的高成本瓶颈。气凝胶与其他隔热材料的热导率比较如图 2-6-21 所示。

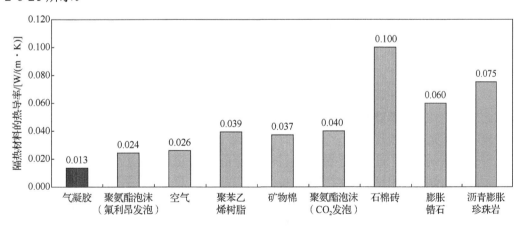

图 2-6-21　气凝胶与其他隔热材料的热导率比较

（2）针对纳米多孔气凝胶绝热材料在工程应用中普遍存在的强度低、韧性差、结构不稳定等共性问题，采用纤维增强整体成型技术，制备出具有良好力学性能、较低热导率、隔声减震、耐火不燃等高性能成型气凝胶隔热保温材料；并根据不同的工程场合和温度要求，获得了常温、高温等系列成型气凝胶保温毡，它适用于新建建筑墙体和屋面等围护结构隔热保温及既有建筑的围护结构节能改造，可减少 30% 以上通过建筑墙体、屋面的热量和冷量损失，大幅降低建筑供热供冷等空调负荷。

（3）把具有纳米孔的气凝胶的高性能隔热材料用到隔热保温涂料中，利用超级绝热材料气凝胶的隔热性能［热导率可低至 0.013W/（m·K）］，使高性能复合隔热保温节能气凝胶涂料隔热温差大于或等于 10℃，隔热温差衰减小于或等于 12℃，同时因为气凝胶的表面改性使涂料具有良好的黏合力、耐沾污性、自清洁性，也改变以前阻隔型隔热保温涂料强度低的缺点。

（4）对于有序纤维增强气凝胶绝热毡的传热机理尚未明确，针对有序纤维增强的各向异性气凝胶绝热毡，基于单元体热导率模型和等效热阻法，采用 Rosseland 扩散方程和等效热阻法，建立了多层定向纤维增强气凝胶复合材料的有效热导率模型。考虑纤维体积分数、纤维层数和间距以及温度对复合材料各方向有效热导率的影响，跨微纳米尺度、多物相、各向异性整体成型气凝胶绝热毡的热物理传递规律，为气凝胶绝热毡在模块化结构设计、性能优化和节能应用中提供了理论指导。

2.7　其他材料

2.7.1　外墙板接缝密封材料

接缝处的密封材料应符合下列规定：与结构材料具有相容性；具备足够的抗剪切和伸缩变形能力；具有防霉、防水、防火、耐候等性能[11]。

密封材料应符合现行建材行业标准《混凝土接缝用建筑密封胶》（JC/T 881—2017）的有关规定。

建筑物的结构形式、施工方法及所用的材料是多种多样的。所用的建筑材料有钢材、混凝土、各种钢模块、板材、玻璃等。施工方式有现场浇注或砌筑、建筑预制构件现场组装等。因此，建筑物中存在不同性质的接缝，按照接缝的形成原因可分为以下三种类型。

（1）施工接缝。在建造建筑物的过程中，由于构件或材料尺寸、结构形式等因素，施工之后自然留下的缝隙叫作施工接缝。如模块之间的缝隙，模块与现浇之间的接缝等；现浇混凝土基础底板或墙体，分次浇注时的冷缝；墙体与窗框、门框之间的缝隙；框架结构中墙体与梁、柱之间的缝隙等。为提高建筑物的围护功能，施工接缝是不可避免的，但施工接缝两侧的材料的材质应尽量相近。

（2）调整接缝。在结构设计和施工过程中为了某种目的（例如调整位移）而人为地、有意识地预留的接缝叫作调整接缝。例如现浇混凝土墙体，为了避免混凝土由于干缩等原因产生的不规则龟裂，按一定距离设置的诱导缝；大体型建筑物为防止由于地基不等下沉造成开裂而设置的缝隙；幕墙结构构件之间的缝隙；建筑物高层部分与低层部分之间设置的分割缝；平屋顶砂浆防水层中为了调整屋顶的变形而设置的收缩缝等。

（3）装饰接缝。为了在建筑物的立面设计中增加外观线条而设计的接缝叫作装饰接缝，如外墙装饰贴面材料之间的缝隙。

有些接缝既是施工接缝，同时也是调整接缝或装饰接缝。例如，幕墙板之间的缝隙，从施工工艺看可以认为是施工接缝，但它同时还有另一个重要的作用，就是吸收由于温度变化、风力荷载和发生地震时墙体所产生的变形，从这个意义上讲，幕墙板之间的缝隙应作为调整接缝来处理。再比如传统的烧结黏土砖砌筑的墙体，每块砖之间的缝隙是施工接缝，但是巧妙地运用砌筑工艺，在建筑物的立面构成各种不同形状的线条图案，则施工接缝同时又是装饰接缝。现代建筑物普遍朝着大型化、高层化发展，其结构形式也从传统的承重墙、砖混结构，向框架、框剪结构发展。所使用的材料从传统的木材、石材、烧结黏土砖逐渐被钢筋混凝土、钢骨钢筋混凝土、装配式板材所取代，尤其是高层建筑通常采用钢结构或钢筋混凝土框架，幕墙围护结构的构造形式日益增多。由于地震、风力等荷载作用及温度、湿度的变化，建筑物中的各部位和构件会发生较大的变形和位移，同时用于幕墙的材料多数采用铝合金、玻璃等，与结构材料的性质相差较大，所以现代建筑中调整接缝的数量增多，往往将施工接缝直接设计成调整接缝和装饰接缝，并采用嵌缝材料进行密封处理。

密封材料分为定型和不定型（膏状）两种。定型密封材料包括橡胶止水带和遇水膨胀橡胶止水条；不定型密封材料包括硅酮密封胶、聚硫密封胶、聚氨酯密封胶、丙烯酸酯密封胶、丁基密封胶、改性沥青密封膏等。本节主要讨论不定型密封材料在建筑防水工程中的应用。

整体性是防水层必须具备的基本属性，可现实中防水层存在各种各样的透水接缝，密封材料应正确地应用到这些透水接缝处，把接缝两侧的防水层连接到一起，密封材料在接缝处发挥桥梁作用，通过使用密封材料，使防水层具备整体性，使防水层之间的接缝具备水密性和气密性，这是使用密封材料的真正目的。

密封材料应满足两个条件：①收缩自如，能适应接缝位移并保持有效密封的变形量；②接缝位移过程中不产生黏结破坏和内聚破坏。在建筑防水工程中，密封材料处在长期浸水的状态时，也应满足上述两个条件。

背衬填料宜选用发泡氯丁橡胶或直径为缝宽 1.3～1.5 倍的聚乙烯塑料圆棒。

2.7.2 外墙板的涂料饰面

预制装配整体式模块化建筑外墙板的涂料饰面（图 2-7-1）是指在外墙板外侧混凝土基面上采用瓷砖（通称面砖）或粉刷涂料进行混凝土面外装饰，形成装饰面层的混凝土预制外墙板构件产品，其突出特征体现在面砖（石材）与外墙板混凝土基体粘贴的预制生产工艺及其优良的装饰质量、效果和耐久性能，以及粉刷方便、价格低廉等[12]。

面砖在现浇混凝土墙体 51 上是以硬化混凝土为基面，依靠后铺砂浆作为粘贴材料层来提供吸附面砖所需粘贴强度的，因此，面砖背面与混凝土材料直接黏合的特性是影响面砖饰面混凝土贴合强度和耐久性能的主要因素。

图 2-7-1　外墙板的涂料饰面

2.7.3　夹芯外墙板的保温材料

夹芯外墙板选用的基材一般是附有保温聚苯板的钢丝网架，将其与混凝土混合浇筑，形成混凝土复合墙板，其特点在于房屋的整体刚度好，另外还具有保温隔热、自重轻、增大建筑面积的优点，是替代黏土砖、保温节能的新型建筑体系[13-14]。

夹芯外墙板的保温材料由内层芯材、黏结剂、外层贴片三部分组成，其中内层芯材主要起保温、隔声、防火作用，外层贴片主要起到装饰作用。所以，芯材的性能对墙体质量的好坏有很大的影响。

夹芯外墙板的保温材料，宜采用挤塑聚苯乙烯板（XPS）、硬泡聚氨酯（PUR）等轻质高效保温材料。保温材料应符合国家现行有关标准的规定。

2.7.4　室内装修材料

室内装修材料有如下几类选择。

（1）人造木板的选择。在装修的过程中，使用较多的材料就是人造木板，其主要的品种可以分成细木工板、刨花板及胶合板等。它们在生产中均会产生甲醛，而甲醛则来自生产中所使用的胶黏剂。这一类的黏结剂主要组成是脲醛树脂及酚醛树脂，其中的主要原料就是甲醛，在生产的过程中会对人造木板进行加压，在加压时就会添加很多胶黏剂，所以就会造成后期甲醛的潜伏时间比较长，释放出来比较困难等诸多问题。

除此之外，在选择胶合板的时候，不能仅仅只看表面的花纹清晰，更为关键的是在拼接口处，要看起来尽量自然和少疤痕；还要观察到其侧面的厚度，不会发生断层，而且最为关键的就是正反面没有破损、平整度好、黏合度严密。除此之外，在选择板材的时候，要选择相对比较干透的板材，以及气味较小、无刺激性的板材，使其甲醛含量最少。

（2）天然石材的选择。岩石沙砾、土壤或矿石均会含有天然的放射性核素，在民用建筑室内装修装饰中有可能会用到的石料等装饰材料，就难免会包含放射性元素，对此要引起重视。

（3）涂料的选择。在建筑室内的装饰材料的选择上，其中较为常用的是涂料。其通常是被用在家具顶棚、门窗、地面及内墙等的表面，其中的主要成分包括胶结基料、填料溶剂及颜料等各类的助剂，假如要从成分来分，主要可以分为水性涂料及溶剂型涂料。室内建筑材料一般使用的是溶剂型涂料，如醇酸漆、酚醛漆、聚氨酯漆及硝基漆等。

（4）胶黏剂的选择。胶黏剂因为其通常被牢固地贴在材料中，很难挥发（如在空气不流通的楼梯间等），所以务必在生产胶黏剂时就要将其中的有害物质含量予以严格控制。

3   建筑模块制作

在预制装配整体式模块化建筑的构件制作过程中，构件实行厂内预制，在工厂制作完成后，运送到工地现场安装。预制装配整体式模块化结构组件厂内制作工艺流程包括制作准备、构件放样号料和切割、焊接、零部件加工、构件加工、建筑模块单元组装、建筑模块预拼装等。

3.1   制 作 准 备

建筑结构设计是工程设计的重要组成部分，一般分为三个阶段，即初步设计、技术设计和施工图设计。其中施工图设计应依据施工图设计文件、施工组织设计文件、构件制作工艺文件和其他有关技术文件给出完整、准确的各楼层的结构平面布置图；对结构构件及其连接进行设计计算，并给出配筋和构造图；给出结构施工说明并以施工图的形式提交最终的设计图纸；将整个设计过程中的各项技术工作整理成设计计算书存档。建筑模块的制作应在施工图设计阶段之后，待施工详图出来后根据各专业施工图纸和施工组织设计方案，合理选择制作模块。

为了避免预制构件在运输、现场堆放、吊装过程中因为构件的刚度、强度、稳定性不足而导致构件的破坏，所以在建筑模块制作前，应对建筑模块施工阶段进行强度、刚度及稳定性分析。

强度：承受荷载的能力，保证结构不破坏。

刚度：抵抗变形的能力，保证结构变形不超过容许的数值。

稳定性：在荷载作用下，结构不失稳的能力。

同时，为了保证制作的建筑模块的质量，应对构件生产厂家、运输过程、现场的堆放提出相应的要求。

模块构件生产厂家及构件成品应符合如下规定。

（1）预制模块生产单位应提供构件质量证明文件。

（2）预制模块应具有生产企业名称、制作日期、品种、规格、编号等信息的出厂标识。出厂标识应设置在便于现场识别的部位。

（3）预制模块应按品种、规格分区分类存放，并设置标牌。

（4）进入现场的模块及相关配套材料应进行质量检查，检查不合格的构件不得使用。

（5）预制模块驳运与吊装应采取防止破损的保护措施。

预制构件的现场驳运应符合下列规定。

（1）应根据模块构件尺寸及质量要求选择驳运车辆，装卸及驳运过程应考虑车体平衡。

（2）驳运过程应采取防止构件移动或倾覆的可靠固定措施。

（3）驳运竖向薄壁构件时，宜设置临时支架。

（4）模块边角部及构件与捆绑、支撑接触处，宜采用柔性垫衬加以保护。

（5）现场驳运道路应平整，并应满足承载力要求。

预制模块构件的现场存放应符合下列规定。

（1）预制模块进场后，应按品种、规格、吊装顺序分别设置、存放堆垛，堆垛宜设置在吊装机械工作范围内。

（2）预制模块宜采用堆放架插放或靠放，堆放架应具有足够的承载力和刚度。

（3）预制异形构件堆放应根据施工现场实际情况按施工方案执行。

（4）预制构件堆放超过上述层数时，应对支垫、地基承载力进行验算。

（5）构件驳运和存放时，预埋吊件所处位置应避免遮挡，易于起吊。

3.2 焊 接

在模块化构件制作前，工厂应按照施工图纸的要求进行焊接工艺评定试验。根据施工制造方案及施工图纸的有关要求，编制各类施工工艺。

模块化建筑钢构件用钢材及焊接材料的选用应符合设计图纸的要求，并有质量证明书和检验报告，当采用其他材料代替设计的材料时，必须经原设计单位同意。钢材的成分、性能复验应符合国家现行有关工程质量验收标准的规定。焊接 T 形、十字形、角接接头，当其翼缘板厚度等于或大于 40mm 时，设计宜采用抗层状撕裂的钢板。焊条、焊丝、焊剂和药芯焊丝在使用前，必须按产品说明书及有关工艺文件的规定进行烘干。

建筑结构用钢的钢种有碳素结构钢和低合金结构钢两种。在碳素结构钢中，建筑钢材只使用低碳结构钢（碳含量小于等于 0.25%）。低合金结构钢是在冶炼碳素钢时加入一些合金元素炼成的钢，目的是提高钢材的韧性、抗腐蚀性及冲击韧性，而又不降低其塑性。低合金结构钢的碳含量和低碳钢相近，但又增加了合金元素，因而对焊接有更高的要求。建筑模块的不同部位对钢材、焊接材料、焊接方法、接头形式、焊接位置、焊后热处理制度，以及焊接工艺参数、预热和后热措施等各种参数的要求不同，必须在建筑模块制作前对相应的参数进行规定。

在钢结构焊接前，应检查焊接人员的资质。焊接人员的资质应满足如下要求：焊接技术人员（焊接工程师）应具有相应的资格证书。对于大型重要的钢结构工程，焊接技术负责人应取得中级及以上技术职称并有五年以上焊接生产或施工实践经验；焊接质量检验人员应接受过专业的技术培训，并应经岗位培训取得相应的质量检查资格证书；焊缝无损检测人员应取得国家专业考核机构颁发的等级证书，并应按证书合格项目及权限从事焊缝无损检测工作；焊接工人应经考试合格并取得资格证书，并应在规定的范围内从事焊接工作，严禁无证上岗（图 3-2-1）。

图 3-2-1　焊接

焊接施工前，施工单位应以合格的焊接工艺评定结果为依据或采用符合免除工艺评定条件，编制焊接工艺文件，包括下列内容。

（1）焊接方法或焊接方法的组合。

（2）母材的规格、牌号、厚度及覆盖范围。

（3）填充金属的规格、类别和型号。

（4）焊接接头的形式、坡口形式、尺寸及其他允许偏差。

（5）焊接位置。

（6）焊接电源的种类和极性。

（7）清根处理。

（8）焊接工艺参数（焊接电流、焊接电压、焊接速度、焊层和焊道分布）。

（9）预热温度及施工温度范围。

（10）焊后消除应力处理工艺。

（11）其他必要的规定。

坡口尺寸的改变应经工艺评定合格后执行。热切割的坡口表面粗糙度因钢材的厚度不同，割纹深度存在差别，但不应影响焊接操作和焊缝熔合。偶尔出现的有限深度的缺口或凹槽，可通过打磨或焊接进行修补。母材上待焊的表面和两侧应均匀、光洁，且无毛刺、裂纹和其他对焊缝质量有不利影响的缺陷。接头坡口表面质量是保证焊接质量的重要条件，如果坡口表面及附近表面不干净，焊接时带入各种杂质及碳、氢，则会产生焊接热裂纹和冷裂纹。坡口面上存在严重或疏松的轧制氧化皮或铁锈，其中含有较多的结晶水分子，在焊接完成的焊缝中可能还会产生管状气孔，为此应作出严格限制。

焊条、焊剂和栓钉焊瓷环应按有关要求进行保存和使用前进行烘焙，焊丝和电渣焊的熔化或非熔化导管表面，以及栓钉焊接端面应无油污、锈蚀。定位焊缝因位于坡口或接头焊缝底部且成为低层焊缝的一部分，其焊接质量对整体焊缝质量有直接影响，应从焊前预热要求、焊材选用、焊工资格及施焊工艺要求等方面给予充分重视，避免引发焊缝缺陷而造成焊缝较大的返修。因此，定位焊缝应具有与正式焊缝相同的焊接工艺和质量要求，其厚度不应小于 3mm，长度不应小于 40mm，间距宜为 300～600mm。当引弧板、引出板和衬垫板为钢材时，应选用屈服强度不大于被焊钢材标称强度的钢材，且焊接性应相近。引弧板、熄弧板和衬垫板的材质应为相关规范规定的可焊性钢材，对焊缝金属性能不产生显著影响。其不要求完全与母材同一材质，材料强度等级应不高于所焊母材。

焊接接头预热温度和道间温度应根据钢材的化学成分、接头的拘束状态、热输入大小、熔敷金属含氢量水平及所采用的焊接方法等因素综合确定或进行焊接试验，以测定实际工程结构施焊时的最低预热温度。在环境温度为 0℃ 以上施电渣焊和气电立焊时可不进行预热；但板厚大于 60mm 时，宜对引弧区域的母材预热且不低于 50℃。焊接过程中，最低温度应不低于预热温度；静载结构焊接时，最大道间温度不宜超过 250℃；周期性荷载结构和调质钢焊接时，最大道间温度不宜超过 230℃。

预热及道间温度控制应符合下列规定。

焊前预热及道间温度的保持宜采用电加热法、火焰加热法和红外线加热法等，并采用专用的测温仪器测量；预热的加热区域应在焊缝坡口两侧，宽度应为焊件施焊处板厚的 1.5 倍以上，且不小于 100mm；预热温度宜在焊件受热面的背面测量，测量点应在离电弧经过前的焊接点各方向不小于 75mm 处；当采用火焰加热器预热时，其正面测温应在加热停止后进行。

对于最低预热温度和道间温度控制要求是控制焊缝金属及邻近母材的冷却速度。较高的温度可使氢较快扩散且减少冷裂倾向。在给定条件下，未经预热的待焊接接头的冷却速度将高于预热的焊接接头冷却速度。焊接接头预热温度越高，冷却速度越低，当冷却速度足够缓慢时，将有效减少硬化和裂纹倾向。

实践及试验证明，选择相关规范规定的最低预热温度和道间温度可以防止接头焊接时裂纹的产生。而实际焊接时，为产生无裂纹、塑性好的焊接接头，预热和道间温度应高于相关规范规定的最低值。同时对道间温度的上限作出规定，以避免母材的过热而造成接头的脆化而降低接头的性能。

实际焊接时应根据钢材的化学成分、母材的强度等级、母材和焊材的碳当量水平、接头的拘束状态、焊接线能量大小、焊缝金属含氢量水平及所采用的焊接方法等因素综合进行判断，或进行焊接试验以确定实际工程结构施焊时的最低预热温度。如果有充分的试验证据证明，选择的预热温度和道间温度足以防止接头焊接时裂纹的产生，可以选择低于相关规定的最低预热和道间温度。同时对预热的加热范围作出了规定，是为了确保焊接接头预热温度均匀，冷却时具有平滑的冷却梯度，避免冷却速度太快。电渣焊、气电立焊和栓钉焊，焊接线能量较大，焊接速度本身较慢，一般对焊接预热不做要求。

采用的焊接工艺和焊接顺序应使构件的变形和收缩最小；焊接时，宜采用预留焊接收缩余量或预置反变形方法控制收缩和变形。根据构件上焊缝的布置，可按下列要求采用合理的焊接顺序控制变形。

（1）在工件放置条件允许或易于翻身的情况下，对接接头、T 形接头和十字接头宜双面对称焊接；有对称截面的构件，宜对称于构件中和轴焊接；有对称连接杆件的节点，宜对称于节点轴线焊接。

（2）非对称双面坡口焊缝，宜先焊深坡口侧，然后焊满浅坡口侧，最后完成深坡口侧焊缝；特厚板宜增加轮流对称焊接的循环次数。

（3）对长焊缝宜采用分段退焊法或与多人对称焊接法同时运用。

构件装配焊接时，应先焊预计有较大收缩量的接头，后焊预计收缩量较小的接头，接头应在尽可能小的拘束状态下焊接。对于组合构件的每一组件，应在该组件焊到其他组件以前完成拼接；多组件构成的复合构件应采取分步组装焊接，分别矫正变形后再使用总装焊接的方法降低构件的变形；对于焊缝分布相对于构件的中和轴明显不对称的异形截面的构件，在满足设计计算要求的情况下，可采用增加或减少填充焊缝面积的方法或采用补偿加热的方法使构件的受热平衡，以降低构件的变形。焊接变形控制主要目的是保证构件或结构要求的尺寸，但有时在焊接变形控制的同时会使焊接应力和焊接裂纹倾向随之增大，应采取合理的工艺措施、装焊顺序、热量平衡等方法来降低或平衡焊接变形，避免采用刚性固定或强制措施控制变形。《钢结构工程施工规范》（GB 50755—2012）给出的一些方法，是实践经验的总结，根据实际结构情况合理地采用，对控制焊接构件的变形是有效的。

栓钉应采用专用焊接设备进行焊接，当受条件限制而不能采用专用设备焊接时，可采用焊条电弧焊和气体保护电弧焊焊接，其焊缝尺寸应通过计算确定。栓钉焊时，下列条件之一发生变化，应重新进行工艺评定：①栓钉材质改变；②栓钉标称直径改变；③瓷环材料改变；④非穿透焊与穿透焊的变换；⑤穿透焊中被穿透板材厚度、镀层量增加与种类的变换；⑥栓钉焊接位置偏离平焊位置 25° 以上的变化或平焊、横焊、仰焊位置的变换；⑦栓钉焊接方法（焊条手工电弧焊、气体保护电弧焊、拉弧式栓钉焊与电容储能式栓钉焊）的变换；⑧预热温度比评定合格的焊接工艺降低 20℃或高出 50℃以上；⑨提升高度、伸出长度、焊接时间、电流、电压的变化超过评定合格的各项参数的±5%；⑩采用电弧焊时焊接材料改变。栓钉焊接瓷环应确保焊缝挤出后的成型，栓钉焊接瓷环受潮后会对栓钉焊工艺性能以及焊接质量造成影响，因此受潮的焊接瓷环应在焊接前进行烘干。

在 T 形、十字形及角接接头设计中，当被焊接板厚度不小于 20mm 时，应避免或减少使母材板厚方向承受较大的焊接收缩应力，采取适当的防止板材产生层状撕裂的措施。当翼缘板较厚、节点形式复杂、焊缝集中时，T 形、十字形、角接节点由于焊接收缩应力较大，而且节点拘束度大，使板材在近缝区或近板厚中心区沿轧制带状组织晶间产生台阶状层状撕裂。这种现象在国内外工程中屡有发生。焊接技术人员虽然针对这一问题作出一些改善，取得了一些实践经验，但要从根本上解决问题，必须提高钢材自身的厚度方向（Z 向）性能。因此，在设计选材阶段初期就应采用对钢材厚度方向有性能要求的钢板。

3.3　零部件加工

　　零件及部件加工前，应熟悉设计文件和施工详图，做好各工序的工艺准备，并应结合加工的实际情况，编制加工工艺文件。放样是根据施工详图用 1∶1 的比例在样台上放出大样，通常按生产需要制作样板或样杆进行号料，并作为切割、加工、弯曲、制孔等检查用。目前国内大多数加工单位已采用数控加工设备，省略了放样和号料工序；但是有些加工和组装工序仍需要放样、做样板和号料等工序。样杆、样杆一般采用铝板、薄白铁板、纸板、木板、塑料板等材料制作，按精度要求选用不同的材料。放样和号料应根据施工详图和工艺文件进行，并按要求预留余量。主要零件应根据构件的受力特点和加工状况，按工艺规定的方向进行号料。放样和号料的预留余量，一般包括制作和安装时的焊接收缩余量，构件的弹性压缩量，切割、刨边和铣平等加工余量，以及厚钢板展开时的余量等。号料后，零件和部件应按施工详图和工艺要求进行标识。

　　放样和样板（样杆）的允许偏差应符合表 3-3-1 规定。

表 3-3-1　放样和样板（样杆）的允许偏差

项目	允许偏差
平行线距离和分段尺寸	±0.5mm
样板长度	±0.5mm
样板宽度	±0.5mm
样板对角线差	1.0mm
样杆长度	±1.0mm
样板的角度	±20°

　　号料的允许偏差应符合表 3-3-2 规定。

表 3-3-2　号料的允许偏差

项目	允许偏差/mm
零件外形尺寸	±1.0
孔距	±0.5

　　钢材切割可采用气割、机械切割、等离子切割等方法。选用的切割方法应满足工艺文件的要求，无论选择何种切割方法，切割前钢材切割区域表面都应清理干净，切割时应根据设备类型、钢材厚度、切割气体等因素选择适合的工艺参数。切割后的飞边、毛刺应清理干净。钢材切割面应无裂纹、夹渣、分层等缺陷和大于 1mm 的缺陷。采用剪切机或型钢机切割钢材是速度较快的一种切割方法，但切割质量不是很好。因为在钢材的剪切过程中，一部分是剪切面而另一部分为撕断面，其切断面边缘产生很大的剪切应力，在剪切面附近连续 2～3mm 内形成严重的冷作硬化区，使这部分钢材脆性很大。因此，对剪切零件的厚度不宜大于 12mm，对较厚的钢材或直接受动荷载的钢板不应采用剪切方法，否则要将冷作硬化区刨除。基于这个原因，规定了碳素结构钢和低合金结构

钢剪切和冲孔操作的最低环境温度。碳素结构钢在环境温度低于-20℃、低合金结构钢在环境温度低于-15℃时，不得进行剪切、冲孔。钢材切割如图3-3-1所示。

图 3-3-1　钢材切割

机械剪切的允许偏差应符合表3-3-3规定。

表 3-3-3　机械剪切的允许偏差

项目	允许偏差/mm
零件宽度、长度	±3.0
边缘缺棱	1.0
型钢端部垂直度	2.0

气割的允许偏差应符合表3-3-4规定。

表 3-3-4　气割的允许偏差

项目	允许偏差
零件宽度、长度	±3.0mm
切割面平面度	0.05t且不应大于2.0mm
割纹深度	0.3mm
割纹宽度	1.0mm

注：t为切割面厚度，mm。

钢材矫正可采用机械矫正、加热矫正、加热与机械联合矫正等方法。对冷矫正和冷弯曲的最低环境温度进行限制，是为了保证钢材在低温情况下受到外力时不致产生冷脆断裂。在低温下钢材受外力而脆断要比冲孔和剪切加工时而断裂更敏感，故环境温度限制较严。冷矫正和冷弯曲的最小曲率半径和最大弯曲矢高的允许值，是根据钢材的特性、工艺的可行性及成型后外观质量的要求而作出的相应参数。采用加热矫正时，规定加热温度不要超过900℃，是因为超过此温度后，钢材内部组织将发生变化，材质变差。当温度低于600℃时，矫正效果不大，且钢材在500~550℃存在热脆区，故当温度降到

600℃时，就应停止矫正工作。矫正后的钢材表面，不应有明显的凹痕或损伤，划痕深度不得大于 0.5mm，且不应超过该钢材厚度允许负偏差的 1/2。零件热加工成型温度应均匀，加热温度应控制在 900～1000℃，也可控制在 1100～1300℃。同一零件不应反复进行热加工，温度冷却到 200～400℃时，严禁捶打、弯曲和成型。零件冷成型加工钢管，可采用卷制或压制工艺，并应考虑成型后径厚比对材料性能的影响。

边缘加工可采用气割和机械加工方法，对边缘有特殊要求时宜采用精密切割。为了消除切割对主体钢材造成的冷作硬化等的不利影响，使加工边缘达到相关设计要求，其刨削量不应小于 2.0mm。边缘加工的允许偏差应符合表 3-3-5 规定。

表 3-3-5　边缘加工的允许偏差

项目	允许偏差
零件宽度、长度	±1.0mm
加工边直线度	$L/3000$ 且不应大于 2.0mm
相邻两边夹角	±6mm
加工面垂直度	$0.025t$ 且不应大于 0.5mm
加工面表面粗糙度	≤50μm

注：L 为加工边长度。

制孔可采用钻孔、冲孔、铣孔、铰孔、镗孔和锪孔等方法，对直径较大或长形孔也可采用气割制孔；机械或气割制孔，其中钻孔、冲孔为一次制孔。铣孔、铰孔、镗孔和锪孔为二次制孔，即在一次制孔的基础上进行孔的二次加工。另外，对于长圆孔或异形孔一般可采用先行钻孔然后再采用气割制孔的方法。对于采用冲孔制孔时，钢板厚度应控制在 12mm 以内，过厚的钢板冲孔后孔壁内会出现分层现象。利用钻床进行多层板钻孔时，应采取有效的防止串动措施。机械或气割割孔后，应清除周边的毛刺、切屑等杂物；孔壁应圆滑，无裂纹和大于 1.0mm 的缺棱。

3.4　构　件　加　工

构件组装前，组装人员应熟悉施工详图、组装工艺及有关技术文件的要求，检查组装用的零部件的材质、规格、外观、尺寸、数量等。构件组装应根据设计要求、构件形式、连接方式、焊接方法和焊接顺序等确定合理的组装顺序。构件组装可采用地样法、仿形复制装配法、胎模装配法和专用设备装配法等；组装时可采用立装、卧装等方式。板材、型材的拼接应在构件组装前进行，板件或型材长度方向的拼接长度不应小于600mm，焊接 H 型钢腹板时沿宽度方向的拼接宽度不应小于 300mm；板件组成构件时，相邻边拼接缝间距不宜小于 200mm；用于次要构件的热轧型钢可采用直口全熔透拼接。构件的组装应在部件组装、焊接、矫正并检验合格后进行；构件组装应按照合理的组装顺序进行，组装完成经检验合格后再进行焊接。组装焊接处的连接接触面及沿边缘 30～50mm 范围内的铁锈、毛刺、污垢等，应在组装前清理干净。构件组装时应根据构件形式、尺寸、数量、组装场地、组装设备等综合考虑选取方法。设计要求起拱的构件，应在组装时按规定的起拱值进行起拱，起拱允许偏差为起拱值的 0%～10%，且不应大于 10mm。构件组装时宜在组装平台、组装支撑架或专用设备上进行，组装平台及组装支撑架应有足够的强度和刚度，并应便于构件的装卸、定位。在组装平台及组装支撑架上宜画出构件的中心线、端面位置线、轮廓线和标高线等基准线。构件端部加工应在构件组装、焊接完成并检验合格后进行（图 3-4-1）。构件的端面铣平加工可用铣床；端部铣平加工应符合现行国家标准《钢结构工程施工质量验收标准》（GB 50205—2020）的有关规定。

图 3-4-1　构件工厂化加工

3.5　建筑模块单元组装

建筑模块单元组装是指根据制作前确定的建筑模块划分，将钢构件组装成为模块单元的骨架，并在其上装配完成预设的其他各种构配件，如图 3-5-1 所示。模块单元组装前，要求对组装人员进行技术交底，交底内容包括施工详图、组装工艺、操作规程等技术文件。组装人员应熟悉施工详图、组装工艺及有关技术文件的要求，检查组装用的各种构配件的材质、规格、外观、尺寸、数量等均应符合设计要求。组装平台、模架等应平整牢固，以保证构件的组装精度，并结合构件特点，提出相应的组装措施。应考虑焊接的可能性，焊接变形为最小，且便于矫正，以确定采取一次组装或多次组装，即先组装、焊接成若干个部件，并分别矫正焊接变形，再组装成构件。

底板组装

加强筋安装

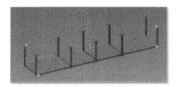

框架立柱安装

墙体钢筋网片安装

预留孔道检查

局部钢筋网片安装

围护结构安装

图 3-5-1 预制模块单元组装

此外，还应根据结构形式、焊接方法、焊接顺序等因素，确定合理的组装顺序，一般宜先主要零件，后次要零件，且要先中间后两端，先横向后纵向，先内部后外部，以减少变形。常见的拼装问题为钢梁构件拼装后全长扭曲超过允许值，造成钢梁的安装质量不良。拼装时应当注意以下两点。

（1）拼装构件要设拼装工作台，定位焊时要将构件底面找平，防止翘曲。拼装工作台应保持各支点水平，组焊中要防止出现焊接变形，尤其是梁段或梯道的最后组装，要在定位焊后调整变形，注意节点尺寸要符合设计要求，否则易造成构件扭曲。

（2）自身刚性较差的构件，翻身施焊前要进行加固，构件翻身后也应进行找平，否则构件焊后无法矫正。

3.6 建筑模块预拼装

本节适用于合同文件要求或设计文件规定的建筑模块预拼装。预拼装前，单个构件应检验合格；当同一类型构件较多时，可选择一定数量的代表性构件进行预拼装。预拼装可采用实体，也可采用计算机辅助模拟预拼装。当完成实体预拼装时，应按设计文件和相关现行国家标准进行验收，验收时应避开日照的影响。预拼装场地应平整、坚实；预拼装所用的临时支承架或平台应经测量准确定位，并应符合工艺文件要求。重大的模块单元的支撑结构应进行结构安全验算。构件预拼装应按照设计图的控制尺寸定位，对有预起拱、焊接收缩等的预拼装构件，应按预起拱值或收缩量的大小对尺寸定位进行调整。

计算机辅助模拟预拼装方法具有预拼装速度快、精度高、节能环保、经济适用等优点。采用预制装配整体式计算机模拟拼装方法,对制造已完成的构件进行三维测量,用测量数据在计算机中构造构件模型,并进行模拟拼装。构思的模拟预拼装有两种方法:一是将构造后的构架模型在计算机中按照预拼装图纸要求的理论位置进行预拼装,再逐个检查构件间的连接关系是否满足产品的技术要求;二是保证构件在自重作用下不发生超过工艺允许的变形支撑条件,以保证构件间的连接为原则,将构造的构件模型在计算机中进行模拟预拼装,检查构件的拼装位置与理论位置的偏差是否在允许的范围内,并反馈检查结果作为预拼装调整及后续作业的调整信息。当采用计算机辅助模拟预拼装方法时,要求预拼装的所有单个构件均有一定的质量保证;模拟拼装构件或单元外形尺寸均应严格测量,测量时可采用全站仪、计算机和相关软件配合进行。

当采用计算机辅助模拟预拼装时,模拟单元的外形尺寸及连接接口应与实物几何尺寸相同;当模拟预拼装的偏差超过相关规定时,应进行实体预拼装。

4　防腐涂装及防火保护措施

4.1　表面处理

4.1.1　简述

与混凝土结构相比，预制装配整体式模块化钢结构建筑具有一些自身无法克服的缺点，其主要表现有两方面：一是易于受到周围环境的影响，尤其是在某些大型化工企业中使用钢结构的生产厂房，易于发生钢结构的电化学腐蚀，使寿命缩短；二是防火灾能力较低，即在发生火灾时，导致结构强度快速下降，造成结构垮塌事故。所以，钢结构的防腐与防火设计施工就显得特别重要。在钢结构建筑工程的设计施工中，必须严格按照国家或行业有关标准进行。防腐、防火涂料要全部通过国家质量检验监督部门的认可。

在对钢结构表面进行防护前必须进行预处理，表面处理的品质对涂层附着力、耐久性及防护效果都有很大关系。在防护施工中正确选择涂料品种十分重要，因其关系到涂层对钢结构的防护效果和使用寿命。在涂料品种确定之后，重要的是表面的预处理及其施工工艺是否符合要求。要提高涂层的防护品质，涂装前必须彻底除去表面的污物、氧化皮、铁锈等；否则，涂层会很快出现起泡、脱落、泛锈等现象，严重影响涂层的附着力和使用寿命。在防腐施工中最重要的就是表面的预处理，该项目已被列为钢结构防护施工中的保证项目。

4.1.2　钢构件表面处理方法的选择

目前，钢结构表面主要使用的除锈方法为抛丸除锈、动力工具除锈及喷射除锈。抛丸除锈是利用高压空气带出钢丸喷射到构件表面以达到除锈的一种方法，其需要大型抛丸机，适合钢构件车间除锈。现场除锈主要采用动力工具除锈与喷射除锈。动力工具除锈效果相对较差，劳动强度大，通常用在除锈等级要求不高且除锈工作量不大的部位。对于除锈量大、除锈等级要求高的工程，应采用喷射除锈，以达到高效率与高除锈品质。

4.1.3　钢构件表面处理等级

目前，以钢材表面的外观来确认锈蚀等级和除锈等级，共分为 A、B、C、D 四个等级。

A 级：大面积覆盖着氧化皮而几乎没有铁锈的钢材表面。

B 级：已发生锈蚀，并且氧化皮已经开始剥落的钢材表面。

C 级：氧化皮已因锈蚀而剥落，或者可以刮除，并且在正常视力观察下可见轻微点蚀的钢材表面。

D 级：氧化皮已因锈蚀而剥落，并且在正常视力观察下可见普遍发生点蚀的钢材表面。

钢材表面除锈等级以代表所采用的除锈方法的字母"Sa""St""F"表示。字母后面的阿拉伯数字，表示清除氧化皮、铁锈和原有涂层的程度。

1. 喷射清理

对喷射清理的表面处理，用字母"Sa"表示。喷射清理等级和描述如表 4-1-1 所示。喷射清理前，应铲除全部厚锈层。可见的油脂和污物也应清除掉。

喷射清理后，应清除表面的浮灰和碎屑。

表 4-1-1　喷射清理等级和描述

清理等级	描述
Sa 1 轻度的喷射清理	在不放大的情况下观察时，表面应无可见的油脂和污物，并且没有附着不牢的氧化皮、铁锈、涂层和外来杂质
Sa 2 彻底的喷射清理	在不放大的情况下观察时，表面应无可见的油脂和污物，并且几乎没有氧化皮、铁锈、涂层和外来杂质。任何残留污染物应附着牢固
Sa 2$\frac{1}{2}$ 非常彻底的喷射清理	在不放大的情况下观察时，表面应无可见的油脂和污物，并且没有氧化皮、铁锈、涂层和外来杂质。任何污染物的残留痕迹应仅呈现为点状或条纹状的轻微色斑
Sa 3 使钢材表观洁净的喷射清理	在不放大的情况下观察时，表面应无可见的油脂和污物，并且应无氧化皮、铁锈、涂层和外来杂质。该表面应具有均匀的金属色泽

2. 手工和动力工具清理

对手工和动力工具清理，例如刮、手工刷、机械刷和打磨等表面处理方法，用字母"St"表示。手工和动力工具清理等级和描述如表 4-1-2 所示。

表 4-1-2　手工和动力工具清理等级和描述

清理等级	描述
St 2 彻底的手工和动力工具清理	在不放大的情况下观察时，表面应无可见的油脂和污物，并且没有附着不牢的氧化皮、铁锈、涂层和外来杂质
St 3 非常彻底的手工和动力工具清理	同 St 2，但表面处理应彻底得多，表面应具有金属底材的光泽

手工和动力工具清理前，应铲除全部厚锈层，可见的油脂和污物也应清除掉。

手工和动力工具清理后，应清除表面的浮灰和碎屑。

3. 火焰清理

对火焰清理表面处理，用字母"F"表示。火焰清理等级描述如下。

清理等级：F 火焰清理。

描述：在不放大的情况下观察时，表面应无可见的油脂和污物，并且没有附着不牢的氧化皮、铁锈、涂层和外来杂质。任何残留的痕迹应仅为表面变色（不同颜色的暗影）。

火焰清理前，应铲除全部厚锈层。

火焰除锈应包括在火焰加热作业后，再以动力钢丝刷清加热后附着在钢材表面的产物。

防腐涂装要达到预期的防腐效果，表面除锈品质达到一定等级。要保证表面处理后的面层能形成一定的粗糙度，其将直接影响表面和涂层之间的附着力。例如，粗糙度太小，则涂层附着力不佳，涂层容易脱落，达不到防腐要求；如果粗糙度过大，将增加涂层厚度，不仅浪费涂料，而且可能在涂层下面截留住气泡，也可能产生没有被涂层覆盖住的波峰，从而发生"波峰腐蚀"。在防腐施工中，一般把基体表面粗糙度控制在 $30\sim70\mu m$ 范围内。构件表面粗糙度如表 4-1-3 所示。

表 4-1-3 构件表面粗糙度

钢材底涂层	除锈等级	表面粗糙度/μm
热喷锌/铝	Sa 3	60～100
无机富锌	$Sa\,2\frac{1}{2}\sim Sa\,3$	50～80
环氧富锌	$Sa\,2\frac{1}{2}$	30～75
不变喷砂部位	St 3	

4.2 防腐涂装

钢结构在常温大气环境中使用，钢材受大气中水分、氧气和其他污染物的作用而被腐蚀。大气的相对湿度和污染物的含量是影响钢材腐蚀程度的重要因素。常温下，当相对湿度达到 60% 以上时，钢材的腐蚀会明显加快。根据钢铁腐蚀的电化学原理，为防止电解质溶液在金属表面沉降和凝结，以及各种腐蚀性介质的污染等，通常采取在钢结构表面涂刷防腐涂料形成防护层的措施。

防腐涂料一般由不挥发组分和挥发组分（稀释剂）两部分组成。涂刷在钢结构表面后，挥发组分逐渐挥发，留下不挥发组分干结成膜。涂料产品中，不同类别的品种，各有其特定的优缺点。在涂装设计时，必须合理地选择适当的涂料品种。

在涂装前必须对钢材表面进行处理，除去油脂、灰尘和化学药品等污染物并进行除锈。污染物的清除可采用的方法有有机溶剂清洗法、电化学除油法、乳化除油法和超声波除油法等。铁锈的清除可采用的方法有手工除锈法、动力工具除锈法、喷射或抛射除锈法和酸洗除锈法等。

4.2.1 防腐涂料的选择

对钢结构表面耐腐蚀涂料的要求是：①在钢铁表面有良好的附着力；②具有良好的力学性能；③对腐蚀性介质有良好的稳定性；④抗渗透性能好；⑤价格低廉，施工性能好。

一般选择尽可能满足以上性能要求的一种或几种涂料配套使用，使它们各自的性能得到充分展示。当几种涂料配套使用时，要特别注意几种涂料之间的相容性。

4.2.2 防腐涂料的涂装方法

钢结构防腐涂装方法一般有手工刷涂、辊涂、压缩空气喷涂和无气高压喷涂。手工刷涂、辊涂操作方便，适应性强，能使涂料渗透到细孔和缝隙中去，但其效率低，费时费工，外观差，且不适合某些快干型涂料。压缩空气喷涂效率较高，涂层厚度均匀，外观好，但附着力不如刷涂，涂料浪费大，且不适合某些高黏度的涂料。无气高压喷涂效率高，各种黏度的涂料都能适应，特别是用于厚浆型涂料时，一次喷涂成膜较厚，但其操作复杂，适用于大面积喷涂，在小工件或形状复杂的表面使用有困难。

4.2.3　金属热喷涂施工

金属热喷涂施工应符合下列规定。

（1）采用的压缩空气干燥、纯净。

（2）喷枪与表面宜成直角，喷枪的移动速度应均匀，各喷涂层的喷枪方向应相互垂直、交叉覆盖。

（3）一次喷涂厚度宜为 25～80μm，同一层内各喷涂带间应有 1/3 的重叠宽度。

（4）当大气温度低于 5℃或钢结构表面温度低于 3℃时，应停止热喷涂操作。

4.2.4　防腐涂装质量的控制

1. 表面预处理品质和涂层品质的控制

防护施工属隐蔽工程，因此应建立严格的品质控制体系，并配备必需的品质控制检测仪器设备，如粗糙度仪和测厚仪等，对除锈品质、粗糙度、涂层厚度等进行逐一检测，合格后才能进行下一道工序的施工。

2. 涂层覆涂间隔时间的控制

表面除锈后，必须尽快刷涂头道底层涂料，在 30℃时，覆涂间隔时间一般不允许超过 4h，更不允许过夜，否则表面将发生二次锈蚀（泛锈）。前道涂层刷好以后，不应长时间暴露，否则会使涂层之间的附着力降低。另外，环氧富锌底漆在溶剂挥发形成的针孔处，还可能发生泛锈，因此应在环氧富锌底漆涂膜表干后、实干前刷涂环氧云铁中间层涂料封闭针孔。各涂层覆涂间隔时间如表 4-2-1 所示。

表 4-2-1　各涂层的覆涂间隔时间

涂料品种	覆涂间隔时间/h		
	25℃	30℃	35℃
环氧富锌底漆	≤6	≥4	≥3
环氧云铁中层漆	≥6	≥4	≥3
氯化橡胶面漆	≥5	≥4	≥3

3. 涂层表面缺陷的控制

涂层的防护作用机理有两种。第一种是屏蔽作用。涂层将表面与腐蚀性介质分隔开，使两者不能接触，从而达到防护的目的。第二种是电化学保护作用。涂料中含有比铁活性更高的金属锌粉，如果化学介质渗入涂层内部，首先与金属锌接触发生电化学反应，锌作为阳极而消耗掉，从而保护了铁不被腐蚀。只有当涂层完好无损时，才能有效地起到保护作用；如果涂层出现缺陷，则不会起到良好的保护作用。涂层常见表面缺陷及防治方法如表 4-2-2 所示。

表 4-2-2 涂层常见表面缺陷及防治方法

表面缺陷	现象	原因	防治方法
粗粒	涂料中有颗粒	涂料在储存中微细颗粒凝聚成粗颗粒	用 80~120 目筛网过滤
刷痕	涂层表面产生条痕、不匀	① 涂料黏度高，涂层厚 ② 毛刷品质差 ③ 操作人员技术水平低	① 加稀料降低黏度 ② 更换毛刷 ③ 提高技术水平
流挂	涂层表面存在局部流淌，其形状呈长柱形	① 涂层太厚 ② 涂料黏度低	① 降低涂层厚度 ② 减少稀料加入量
起皱	涂层表面形成皱纹	① 涂层太厚 ② 反复涂刷 ③ 阳光直射	① 降低涂层厚度 ② 减少涂刷次数 ③ 改变施工环境
针孔	涂层中形成毛细微孔	① 黏度太低 ② 基体温度过高 ③ 涂层太厚 ④ 空气湿度过高	① 减少稀料加入量 ② 降低基体温度 ③ 降低涂层厚度 ④ 停止涂装施工
泛白	涂层产生无光雾状白点	空气湿度过高，有水汽凝结	停止涂装施工
漏刷	基体表面局部未被涂层覆盖	操作人员技术水平低	提高技术水平

4.3 防火保护措施

预制装配整体式模块化建筑中存在大量的钢结构构件，而未加防火保护的钢结构在火灾作用下，只需十几分钟，自身温度就可达 540℃，钢材的力学性能会迅速下降；当钢材温度达到 600℃时，其强度几乎为零。未加防火保护的钢结构构件的耐火极限为 0.25h，无法满足耐火极限要求，因此必须对装配整体式模块化建筑钢结构部位进行防火保护。防火保护的方法为喷涂防火涂料。

防火涂料的防火原理如下。

（1）涂层对钢材起屏蔽作用，隔离火焰，使钢构件不至于直接暴露在火焰或高温中。

（2）涂层吸热后，部分物质分解出水蒸气或其他不燃气体，起到消耗热量、降低火焰温度和燃烧速度、稀释氧气的作用。

（3）涂层本身多孔轻质或受热膨胀后形成碳化泡沫层，热导率均在 0.233W/（m·K）以下，阻止热量迅速向钢材传递，推迟钢材受热升温到极限温度的时间。

钢结构防火涂料按所用黏结剂不同分为有机和无机两大类；按涂层厚度分为 B 类（薄涂型）和 H 类（厚涂型）。

防火涂料按作用机理可分为膨胀型防火涂料和非膨胀型防火涂料。膨胀型防火涂料的涂层受热后膨胀形成蜂窝状碳化层，使火焰热量受到隔离而降低对防护对象的热传导。非膨胀型防火涂料是靠其自身的高难燃性达到阻燃防火的目的。膨胀型和非膨胀型防火涂料的性能如表 4-3-1 所示。目前，国内外应用较多的防火涂料主要是高性能膨胀型防火涂料。

表 4-3-1　膨胀型和非膨胀型防火涂料的性能

防火涂料类型		涂层厚度/mm	耐火极限/h	性质	特点	应用范围
膨胀型	薄涂型	3～7	0.5～2.0	有机膨胀型，阶段性防火	较薄的涂层，装饰性较强，黏结力强，抗震性与翘曲性高，施工方便	耐火极限在2h以下，用于有装饰性要求的结构，如体育馆、展览馆、机场、工业厂房
	超薄型	<3	0.5～2.0	有机膨胀型，阶段性防火	平整光滑的外观，装饰性强，黏结力强，抗震性与翘曲性高，优良的耐候性能，施工方便	耐火极限在2h以下，用于有装饰性要求的裸露钢结构、轻型屋盖钢结构等，如体育馆、展览馆、机场、工业厂房
非膨胀型（厚涂型）		7～45	0.5～3.0	无机膨胀型，永久性防火	优良的涂层弹性，超强的耐火性能，热导率低，无毒，施工较复杂	耐火极限在2h以上，用于隐蔽工程或重防火的企业厂房

4.3.1　防火涂料的选择

防火涂料品质是影响防火效果的一个重要因素，因此涂料的选择非常重要。对钢结构防火涂料的要求主要有：①防火隔热性能优良，耐火极限高；②与防腐蚀面层涂料的层间黏结强度高；③耐候性能好，耐水、耐冻，不起皮、不剥落，耐老化，使用寿命长；④涂料不含对人体有害的物质，无毒、无味，在火灾发生时不产生有毒有害气体；⑤价格低廉，施工性能好。

在选用防火涂料时，应根据防火设计的内容和施工要求，尽可能地选择满足以上性能要求的防火涂料。室内钢结构防火涂料的技术性能如表 4-3-2 所示，室外钢结构防火涂料的技术性能如表 4-3-3 所示。

表 4-3-2　室内钢结构防火涂料的技术性能

序号	检验项目	技术指标			缺陷分类
		超薄型钢结构防火涂料	薄型钢结构防火涂料	厚型钢结构防火涂料	
1	在容器中的状态	经搅拌后呈均匀细腻状态，无结块	经搅拌后呈均匀液态或稠厚流体状态，无结块	经搅拌后呈均匀稠厚流体状态，无结块	C
2	干燥时间（表干）/h	≤8	≤12	≤24	C
3	外观与颜色	涂层干燥后，外观与颜色同样品相比应无明显差别	涂层干燥后，外观与颜色同样品相比应无明显差别	涂层干燥后，外观与颜色同样品相比应无明显差别	C
4	初期干燥抗裂性	不应出现裂纹	允许出现1～3条裂纹，其宽度应小于等于0.5mm	允许出现1～3条裂纹，其宽度应小于等于1mm	C
5	黏结强度/MPa	≥0.20	≥0.15	≥0.04	B
6	抗压强度/MPa			≥0.3	C
7	干密度/（kg/m³）			≤500	C
8	耐水性	24h试验后，涂层应无起层、发泡、脱落7现象	24h试验后，涂层应无起层、发泡、脱落现象	24h试验后，涂层应无起层、发泡、脱落现象	B

续表

序号	检验项目		技术指标			缺陷分类
			超薄型钢结构防火涂料	薄型钢结构防火涂料	厚型钢结构防火涂料	
9	耐冷热循环性		15 次试验后，涂层应无开裂、剥落、起泡现象	15 次试验后，涂层应无开裂、剥落、起泡现象	15 次试验后，涂层应无开裂、剥落、起泡现象	B
10	耐火性能	涂层厚度（不大于）/mm	2.0±0.2	5.0±0.5	25±2	A
		耐火极限（不低于）（以136b或140b标准工字钢梁作基材）/h	1.0	1.0	2.0	

表 4-3-3　室外钢结构防火涂料的技术性能

序号	检验项目	技术指标			缺陷分类
		超薄型钢结构防火涂料	薄型钢结构防火涂料	厚型钢结构防火涂料	
1	在容器中的状态	经搅拌后呈均匀细腻状态，无结块	经搅拌后呈均匀液态或稠厚流体状态，无结块	经搅拌后呈均匀稠厚流体状态，无结块	C
2	干燥时间（表干）/h	≤8	≤12	≤24	C
3	外观与颜色	涂层干燥后，外观与颜色同样品相比应无明显差别	涂层干燥后，外观与颜色同样品相比应无明显差别		C
4	初期干燥抗裂性	不应出现裂纹	允许出现 1～3 条裂纹，其宽度应小于等于0.5mm	允许出现 1～3 条裂纹，其宽度应小于等于 1mm	C
5	黏结强度/MPa	≥0.20	≥0.15	≥0.04	B
6	抗压强度/MPa			≥0.5	C
7	干密度/（kg/m³）			≤650	C
8	耐曝热性	720h 试验后，涂层应无起泡、脱落、空鼓、开裂现象	720h 试验后，涂层应无起泡、脱落、空鼓、开裂现象	720h 试验后，涂层应无起泡、脱落、空鼓、开裂现象	B
9	耐湿热性	504h 试验后，涂层应无起泡、脱落现象	504h 试验后，涂层应无起泡、脱落现象	504h 试验后，涂层应无起泡、脱落现象	B
10	耐冻融循环性	15 次试验后，涂层应无开裂、脱落、起泡现象	15 次试验后，涂层应无开裂、脱落、起泡现象	15 次试验后，涂层应无开裂、脱落、起泡现象	B
11	耐酸性	360h 试验后，涂层应无起泡、脱落、开裂现象	360h 试验后，涂层应无起泡、脱落、开裂现象	360h 试验后，涂层应无起泡、脱落、开裂现象	B
12	耐碱性	360h 试验后，涂层应无起泡、脱落、开裂现象	360h 试验后，涂层应无起泡、脱落、开裂现象	360h 试验后，涂层应无起泡、脱落、开裂现象	B
13	耐盐雾腐蚀性	30 次试验后，涂层应无起泡、明显变质、软化现象	30 次试验后，涂层应无起泡、明显变质、软化现象	30 次试验后，涂层应无起泡、明显变质、软化现象	B

续表

序号	检验项目		技术指标			缺陷分类
			超薄型钢结构防火涂料	薄型钢结构防火涂料	厚型钢结构防火涂料	
14	耐火性能	涂层厚度（不大于）/mm	2.0±0.2	5.0±0.5	25±2	A
		耐火极限（不低于）（以136b或140b标准工字钢梁作基材）/h	1.0	1.0	2.0	

注：耐久性项目（耐曝热性、耐湿热性、耐冻融循环性、耐酸性、耐碱性、耐盐雾腐蚀性）的技术要求除表中规定外，还应满足附加耐火性能的要求，方能判定该对应项性能合格。耐酸性和耐碱性可仅进行其中一项测试。

4.3.2　防火涂料的涂装方法

防火涂料涂装施工时，应根据涂料类型、涂层厚度，以及钢构件的形状和面积选择合适的涂装方法，如采用刷涂、辊涂、喷涂等。

4.3.3　防火涂料涂装的质量控制

防火涂料涂装必须在防腐工程阶段性验收合格以后才能进行施工。防火涂料涂装施工时，首先将防腐涂层表面的灰尘、油污等清除干净，然后才能进行防火涂料的涂装施工。

在防火涂料涂装施工时，一次涂装厚度必须严格控制：涂层过厚容易出现流挂和涂层开裂；过薄则增加劳动强度，影响施工进度，增加劳动成本。对于厚涂型防火涂料，一次涂层厚度应控制在 5～10mm，第一层防火涂层的厚度不宜超过 5mm；对于薄涂型防火涂料，一次涂层厚度宜控制在 1～2mm，第一次涂装厚度不宜超过 1mm；对于超薄型防火涂料，一次涂层厚度应控制在 0.25～0.4mm，第一层的厚度不宜超过 0.25mm。涂装间隔时间控制在 6～8h。对于溶剂性防火涂料，施工环境的适宜温度为 5～40℃，相对湿度为80%以下。如果环境的温度过低、湿度过大，表面易结露，此时施工会影响涂层品质。

在防火涂料涂装施工时，还应注意以下问题：

（1）施工现场通风条件良好，避免明火，并注意个人防护。

（2）为保证防火涂料和面层防腐涂料之间有最佳的结合力，第一遍防火涂层厚度不宜过厚。

（3）防火涂料不得与其他涂料混合使用，以免降低或破坏防火性能。

（4）涂层干透之前应避免碰撞，避免水、油、灰尘等污物污染。

（5）阴天、雾天、雨天，空气湿度往往大于80%，不宜施工。

5 施工组织设计及 BIM 技术应用

5.1 施工组织设计

施工组织设计是指针对拟建的工程项目，在开工前针对工程本身特点和工地具体情况，按照工程的要求，对所需的施工劳动力、施工材料、施工机具和施工临时设施，经过科学计算、精心对比及合理安排后编制出的一套在时间和空间上进行合理施工的战略部署文件。施工组织设计通常由一份施工组织设计说明书、一张工程计划进度表、一套施工现场平面布置图组成。施工组织设计是工程施工的组织方案，是指导施工准备和组织施工的全面性技术经济文件，是现场施工的指导性文件。由于建筑产品的多样性，每项工程都必须单独编制施工组织设计方案，施工组织设计经审批通过后方可施工。

5.1.1 施工组织设计的任务、原则和分类

1. 施工组织设计任务

随着我国国民经济和工业生产的迅猛发展，以及城乡人民生活水平的提高，建设项目规模越来越大，特别是随着城市建设的发展，"高、大、新、重、悬"建筑和"超大、超高、超厚"构件已成为城市建设发展的时代特征。市场的需求，社会责任和环境保护的要求，以及对项目组织外部关系的处理等，对施工技术和科学管理提出了越来越高的要求。

一个大型的预制装配整体式模块化建筑工地，将动用众多的各专业工种建筑工人和大量的机具设备，成千上万吨建筑材料和构配件将逐步向建筑产品方面转移。为了保障这些基本生产活动能有计划地进行，还必须组织好构件、半成品等的附属生产活动，以及材料运输、储备，机具设备供应，水、电、热和行政生活设备等辅助性生产活动。现代建筑施工是一个工程技术与经济管理有机结合的复杂系统工程，没有科学、符合市场需求和现场施工客观规律的组织计划为先导，就不可能搞好项目综合管理，并且难以实现优化的项目目标。因此，进行事先计划是项目管理组织的一项最基本的任务，必须在遵守国家相关政策和法规的前提下，从项目全局出发，根据各种客观条件编好施工组织设计方案。其具体任务如下。

（1）确定开工前必须完成的各项准备工作。

（2）在具体的工程项目施工中，正确贯彻国家的方针、政策、法令和有关规程、规范。

（3）从施工全局出发，做好施工部署，确定施工方案，选择施工方法和施工机具。

（4）科学地安排施工程序、施工步骤和施工进度计划，确保工程按规定的工期完成。

（5）按照综合平衡的原则，合理计划各种物资资源和劳动资源的需要量。

（6）有效利用现场空间，合理布置施工现场总平面。

（7）提出切实可行的施工技术组织措施。

2. 施工组织设计的原则

施工组织设计方案的编制、贯彻和现场施工管理必须符合下列原则。

（1）总体施工部署必须严格遵守基本建设程序，实现业主提出的投产时间（或分期投产）和完成时间的要求，保证重点，统筹安排施工项目。

（2）积极采用新结构、新技术、新工艺、新材料、新构件，提高标准化的程序及预制装配化和施工机械化水平。

（3）合理安排施工程序和顺序，确保进度安排的现实性，保证施工有序、均衡、紧凑地进行。

（4）保证组织计划的系统性、完整性，有利于项目质量、安全、工期和成本目标的综合管理与控制。

（5）合理布置施工现场，节约用地，文明施工。

（6）注重经济核算和技术经济活动分析，努力贯彻挖潜、节约、革新、改造的方针，在保证质量的同时提高生产效率，用活项目资金，最大限度地降低施工成本。

3. 施工组织设计分类及其主要内容

根据工程设计阶段和编制对象的不同，大中型施工项目施工组织设计一般可分为施工组织总设计、单位工程施工组织设计和分部分项工程施工设计（或称作业设计）。上述三类施工组织设计是一个体系。一般当项目需要进行初步设计或技术设计（或扩大初步设计）时，则需编制施工组织总设计规划，属工程总体的控制性规划。当施工图设计完成后，则进行单位工程施工组织设计和分部分项工程施工设计，它们是施工组织总设计的实施和保证计划。施工组织设计的内容应包括工程概况、施工部署及施工方案、施工进度计划、施工平面布置、主要施工管理计划。施工部署及施工方案的作用是：确定施工目标，全面部署施工任务，合理安排施工顺序，确定主要工程的施工方案。施工方案的选择应在技术上可行，经济合理，施工安全；应结合工程实际拟定可能采用的几种施工方案，进行定性、定量的分析，通过技术经济评价，择优选择。预制装配整体式模块化建筑的施工方案的内容应包括建筑模块安装及节点连接施工方案、建筑模块安装的质量管理及安全措施等。其具体内容简述如下。

1）施工组织总设计方案

施工组织总设计方案是以整个建设项目或工地群体工程为对象编制的，是整个建设项目或群体工程施工部署和科学组织的全局性、全过程性的指导性文件。

施工组织总设计方案的编制依据是：建筑设计任务书；工程项目一览表及概算造价；建筑总平面图；建筑区域平面图；房屋及构筑物平面、立面、剖面图；建筑场地竖向设计；建筑场地及勘察条件；现场定额和技术规范；承包合同；对建筑安装工程施工组织分期施工与交工时间的要求等。

施工组织总设计的内容和深度视工程的性质、规模、建筑结构和施工技术复杂程度、工期要求和建设地区的技术经济条件而有所不同，但都应突出"规划"和"控制"特点。

2）单位工程施工组织设计方案

单位工程施工组织设计方案是具体指导施工的实施性技术经济文件，是施工组织总设计的具体化，也是建筑业企业编制月、旬、周作业计划的基础。

单位工程施工组织设计方案的编制依据是：施工组织总设计及建筑业企业年度生产经营计划；建筑总平面图；房屋及构筑物施工图；工艺设备布置图及设备基础施工图；预算文件；补充勘察资料；现行施工定额水平、相关技术规范。

3）分部分项工程施工设计方案

分部分项工程施工设计的编制对象是难度大且技术和管理复杂的分部分项工程或新技术项目，用来具体指导分部分项工程的施工，是作业性实施计划，因此，分部分项工程设计又称分部分项作业设计。其主要内容包括施工方案、进度计划、平面布置、技术组织措施等。

上述三类施工组织设计方案内容广泛，编制工作量大，必须抓住重点。施工部署（或施工方案）是施工组织计划的核心内容，对施工全局起着决定性作用。施工进度计划（包括各种资源需用量及时间计划）和施工现场平面布置，分别是施工部署（或施工方案）在时间与空间的具体体现。对施工部署（或施工方案）的决策，应经过调查研究及全面分析，正确处理项目组织外部与内部，全局与局部，需要与可能，时间与空间和有限人力、物力、财力及现场客观环境等复杂关系。单位工程施工进度及分部分项作业进度的安排，必须使质量、安全、工期、成本目标统一，施工工艺顺序、技术方法、作业空间、环境和时间要求有机结合。某一方面的失误都可能造成质量或安全事故，以致拖延施工工期，增加施工成本。因此，对上述三类施工组织设计应给予周密安排，并在贯彻中做到"精心施工"。

5.1.2 施工组织设计方案的编制

预制装配整体式模块化建筑施工组织设计方案的内容包括工程概况、施工方案、单位施工进度计划。其编制步骤和上述内容顺序基本一致。编制方法要点如下。

1. 工程概况

（1）工程特征。说明建筑物、构筑物的结构特点，建筑面积，层数，高度及内、外装修要求；使用新结构、新工艺情况，以及对施工的要求。

（2）建设地区的特征，包括位置、地形、工程地质情况，气温、主导风向及风力，降水和地震烈度等。

（3）施工条件。施工单位及劳动力、机械设备情况；材料、预制品供应情况；供水、供电和交通运输情况等；施工中应注意的关键性问题。

2. 施工方案

施工方案的选择一般包括主要分部工程的施工方法与施工机械的选择、施工总流向和施工程序等。

1）施工方法与施工机械的选择

施工方法与施工机械的选择主要根据建筑物的结构特征、工程量、工期、资源供应条件、现场的水文地质情况及环境条件等因素确定。

（1）确定施工方法。重点考虑主要分部分项工程的施工方法。对于采用常规工艺的分项工程施工方法不必详细拟定，只要提出应注意的特殊问题即可。对多层民用建筑，重点是考虑主体结构的施工方法，特别是垂直运输机械的选择。当有地下室时，应考虑土方的开挖和降水措施。对单层装配式工业厂房，重点是考虑预制工程和结构安装工程的施工方法。当有大型设备基础时，应考虑土方开挖和降水、排水措施。

（2）选择施工机械。主要是选择主导工程机械。当工程量大、起重高度低、构件吊装任务集中时，宜采用生产率高的塔式起重机。民用多层建筑宜采用中、小型塔式起重机。当工程量较大，如大面积单层工业厂房构件吊装时，宜采用无轨自行式起重机。为充分发挥主导机械的效率，辅助机械和运输工具的生产能力应与主导机械相匹配。

（3）方案比较。对拟选用的施工方法和施工机械，应首先提出几个可行的方案，然后通过方案比较，采用技术上先进、经济上合理的方案。施工方案的技术经济比较有定性和定量分析两方面。

2）施工总流向

（1）平面上施工总流向，应着重考虑急于试车投产的或先行营业使用的地段。此外，还应考虑对施工技术复杂、工期较长的地段及开放式施工的地段先进行施工，且建筑结构安装与构件运输应同时进行。

（2）对于多层建筑物，平面施工流向还与分层施工流向有关。一般应从层数多的地段开始，否则将造成工人班组的工作间断。

3）单栋建筑物施工程序

单栋建筑物的施工程序一般是："先地下，后地上，地下先深后浅""先主体，后围护""先结构，后装修""先土建，后设备"。对装配式单层工业厂房还必须考虑是开放式或封闭式施工的问题。所谓开放式施工，是指厂房的设备基础先于厂房的主体结构施工；封闭式施工则相反。采用哪种方式要根据工程本身情况和自然条件等来确定。例如，当厂房的设备基础与柱基础紧密毗连，或设备基础深于柱基础时，宜采用开放式施工，即先做设备基础（与柱基础同时施工或先于柱基础），后建厂房结构。

3. 单位工程施工进度计划

单位工程施工进度计划是在既定施工方案的基础上，根据施工工艺的合理性，对各分部分项工程的开始及结束时间作出具体的日程安排。单位工程施工进度计划初始方案如表5-1-1所示。

表5-1-1 单位工程施工进度计划初始方案

序号	分部分项 工程名称	工程量		采用定额	需要劳动量及 机械台班数	每天工人人数	工作天数
		单位	数量				
1							
2							
3							
⋮							

单位工程施工进度计划的编制步骤和方法如下。

1）划分分部分项工程项目

一个单位工程可划分成很多分部分项工程。要熟悉施工图纸，大体按施工程序逐项列出，防止漏项。施工进度计划表中一般只包括直接在施工现场完成的工程，而不包括成品、半成品的制作和运输工作。但是，需占用工期的钢筋混凝土构件现场预制，构件运输需与结构安装紧密配合，且必须列入进度计划表。划分分部分项工程时要考虑建筑结构特点、施工方法和劳动组织等因素。

2）工程量计算

工程量计算基本上可采用施工图预算的数据，但根据所确定的施工方法有时要进行某些调整，如土方的放坡、预留土层厚度等。工程量的计量单位要和所采用的施工定额的单位取得一致。要按照已划分的施工层和施工段，分层分段计算，以便组织流水作业。

3）计算所需劳动量和机械台班数

计算所需劳动量和机械台班数首先要确定拟采用的定额水平。若采用国家或地区统一定额水平，应考虑本单位实际生产率水平，并将定额水平进行适当的调整。然后根据工程量和定额水平，即可计算劳动量和机械台班数。

$$劳动量=工程量/产量定额=工程量×时间定额$$

$$机械台班数=工程量/机械产量定额=工程量×机械时间定额$$

4）确定施工顺序，组织流水作业

一般民用建筑可分为基础工程、主体结构及装饰工程三个阶段。例如，装配式单层工业厂房一般可分为土方开挖、钢筋混凝土基础、构件预制、结构吊装、围护与装修工程阶段。流水作业应根据各阶段的工艺过程、作业时间具体情况确定。

5）编制施工进度计划

（1）编制初始方案。将各工程阶段的流水组织，按工艺合理性和尽量平行搭接的办法拼接起来，填在表 5-1-1 中，即得施工进度计划初始方案。

（2）检查与调整。编出初始方案后，可按以下几方面进行检查与调整。

① 总工期是否符合规定的工期要求。

② 主要工种工人是否均衡配置。

③ 半成品的需要量是否均衡。

经过检查，对不符合上述要求的地方必须进行调整和修改。其方法是延长或缩短某些分部分项工程的施工延续时间；在施工工艺许可的情况下，将某些工程的施工时间向前或向后移动，必要时还可以改变施工方法或施工组织。

4. 主要材料、劳动力、预制构件和施工机械的需要量计划

为了保证施工进度计划的顺利实现，尚需编制主要材料、劳动力、预制构件和施工机械的需要量计划等，如表 5-1-2～表 5-1-5 所示。

表 5-1-2　主要材料需要量计划

序号	材料名称	规格	需要量		使用日期	备注
			单位	数量		

表 5-1-3　劳动力需要量计划

序号	工种名称	计划总用工数	需要人数及时间						备注
			某月			某月			
			上旬	中旬	下旬	上旬	中旬	下旬	

表 5-1-4　预制构件需要量计划

序号	构件名称	规格	图号	需要量		使用日期	备注
				单位	数量		

表 5-1-5　施工机械需要量计划

序号	机械名称	规格	需要量		使用起止日期	备注
			单位	数量		

5.1.3　施工组织设计方案的审查

施工组织设计方案是指导施工单位进行施工的实施性文件。项目咨询（监理）机构应审查施工单位报审的施工组织设计方案，如符合要求，则由项目咨询总负责人（总监理工程师）签认后报建设单位。项目咨询（监理）机构应要求施工单位按已批准的施工组织设计方案组织施工。施工组织设计方案需要调整时，项目咨询（监理）机构应按程序重新审查。

1. 施工组织设计方案审查的基本内容与程序要求

（1）审查的基本内容。施工组织设计方案审查应包括下列基本内容。

① 编审程序应符合相关规定。

② 施工进度施工方案及工程质量保证措施应符合施工合同要求。

③ 资金、劳动力、材料、设备等资源供应计划应满足工程施工需要。

④ 安全技术措施应符合工程建设强制性标准。

⑤ 施工总平面布置应科学合理。

（2）审查的程序要求。施工组织设计方案的报审应遵循下列程序及要求。

① 施工单位编制的施工组织设计方案经施工单位技术负责人审核签认后，与施工组织设计报审表一并报送项目咨询（监理）机构。

② 项目咨询总负责人（总监理工程师）应及时组织项目咨询专业负责人（专业监理工程师）进行审查，需要修改的，由项目咨询总负责人（总监理工程师）签发书面意

见退回修改；符合要求的，由项目咨询总负责人（总监理工程师）签认。

③ 已签认的施工组织设计方案由项目咨询（监理）机构报送建设单位。

④ 施工组织设计方案在实施过程中，施工单位如需做大的变更，应经项目咨询总负责人（总监理工程师）审查同意。

2. 施工组织设计方案审查质量管理要点

（1）受理施工组织设计方案。施工组织设计方案的审查必须是在施工单位编审手续齐全（即要有编制人、施工单位技术负责人的签名和施工单位公章）的基础上，由施工单位填写施工组织设计方案报审表，并按合同约定时间报送项目咨询（监理）机构。

（2）项目咨询总负责人（总监理工程师）应在约定的时间内，组织各项目咨询专业负责人（专业监理工程师）对施工组织设计方案进行审查。项目咨询专业负责人（专业监理工程师）在报审表上签署审查意见后，项目咨询总负责人（总监理工程师）审核批准。需要施工单位修改施工组织设计方案时，由项目咨询总负责人（总监理工程师）在报审表上签署意见，发回施工单位修改。施工单位修改后重新报审，项目咨询总负责人（总监理工程师）应组织审查。

施工组织设计方案应符合国家有关的技术政策，充分考虑施工合同约定的条件、施工现场条件及法律法规的要求；施工组织设计方案应针对工程的特点、难点及施工条件，具有可操作性，质量措施能切实保证工程质量目标，采用的技术方案和措施先进、适用、成熟。

（3）项目咨询（监理）机构宜将审查施工单位的施工组织设计方案的情况，特别是要求返回修改的情况，及时向建设单位通报，应将已审定的施工组织设计方案及时报送建设单位。涉及增加工程措施费的项目，必须与建设单位协商，并征得建设单位的同意。

（4）经审查批准的施工组织设计方案，施工单位应认真贯彻实施，不得擅自改动。若需进行实质性的调整、补充或变动，应报项目咨询（监理）机构审查同意。如果施工单位擅自改动，项目咨询（监理）机构应及时发出监理通知单，要求按程序报审。

5.1.4 施工图预算的编制与审核

1. 施工图预算的编制

工程造价咨询企业接受委托编制施工图预算，应根据已批准的建设项目设计概算的编制范围、工程内容、确定的标准进行编制，将施工图预算值控制在已批准的设计概算范围内。与设计概算存在偏差时，应在施工图预算书中予以说明，需调整概算的应告知委托人并报原审批部门核准。

2. 施工图预算的审核

对施工图预算进行审查，有利于核实工程实际成本，且更有针对性地控制工程造价。

（1）施工图预算的审查内容。重点应审查工程量的计算，定额的使用，设备材料及人工、机械价格的确定，相关费用的选取和确定方法。

① 工程量的审查。工程量计算是编制施工图预算的基础性工作之一，对施工图预

算的审查，应首先从审查工程量开始。

②　定额使用的审查。应重点审查定额子项目的套用是否正确。同时，要对补充的定额子项目的各项指标消耗量的合理性进行审查，并按程序进行报批，并及时补充到定额当中。

③　设备材料及人工、机械价格的审查。设备材料及人工、机械价格受时间、资金和市场行情等因素的影响较大，且在工程总造价中所占比例较高，因此需做施工图预算。

④　相关费用的审查。审查各项费用的选取是否符合国家和地方有关规定，重点审查计算和计取基数是否正确、合理。

（2）施工图预算审查的方法。通常可采用以下方法对施工图预算进行审查。

①　全面审查法。又称逐项审查法，是指按预算定额顺序或施工的先后顺序，逐一进行全部审查。其优点是全面细致，审查的质量高；缺点是工作量大，审查时间较长。

②　标准预算审查法。对于利用标准图纸或通用图纸施工的工程，先集中力量编制标准预算，然后以此为标准对施工图预算进行审查。其优点是审查时间较短，审查效果好；缺点是应用范围较小。

③　分组计算审查法。将相邻且有一定内在联系的项目编为一组，审查某个分量，并利用不同量之间的相互关系判断其他几个分项工程量的准确性。其优点是可加快工程量审查的速度；缺点是审查的精度较差。

④　对比审查法。用已完工程的预结算或虽未建成但已审查修正的工程预结算对比审查拟建类似工程施工图预算。其优点是审查速度快，但同时需要具有较为丰富的相关工程数据库作为开展工作的基础。

⑤　筛选审查法。也属于一种对比方法，即对数据加以汇集、优选、归纳，建立基本值，并以基本值为准进行筛选，对于未被筛下去的（即不在基本值范围内的数据）进行较为详尽的审查。其优点是便于掌握，审查速度较快；缺点是有局限性，较适用于住宅工程或不具备全面审查条件的工程项目。

⑥　重点抽查法。抓住工程预算中的重点环节和部分进行审查。其优点是重点突出，审查时间较短，审查效果较好；不足之处是对审查人员的专业素质要求较高，在审查人员经验不足或了解情况不够的情况下，极易造成判断失误，严重影响审查结论的准确性。

⑦　利用手册审查法。将工程常用的构配件事先整理成预算手册，按手册对照审查。

⑧　分解对比审查法。将一个单位工程按直接费和间接费进行分解，然后再将直接费按工种和分部工程进行分解，分别与审定的标准预结算进行对比分析。

总之，设计概预算的审查作为设计阶段造价管理的重要组成部分，需要有关各方积极配合，强化管理，从而实现基于建设工程全寿命期的全要素集成管理。

工程造价咨询企业可接受委托对由其他专业机构负责编制的建设项目施工图预算，依据工程造价管理机构发布的计价及有关资料，运用全面审查法、标准预算审查法、分组计算审查法、对比审查法、筛选审查法、重点抽查法、利用手册审查法、分解对比审查法等方法，审核施工图预算的编制依据、编制方法、编制内容及各项费用，并向委托人提供审核意见与建议。

施工图预算的编制人或审核人应提供施工图预算编制或审核报告，将施工图预算与对应的设计概算的分项费用进行比较和分析，并应根据工程项目特点与预算项目，计算和分析整个建设项目、各单项工程和单位工程的主要技术经济指标。

5.2 BIM 技术应用

5.2.1 BIM 技术的实际应用价值

BIM 技术的应用有利于整个建筑行业的健康发展,该技术的实际应用价值如下所述。

1) 赋予设计单位的实际应用价值

设计单位应用 BIM 技术对工程中所包含的建筑信息均可以建立对应的设计模型,能够在设计的过程中对不同的设计模型进行大量的详细对比与检验,包括可视化处理、光照布置与结构力学研究等内容;同时可以方便地进行修正工作,以确保工程设计最优。相对于常规的 CAD 设计,BIM 技术具有强大的专业分析能力。BIM 技术的应用具有更加准确、便捷、省时和减少人工成本的优点。

在设计过程中应用 BIM 技术可以分析建筑物复杂区域内的力学变化,找出其中的作业敏感点,在施工过程中可以进行修改,确保整个施工作业处于可控的状态下,使得施工取得的效果最佳。利用 BIM 技术可以对作业的所有工程进行仿真分析,此外也能把分析得到的信息与各个参与建设的单位进行沟通、论证,防止在作业过程中出现诸多难题。此外,BIM 技术能够推动各个学科的技术人员进行交流,以便及时处置施工过程中出现的问题,确保设计方案具有较高的精确性。

2) 赋予施工单位的实际应用价值

目前 BIM 技术的应用效果主要体现在其有利于施工单位施工,大大降低其作业的成本。

(1) 施工单位在进行投标时应用 BIM 技术能够提升单位中标的概率。通过 BIM 技术能够对施工方案进行纠正,以及作业过程的仿真分析及制作宣传片,在投标过程中进行直观展示,确保其具有足够的视觉冲击,提高加分的选项与中标效果。

(2) 应用 BIM 技术能够提高施工单位对施工阶段全方位的管理和控制水平。特别是当施工设计方案还存在缺陷时,施工单位势必要对其不断修正,但是应用 BIM 技术可以完全避免在施工过程中出现此类问题,因为在设计初期就可以应用该技术对所有的环节进行碰撞检测模拟,也就是在施工之前已经明晰潜在的不足之处,进而在尚未施工时就已经纠正这些问题,有利于施工方案的顺利实施。

(3) 应用 BIM 技术能够解决施工单位在作业过程中遇到的实际问题。例如,在施工作业时,因为场地不足、工程结构复杂,导致施工作业不能按计划执行,同时不能及时找到解决问题的办法,势必造成施工的延误,进而不得不推迟工期;工期的延误势必影响施工单位的经济收入。应用 BIM 技术可以对施工过程中所遇到的问题进行仿真分析,进而不断改进施工方案;同时可以制订具有针对性的培训计划,提升员工的技术水平,确保施工方案的顺利实施,节约作业的成本。

3）赋予开发商的实际应用价值

应用 BIM 技术可以提升开发商的实际收入，确保利益的最优化。

当 BIM 技术在设计单位应用成熟以后，开发商可以加大项目在设计阶段的资金投入，这将为项目后续的阶段带来难以估量的价值。在节约项目成本方面，通过对 BIM 技术软件建立的不同专业的信息模型进行碰撞检查及性能研究，能够降低设计单位出现设计失误的概率，减少不同专业技术设计导致的设计成本的浪费，有利于缩短施工的工期。利用 BIM 技术对施工的全过程进行仿真分析，能够明晰整个作业过程中容易出现问题的点，避免实际施工发生不必要的返工而延误工期；在节约资源方面，通过虚施工仿真分析，确定最优化的资源分配，节约所需的施工资源，降低作业的实际成本，确保对自然环境有良好保护的效果。

4）赋予预制构件生产商的实际应用价值

预制装配式建筑是在工厂流水线完成构件预制并在施工现场完成组装的建筑，该模式是今后建筑行业发展的热点方向。利用 BIM 技术能够使制造企业获利，同理，在预制结构生产厂中利用 BIM 技术也能带来实际价值。就预制结构的流水线而言，将 BIM 技术和数字化技术融合在一起，能够有效提升结构尺寸的精度，降低整个构件的误差率，有利于提升企业的实际工作效率，进而降低企业的成本费用，也有利于提升产品性能。

5）赋予运营管理的实际应用价值

在运营管理的过程中可以利用的 BIM 技术，主要有设备运行与检测、建筑能耗监测、安全保障管理和数据收集整理（图 5-2-1）。

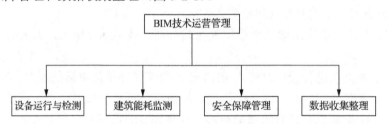

图 5-2-1　BIM 技术在运营管理过程中的逻辑图

借助 BIM 技术可以保存大量的信息，能够及时找到项目的全部信息。一旦项目的某个部件出现问题且急需纠正时，则可以通过 BIM 技术准确获得相关位置的信息。借助 BIM 技术能够对建筑施工的能耗进行研究，利用性能模拟仿真能够找出多余的能耗，提升能源的利用效率，确保在满足施工作业的基本条件下尽可能节约资料的消耗，确保具有足够的节能环保作用[15]。

结构的安全性是整个管理活动的核心环节之一，如果建筑物出现火灾等意外事故，通过 BIM 技术能够快速找出出现火情的位置，及时制定最合理的救援措施。

5.2.2　BIM 技术在预制装配整体式模块化建筑中的运用

预制装配整体式模块化建筑采用 BIM 技术后将会大幅度提高工程的集成化程度，同时可以提高其全寿命周期内的效率、质量和管理决策水平。

图 5-2-2 为 BIM 技术在模块化建筑全寿命周期的作用。

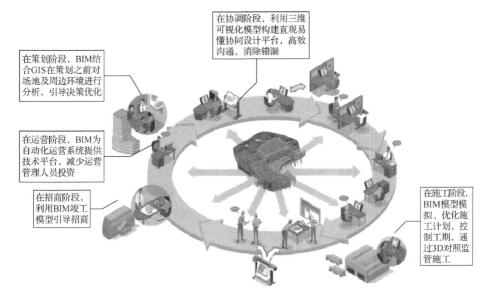

图 5-2-2 BIM 技术在模块化建筑全寿命周期的作用

5.2.3 BIM 虚拟施工技术及碰撞检测

1. 虚拟施工技术作业流程

虚拟施工技术指的是利用计算机技术将作业环节置于虚拟条件下进行模拟仿真分析，即借助一定的平台，结合 4D 技术、5D 技术及 nD 技术，利用安全、空间与时间等特性实现对设计中的施工方案进行可视化的建模仿真模拟分析。图 5-2-3 所示为 BIM 虚拟施工技术作业流程示意图。

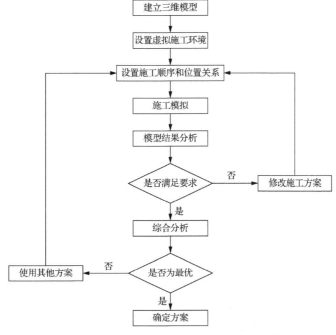

图 5-2-3 BIM 虚拟施工技术作业流程示意图

2. 碰撞检测

计算机技术的不断创新，再结合 VR 技术、仿真技术的发展，成为推动建筑领域深刻变革的新动力，特别是碰撞检测技术的发展能够从根本上打破工程施工难题的限制。利用碰撞检测技术可以及早发现不同专业在设计方面存在碰撞冲突的情况，及时进行修改，保证现场施工的顺利进行，减少施工方案的变更，因此碰撞检测技术具有极高的应用前景。

现在，该技术需要在按照设定的边界条件及碰撞检测算法的基础上，通过计算机上的虚拟 3D 空间实现减缓三维技术的壁垒，有利于彻底解决三维技术中相交的几何模型问题。目前，主要使用的碰撞检测模型有空间分解检测模型和层次包围盒检测模型，它们的算法原理如表 5-2-1 所示。

表 5-2-1　碰撞检测算法原理

算法名称	算法原理
空间分解检测模型	该模型的本质是把单个虚拟 3D 空间按照等分原则进行划分，划分成等体积的小单元空间，然后对这些单元空间中的几何元素具有的相交性进行检测
层次包围盒检测模型	该模型的本质是通过特征元素单一的大体积几何单元空间对研究空间进行几何仿真；随后利用构造树对这些几何模型的特点进行逐一分析，从而获取所有的几何特征；同时对获取的相交盒中几何元素的相交性进行检测

5.2.4　虚拟施工支撑体系的关键技术

1. 数字化建模技术

数字化建模技术是所有基于计算机开发出来的软件都要用到的基本技术。该技术的本质就是把具体的建筑信息利用计算机技术将其中信息设置成可供二次利用的数字信号。虚拟施工必须创建相应的建筑模型，因此数字化建模技术是进行虚拟仿真过程中的重要组成部分。

2. 计算机模拟技术

计算机模拟技术在所有的学科领域均有普及。计算机模拟技术的核心就是通过计算机技术实现对实际物体的仿真，考虑物体的实际情况以及边界条件，建立一个基于互联网的 3D 网络，就可以将实际的物体信息构建成一个信息模型，从而实现对实际物体的动态仿真研究。利用动态仿真模拟技术可以对物体的信息进行优化处理，进而达到对项目研发过程的升级优化。按照物体各自的特性，仿真技术的种类有动态仿真方法、静态仿真方法、随机性仿真方法、确定性仿真方法、离散性仿真方法和连续性仿真方法等。只要结合实际的工程项目要求，选择适应的模拟技术就能对项目的施工过程进行虚拟研究。

3. 三维可视化技术

三维可视化技术指的是利用 3D 空间传递信息的一种技术，可以采用计算机软件建立具有现实物体的实际属性的信息模型，可以清晰地呈现一个物体的直观三维形状，包括形状与大小。利用该技术可以把施工作业的具体环节，诸如现场设置、用料安放、构件的空间分布等，通过 3D 的形态呈现出来，给人以直观的感受。该技术不仅应用在建筑行业，在其他领域同样大受欢迎。采用三维可视化技术可以在计算机中对项目的流程进行模拟，能够大大减少施工过程的费用，帮助管理人员作出正确的决策。

6　运输和吊装

6.1　运　　输

6.1.1　运输车辆要求

由于预制装配整体式模块化建筑普遍具有体型大、载重量大、运输难的特点，模块运输对于运输车辆的能力有较高要求，运输车辆不但要完全具备承重能力，还要有良好的机械可靠性，确保运输任务一次性完成。

模块的运输需要制定专项的方案进行指导操作，模块装车前，需要根据有关方案要求，找准车辆就位点，否则会对运输安全产生影响。另外，一些模块存在结构不对称、质量分配不均匀的情况，运输前需要采取必要的措施调整模块的重心，用以控制车辆平衡，同时还需要采取措施防止模块的滑动。

平板运输车上的模块必须固定牢靠：一是位移控制，根据设计要求，对多台运输车辆进行刚性连接，保证其整体性，并设置限位块，以确保模块不发生位移；二是重心控制，根据各个模块的具体特点，采取加设配重块、支撑架的措施，用于平衡各单台车辆的承重荷载。

平板运输车辆的重心控制对于多台车辆联动运输的工作是相当重要的，为确保运输安全，在模块装车前，对车辆的装车就位点进行仔细计算，认真复核道路参数，并进行道路标记。车辆就位时，严格按照标记点停车，并应由专业工程师进行检查复核。

6.1.2　运输过程安全控制

由于模块的运输需要占用整个重要道路，会影响其他单位的施工活动，必须提前做好与相关各方的沟通工作。运输前还需要提前清除道路上的障碍物，保证平整通畅。运输过程中，需要严格控制进入限制区域的人员及数量，同时，运输车辆周围需安排好观测人员，及时发现并解决运输过程中的异常情况。其作业流程如图6-1-1所示。

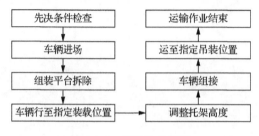

图 6-1-1　运输作业流程

6.1.3　运输堆放的基本规定

（1）预制构件的现场运输除应符合《模块化装配整体式建筑施工及验收标准》

（T/CECS 577—2019）外，尚应符合下列规定。

① 应根据构件尺寸及质量要求选择运输车辆，装卸及驳运过程应考虑车体平衡。

② 运输过程应采取防止构件移动或倾覆的可靠固定措施。

③ 运输竖向薄壁构件时，宜设置临时支架。

④ 构件边角部及构件与捆绑、支撑接触处，宜采用柔性垫衬加以保护。

⑤ 现场运输道路应平整，并应满足承载力要求。

（2）预制构件的现场存放应符合下列规定。

① 预制构件进场后，应按品种、规格、吊装顺序分别设置堆垛，存放堆垛宜设置在吊装机械工作范围内。

② 预制模块宜采用堆放架插放或靠放，堆放架应具有足够的承载力和刚度；预制模块外饰面不宜作为支撑面，对构件薄弱部位应采取保护措施。

③ 预制异形构件的堆放应根据施工现场实际情况按施工方案执行。

④ 预制构件的堆放超过上述层数时，应对支垫、地基承载力进行验算。

⑤ 构件驳运和存放时，预埋吊件所处位置应避免遮挡，易于起吊。

6.2 吊 装

吊装施工是通过吊车连接吊具再连接模块单元的连接方式。吊钩连接专用的吊具以保证平衡，吊具上的吊钩再分别连接至模块单元的榫眼，以及安装在模块单元底板的可拆卸、回收的预埋件上，这样的连接方式便于尺寸较大的模块单元维持平衡，并保证在相关规范要求的风速下良好地进行工作[16]。

对于卫浴体系这种暖壳体系，无论在运输还是吊装中都需要进行防水处理，一般采用塑料薄膜或防水布包裹处理即可，在进行上层模块吊装时拆除。

模块单元在吊装过程中一般只需要 3～5 名专业施工人员从旁辅助，除吊钩的安装和拆卸外，辅助施工人员还要进行以下工作（图 6-2-1）。

（1）指挥吊车内工作人员进行方向控制。

（2）垫片的安装和固定。

（3）辅助榫头、榫眼的对接以及对接后螺栓的固定。

模块单元或构件一般用塔式起重机进行吊装。吊装的总体顺序是核心模块→卫浴等子系统→阳台模块等。吊装采取整体推进式吊装顺序，以确保框架的安全性。

图 6-2-1 吊装安装的辅助工作

6.2.1　吊装区安全控制

　　为保证预制装配整体式模块化建筑施工现场工作有条不紊地进行，以及保障其他人员的安全，施工区域必须围封管理，对进出人员、车辆加以控制。同时，起吊前必须协调好周围机械设施的作业安排，避免交叉作业、机械碰撞的情况发生（图 6-2-2）。

　　重要模块的吊装作业一般会影响整个施工范围，为避免吊装期间发生坠物伤人或其他作业活动影响模块吊装的情况，现场吊装前必须将受影响范围内的所有人员清理出场。

图 6-2-2　模块单元现场吊装安装

6.2.2　吊装过程安全控制

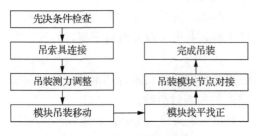

图 6-2-3　安全控制流程

　　吊装过程中，要时时关注吊物在空中的状况，以及前行路径上是否有障碍物，防止发生碰撞事故。模块到达就位位置以后，必须严格控制对接调整区域的人数，避免因人员过多造成挤、碰伤害等。安全控制流程如图 6-2-3 所示。

　　吊装过程施工流程如图 6-2-4 所示。

（a）吊索具连接

（b）吊装测力调整

图 6-2-4　吊装过程施工流程

（c）模块吊装移动

（d）施工人员对模块找平、找正

（e）模块节点对接

（f）完成吊装

图 6-2-4（续）

6.2.3 吊装作业安全控制措施

1）吊梁安全要求

模块吊装使用的吊梁形态各异（图 6-2-5），可以订购成品设施，但也有个别是自制产品。对于订购的成品吊梁，应严格审查提供的产品相关资料，确保各项参数符合现场要求。对于自制的吊梁，主要受力焊缝必须做液体渗透检测，关键焊缝做超声波检测，其余焊缝做目视检测，并按照相关标准进行静载、动载试验。

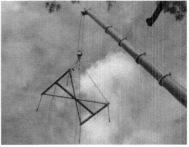

图 6-2-5 吊梁

2）钢丝绳使用安全要求

虽然钢丝绳安全管理只是模块吊装作业管控中的一个环节，但其作用却不容忽视，钢丝绳的质量状况对于吊装作业安全是至关重要的。为确保钢丝绳质量、性能、使用符合安全管理要求，可以从三方面对其进行管控：首先，对于新钢丝绳，使用单位应将相关资料报送安全管理部门审核，通过后方可使用；其次，在使用过程中要随时对钢丝绳进行目视检查，对受损的钢丝绳严格按照报废标准执行，合格的钢丝绳上必须标明荷载数量；最后，钢丝绳使用过程中要注意系挂顺序，严格按照先挂吊钩、再自然悬空、后挂吊物的要求执行，避免因顺序错误导致钢丝绳变形、扭曲，影响其质量性能（图6-2-6）。

图 6-2-6　吊钩和钢丝绳

6.2.4　吊装作业的基本规定

（1）预制构件吊点、吊具及吊装设备应符合下列规定。

① 预制构件起吊时的吊点合力宜与构件重心重合，可采用可调式横吊梁均衡起吊就位。

② 预制构件吊装宜采用标准吊具，吊具可采用预埋吊环或内置式连接钢套筒的形式。

③ 吊装设备应在安全操作状态下进行吊装。

（2）预制构件吊装应符合下列规定。

① 预制构件应按施工方案的要求吊装，起吊时绳索与构件水平面的夹角不宜小于60°。

② 预制构件吊装应采用慢起、快升、缓放的操作方式。预制墙板就位宜采用由上而下插入式安装形式。

③ 预制构件吊装过程不宜偏斜和摇摆，严禁吊装构件长时间悬挂在空中。

④ 预制构件吊装时，构件上应设置缆风绳控制构件转动，保证构件就位平稳。

⑤ 预制构件吊装应按施工方案及时设置临时固定措施，并在安放稳固后松开吊具。

⑥ 预制构件吊装时，宜从直接连接模块单元进行起吊，吊点位置到端部的距离宜取为模块单元长度的20%［图6-2-7（a）］。为保证起重设备主钩位置、吊具及模块单元重心在竖向重合，应采取以下构造措施：

a. 通过单独的横梁进行提升［图6-2-7（b）］。

b. 通过独立的二级框架进行提升［图6-2-7（c）］。

c. 通过等尺寸的重型框架进行提升［图6-2-7（d）］。

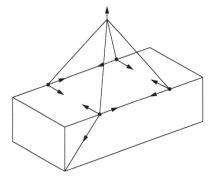

（a）直接连接模块单元进行起吊

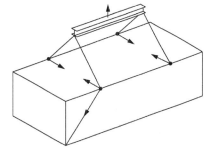

（b）通过单独的横梁进行提升

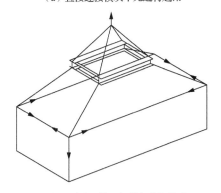

（c）通过独立的二级框架进行提升

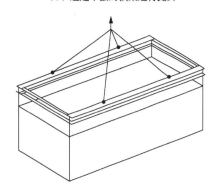

（d）通过等尺寸的重型框架进行提升

图 6-2-7 模块单元的吊装方法

⑦ 在使用过程中，吊装用钢丝绳、吊装带、卸扣、吊钩等吊具，可能存在局部的磨耗、损坏等缺陷，使用时间越长存在缺陷的可能性越大，因此应对吊具进行全面检查，以保证质量合格，防止安全事故发生；并要求在额定许用荷载的范围内进行作业，以保证吊装安全。

7 建筑模块安装

7.1 基础、支承面和预埋件

为了便于调整钢柱的安装标高，一般在基础施工时，首先将混凝土浇筑到比设计标高低 40～60mm 处，然后根据柱脚类型和施工条件，在钢柱安装、调整后，采用一次或二次灌注法将缝隙填实。由于基础未达到设计标高，当采用钢垫板作支承安装钢柱时，钢垫板面积的大小应根据基础混凝土的抗压强度、柱地板的荷载（二次灌注前）和地脚螺栓的紧固拉力计算确定，取其中较大者。

钢垫板的面积推荐按下式进行近似计算，即

$$A = \frac{Q_1 + Q_2}{C} \varepsilon$$

式中： A ——钢垫板面积，cm^2；

       ε ——安全系数，一般为 1.5～3.0；

       Q_1 ——二次浇筑前结构质量及施工荷载，kN；

       Q_2 ——地脚螺栓紧固力，kN；

       C ——基础混凝土强度等级，kN/cm^2。

预制装配整体式模块化结构安装前应对建筑物的定位轴线、基础轴线和标高、地脚螺栓位置等进行检查，并办理交接验收手续。当基础工程分批进行交接时，每次交接验收不应少于一个安装单元的柱基基础，并应符合下列规定。

（1）基础混凝土强度达到设计要求。

（2）基础周围回填夯实完毕。

（3）基础的轴线标志和标高基准点准确、齐全。

在预制装配整体式模块化结构安装前应对预制构件进行测量定位，其要求如下。

（1）吊装前，应在构件和相应的支承结构上设置中心线和标高，并应按设计要求校核预埋件及连接钢筋等的数量、位置、尺寸和标高。

（2）每层楼面轴线垂直控制点不宜少于 4 个，楼层上的控制线应由底层向上传递引测。

（3）每个楼层应设置 1 个高程引测控制点。

（4）预制构件安装位置线应由控制线引出，每件预制构件应设置两条安装位置线。

（5）预制模块安装前，应在模块上的外侧弹出竖向与水平安装线，竖向与水平安装线应与楼层安装位置线相符合。采用饰面砖装饰时，相邻板与板之间的饰面砖缝应对齐。

（6）预制模块垂直度测量，宜在构件上设置用于垂直度测量的控制点。

（7）在水平和竖向构件上安装预制模块时，标高控制宜采用放置垫块的方法或在构件上设置标高调节件。

基础顶面直接作为柱的支承面、基础顶面预埋钢板或支座作为柱的支承面时，其支承面、地脚螺栓（锚栓）的允许偏差应符合表 7-1-1 的规定。

表 7-1-1　支承面、地脚螺栓（锚栓）的允许偏差　　　　　　（单位：mm）

项目		允许偏差
支承面	标高	± 3.0
	水平度	1/1000
地脚螺栓	螺栓中心偏移	5.0
	螺栓露出长度	± 30.0
	螺纹长度	± 30.0
预留孔中心偏移		10.0

钢柱脚采用钢垫板作支承时，应符合下列规定。

（1）钢垫板面积应根据混凝土抗压强度、柱脚底板承受的荷载和地脚螺栓（锚栓）的紧固拉力计算确定。

（2）垫板应设置在靠近地脚螺栓（锚栓）的柱脚底板加劲板或柱肢下，每根地脚螺栓、锚栓侧应设 1 组、2 组垫板，每组垫板不得多于 5 块。

（3）垫板与基础面、柱底面的接触应平整、紧密。当采用成对斜垫板时，其叠合长度不应小于垫板长度的 2/3。

（4）柱底二次浇灌混凝土前垫板间应焊接固定。

锚栓及预埋件安装应符合下列规定。

（1）宜采用锚栓定位支架、定位板等辅助固定措施。

（2）锚栓和预埋件安装到位后，应可靠固定，当锚栓埋设精度较高时，可采用预留孔洞、二次埋设等工艺。

（3）锚栓应采取防止损坏、锈蚀和污染的保护措施。

（4）钢柱地脚螺栓应按相关规定进行紧固。对于外露的地脚螺栓应采取防止螺母松动和锈蚀的措施。

（5）当锚栓需要施加预应力时可采用后张拉方法，张拉力应符合有关设计文件的要求，并在张拉完成后进行灌浆处理。

7.2　模　块　连　接

7.2.1　单元的安装

1）钢柱安装

钢柱安装施工工艺流程：钢柱定点画线→定位支腿焊接→钢柱安装、定位及粗调→微调。

（1）钢柱定点画线。根据图纸设计标高结合安装定位支腿的高度计算出焊接安装定位支腿在钢柱的位置并画线加以标记。

（2）安装定位支腿焊接。依据测量画线的钢柱位置，焊接自制的 H 型钢安装定位支腿，焊缝采用断续焊缝形式，焊缝长度、段数及焊角尺寸根据现场钢柱的质量而定。

（3）钢柱安装、定位及粗调。定位支腿焊接完毕后，在钢柱上画出轴线并拴挂钢丝绳及棕绳，支好吊车开始吊装，安装定位时钢柱上设计的轴线应与基础上设计的轴线重合，以此控制钢柱在基础中的位置；如不重合，可用撬棍撬动安装定位支腿，重新调节定位。

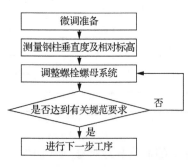

图 7-2-1　微调工艺流程

（4）微调。

① 钢柱吊装完毕后，利用两台经纬仪及一台水准仪测量其钢柱垂直度及相对标高，并通过定位支腿上的螺栓螺母系统来调整其垂直度及标高，使其垂直度及标高控制在设计和有关规范要求之内，微调工艺流程如图 7-2-1 所示。

② 螺栓螺母系统调节。

③ 进行灌浆作业。

首节柱安装时，利用柱底螺母和垫片调节标高，精度可达±1mm。在钢柱校正完成后，因独立悬臂柱易产生偏差，所以要求进行可靠固定，并用无收缩砂浆灌实柱底。柱顶的标高误差产生原因主要有以下几方面：钢柱制作误差，吊装后垂直偏差过大，钢柱焊接产生焊接收缩，钢柱与混凝土结构产生压缩变形，基础沉降等。对于采用现场焊接连接的钢柱，一般通过焊缝的根部间隙调整其标高，若偏差过大，应根据现场实际测量值调整柱在工厂的制作长度。因钢柱安装后总存在一定的垂直偏差，对于有顶紧接触面要求的部位，就必然会出现在最低的地方是顶紧的，而在其他部位则会呈现楔形间隙的现象。为保证顶紧面传力可靠，可在间隙部位采用塞不同厚度的不锈钢片的方式处理。

2）钢梁安装

钢梁采用一机串吊，即指多根钢梁在地面分别绑扎，起吊后分别就位的作业方式，可以加快吊装作业的效率。当单根钢梁长度大于21m时，若采用两点起吊，所需的钢丝绳较长，而且易产生钢梁侧向变形，采用多点吊装可避免此现象。钢梁安装应符合下列规定：钢梁宜采用两点起吊，当单根钢梁长度大于21m，采用两个吊装点吊装不能满足构件强度和变形要求时，宜设置 3～4 个吊装点吊装或采用平衡梁吊装，吊点位置应通过计算确定；钢梁可采用一机一吊或一机串吊的方式吊装，就位后应立即临时固定连接；钢梁面的标高及两端高差可采用水准仪与标尺进行测量，校正完成后应进行永久性连接。

3）支撑构件安装

支撑构件安装后对结构的刚度影响较大，故要求在相邻结构校正固定后，再进行支撑构件的校正和固定。支撑构件的安装应符合下列规定：交叉支撑构件宜按照从下到上的次序组合吊装；若无特殊规定时，支撑构件的校正宜在相邻结构校正固定后进行；屈曲约束支撑构件应按有关设计文件和产品说明书的要求进行安装。

4）钢板墙安装

钢板墙属于平面构件，易产生平面外变形，所以要求在钢板墙堆放和吊装时采用相应的措施，如增加临时肋板、防止钢板剪力墙的变形。钢板剪力墙主要为抗侧向力构件，其竖向承载力较小，钢板剪力墙开始安装时间应按有关设计文件的要求进行，当安装顺序有改变时应经过设计单位的批准。设计时宜进行施工模拟分析，确定钢板剪力墙的安装及连接固定时间，以保证钢板剪力墙的承载力达到标准。对钢板剪力墙未安装的楼层，应保证施工期间结构的强度、刚度和稳定性满足有关设计文件要求，必要时应采取相应的加强措施。

5）钢铸件与构件的连接

钢铸件与普通钢结构构件的焊接一般为不同材质的对接。由于现场焊接条件差，异种材质焊接工艺要求高。对于铸钢节点，要求在施焊前进行焊接工艺评定试验，并在施焊中严格执行，以保证现场焊接质量。钢铸件或铸钢节点安装应符合下列要求：出厂时应标识清晰的安装基准标记；现场焊接应严格按焊接工艺专项方案进行施焊和检验。

6）组合构件的安装

由多个构件拼装形成的组合构件，具有构件体型大，单体质量、重心难以确定等特点，施工期间构件有组拼、翻身、吊装、就位等各种姿态，选择合适的吊点位置和数量对组合构件非常重要，一般要求经过计算分析确定，必要时采取加固措施。由多个构件在地面组拼的重型组合构件吊装，吊点位置和数量应经计算确定。

安装构件时，结构受荷载而变形，构件实际尺寸与设计尺寸有一定的差别，施工时构件加工和安装长度应采用现场实际测量长度。当后安装构件焊接时，采用的焊接工艺应减少焊接收缩对永久结构造成影响。后安装构件应根据设计文件或吊装工况的要求进行安装（其加工长度宜根据现场实际测量确定，当后安装构件与已完成结构采用焊接连接时，应采取减少焊接变形和焊接残余应力的措施）。

7.2.2 混凝土浇筑与配套预留预埋

后浇钢筋混凝土部分的施工流程为：建筑各模块吊装→各模块的安装连接→墙体混凝土的浇筑→水电管线的铺设→板面筋绑扎→叠浇层混凝土的浇筑。

钢筋采用铁丝绑扎，所有钢筋交错点均要绑扎，且必须牢固，柱角等抗震要求较高，同一水平直线上相邻绑扣呈"八"字形，朝向混凝土体内部（局部无法朝向内部，只有朝向外部，但绑扣露头部分应与水平筋相贴，且同一直线上相邻绑扣露头部分朝向正反交错），或与水平筋呈45°。

水电管线预埋需保证不能超过叠合层的厚度，即最多只能两根线管叠合在一起，因此需要水电专业的管理人员预先看好图纸并布好管线走向。

隔墙板上的线管因隔墙板采用成品的 ALC 隔板，需要开槽处理，线盒的位置需要使用专业的开孔器开孔，例如水钻开孔。

在剪力墙板安装时应严格按照施工流程和技术措施进行施工，特别要注意剪力墙板与模块之间的连接设计、钢板卡安装等关键施工环节质量控制。剪力墙板骨架安装完毕后开始进行混凝土的浇筑。其施工工艺如下。

（1）混凝土浇筑前，应将模板内及底部垃圾清理干净，并检查各连接部位的松动情况。

（2）构件表面清理干净后，应在混凝土浇筑前 24h 对节点及钢筋充分浇水湿润，浇筑前 1h 吸干积水。

（3）节点应采用无收缩混凝土浇筑，混凝土强度等级较原结构应提高一级。

（4）节点混凝土浇筑应采用 ZN35 型插入式振捣棒振捣，墙板混凝土浇筑应采用 ZW7 型平板振动器振捣，混凝土应振捣密实。

（5）剪力墙板混凝土浇筑后 12h 内应进行覆盖浇水养护。当日平均气温低于 5℃时，宜采用薄膜养护，养护时间应满足规范要求。

内外隔板安装实例示意图如图 7-2-2 所示。

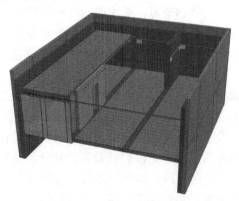

图 7-2-2　内外隔墙板安装实例示意图

7.3　隔震支座的安装

隔震支座的安装如下所述[17]。

7.3.1　安装施工工艺流程

安装施工工艺流程如下所述。

（1）按照设计要求制作绑扎承台钢筋。

（2）安装支座承台模板。

（3）预埋钢板到场后立即作编号标识。由于隔震支座有多种型号，不同型号或不同位置的隔震支座其下连接的预埋钢板尺寸不一样，需要对所有的预埋钢板作编号标识，以免安装时位置错放，造成难以挽救的损失。

（4）预埋下板位置放线时采用基准控制线进行引测，用全站仪将安装用控制点放于已绑扎承台主筋上，并用薄钢条焊接在主筋上做好标记。

（5）在每一个承台面钢筋和一次混凝土浇筑面之间焊接数根钢筋以支撑承台面钢筋，这是为了避免承台面钢筋受压下沉，导致预埋钢板标高位置发生变化。

（6）预埋下板安装时，采用已引测位置控制钢条进行就位，应用全站仪从基准点精确定位每个预埋下板的水平位置和标高，先临时固定，复核其位置与标高无误并调平后，再进行焊接固定，与锚筋焊接时，不得损伤锚筋。固定好下板后，检查下板上预留螺栓孔原保护塑料帽是否损坏，如损坏要进行更换。

（7）浇筑混凝土前，应清理干净预埋下板下面已浇混凝土表面的杂物，混凝土表面应凿毛处理，并浇水润湿。

（8）混凝土浇筑时，振捣时从下板周侧或中间圆孔处用 30 振捣棒振捣，要振捣密实并保证下板以下混凝土填满，支座承台处混凝土要保证密实，振捣过程中振捣器尽量不要碰到预埋下板锚筋，可从下板周边进行振捣，浇完后浇水养护。

（9）混凝土浇筑完成后，要再次复核下板位置、标高及水平度。

（10）隔震支座安装前清理板上的预备螺栓孔中保护套，对在混凝土浇筑过程中破损的保护套，或孔中渗入杂物，先清理干净。对有混凝土渗入的孔，用攻头螺丝清理螺纹，确保安装时高强螺丝能够终拧到位。

（11）隔震器及预埋上板安装过程中要核对支座型号，连接螺栓要拧紧并基本一致，保证隔震器水平度符合要求。

（12）柱脚钢结构安装时不得碰撞已安装隔震支座或撬动上板钢筋，钢结构安装前要检查防雷结构是否已按构造要求做好。

（13）对支座外露连接螺栓采用设计要求防腐材料进行防腐，有锈蚀时进行除锈，上部钢结构安装时要注意保护隔震支座。

7.3.2　安装注意事项

1. 安装前准备工作的注意事项

（1）对隔震支座和阻尼支座进行出厂性能检验，在抽检的支座力学性能满足有关设计和规范要求后，才能把所有支座送至安装现场。

（2）在运输和保管过程中，各个隔震支座设专用木架防护，以避免碰撞和挤压。在安装前再进行外观检查，确保所有隔震支座都没有质量缺陷。

（3）准备好施工过程需要用的机具，如全站仪、机械水平扳、活动扳手、套筒扳手、卷尺、角尺等。

（4）对安装操作人员进行技术交底。

2. 安装过程中的注意事项

（1）隔震支座应符合设计及标准要求，有出厂合格证及有资质单位质量检测报告，隔震支座所用钢板、锚栓应有原材料材质书及检测报告。

（2）隔震支座预埋下板安装前一定要核对型号与安装位置是否符合设计要求。

（3）隔震支座预埋下板固定要牢固，以保证其在承台混凝土浇筑过程中不发生位移，承台混凝土浇筑完后，要复核预埋下板位置是否发生偏移。

（4）隔震支座安装中预埋下板的水平度是关键，安装过程中要采用高精度水平尺（误差为 0.02mm/m）控制其水平度在边长的 1/300 范围内。

（5）预埋下板和上连接板与隔震器的连接螺栓要拧紧。

（6）及时对外露铁件做防腐处理。

3. 搬运、储存注意事项

（1）产品应储存在干燥、通风、无腐蚀性气体并远离热源的场所，不得淋雨。

（2）配件应按型号分类、码置整齐牢固，不得混放、散放；严禁与酸碱、油类、有机溶剂等接触。

（3）开封验货后，应将防护包装恢复。

（4）隔震支座送到安装现场后对所有支座做外观检查。

（5）搬运过程中，应按厂家提供的吊点进行吊装，严禁将钢丝绳等穿在螺栓孔内。

（6）搬运时应轻起轻放，不得猛起重摔、磕碰。

4. 成品保护注意事项

（1）在隔震支座安装过程中，不得损坏隔震支座及配件。

（2）隔震支座安装好后，立即定期巡查和保护，防止其他工种施工时对隔震支座造成意外损坏。

（3）在柱脚构件安装完后，对隔震支座、上下连接板以及柱脚底板上防腐层有破损的地方重做防腐处理，并定期检查。

5. 安全注意事项

（1）机械吊运设备至作业面时，应有专职信号工持证上岗，起重司机必须持证上岗，吊运回转半径范围内不得站人。

（2）在作业面使用提升装置就位时，导链安全可靠，防止导链断裂伤害及损坏橡胶支座。

（3）安装过程必须有足够的操作空间，并做好防护。

（4）橡胶支座存放、安装处四周，不得堆放易燃品，不要进行明火作业。

8 施工安全与绿色施工

8.1 施工安全管理

预制装配整体式模块化建筑工程在提高施工质量、节省劳动力、保护环境等方面相比传统建筑工程具有明显优势，但由于其在构件生产、物流运输、现场装配等多维作业空间并行施工，容易叠加安全风险；而且由于现阶段缺乏技术熟练的施工人员来满足大量采用新型施工技术工艺的建筑工程需求，极易引发施工安全事故。在安全管理措施储备不足的情况下，安全施工形势将面临严峻挑战。

8.1.1 工程施工各流程的安全风险

相对于传统施工，由于施工方法的不同，预制装配整体式模块化建筑施工的安全管理侧重点也略有不同，从以往的工程实践来看，较多的安全问题主要存在于施工前期准备、施工装运、吊装就位、拼缝修补阶段，同时周边环境对施工安全也有一定影响。

1. 施工现场前期准备阶段存在的安全风险

（1）施工方案不到位，如预制件至堆放点的运输道路布置不合理导致道路的堵塞、损坏及车辆碰撞等；再如道路及堆场设在地库顶板上时，若前期未进行计算及采取相应的加固措施，则有可能导致地库顶板的开裂甚至坍塌等，施工运输道路合理布置如图 8-1-1 所示。

图 8-1-1　施工运输道路合理布置

（2）安全技术交底不到位。因预制装配整体式模块化建筑比常规施工有更多的吊装工作，如未进行相应的技术考核及安全技术交底，则容易造成施工人员未持证就上岗、吊装技术不熟练，以及施工人员站位不准确、缺少扶位而导致伤残等问题。

2. 施工安装阶段存在的安全风险

（1）吊装机械选型及吊装方案不到位，导致发生吊装设备的碰撞及超负荷吊装、斜吊预制构件等安全事故（图 8-1-2）。

图 8-1-2　施工吊装安全事故

（2）预制构件进场检测不到位，可能出现吊装时埋件拉出、吊点周边混凝土开裂、吊具损坏、预制件重心不稳等吊装隐患。

（3）吊装施工作业不规范，导致吊装预制构件的晃动及摆动幅度较大，增加了预制构件吊装时碰撞钢筋、伤人等安全隐患。

（4）预制构件堆放不规范，导致预制构件的倾覆、损坏，严重时可导致人员受伤。

（5）防护设施安装不规范。

3. 吊装就位阶段存在的安全风险

（1）临时支撑体系不到位。预制构件需采用临时支撑拉结与原有体系进行连接，操作人员在支撑未安装到位前随意松解或加固易使斜撑滑动，导致构件的失稳或坠落。

（2）吊装、安装不到位。吊装幅度过大，易导致挤压伤人。而当预制构件预埋接驳器内有垃圾或者预埋件保护不到位时，吊具受力螺栓无法充分拧入孔洞内从而导致螺栓部分受力，存在安全隐患。

（3）高空作业、临边防护不规范。

4. 拼缝、修补外饰面阶段存在的安全风险

（1）灌浆机的操作不当，在拼缝、修补外饰面过程中导致发生诸如浆料喷入操作者或其他人员眼睛里等安全事故。

（2）由于预制外墙板之间有拼缝，因此在预制装配整体式模块化建筑中常会用到吊篮对外墙面进行处理。吊篮作业不规范会产生严重的安全后果。

8.1.2　影响预制装配整体式模块化建筑安全管理的因素

通过对上述施工安全风险的分析，在建筑施工中对安全管理的影响主要有以下五个因素，即人为因素、机械设备因素、材料因素、安全防护用品及施工方案的因素、环境因素。

1. 人为因素

人为因素是导致各类施工安全事故频发的首要因素。

（1）安全意识的淡薄。

（2）缺乏必要的安全生产知识、施工内容和方法的学习、教育、培训。

（3）缺少安全检查监督。

（4）施工人员安全防护用品穿戴不齐全、着装不规范。

（5）特种作业操作人员不专业，未持有效证件上岗。

2. 机械设备因素

由于预制装配整体式模块化建筑的施工特点，其施工过程中会有大量的吊装及吊篮作业，整个工程机械化程度较高，而这些设备使用前的选型不准确，设备的老旧、有缺陷，使用过程中缺少对机械设备的定期检查、监测及设备的超负荷使用及其性能退化，设备之间的相互碰撞等都是造成安全风险的因素。

3. 材料因素

（1）在施工过程中有大量的安全防护用品，如果这些物品的质量及配备存在问题，那么对安全防护的影响之大是不言而喻的。

（2）在施工过程中所涉及的各类构件等材料，如各类装配件吊钩的不牢固、脱落、断裂，装配件堆放支架的不牢固，装配件强度未达到设计要求等都会在施工过程中产生安全隐患。

4. 安全防护用品及施工方案的因素

（1）目前各类施工中一般安全防护用品及设施都能够配备，但有了这些却不能够正确地使用是导致其影响安全的一大因素。例如，施工人员虽配备了安全帽却不系下颌带，配备了安全带却没有做到"高挂低用"，甚至不挂，以及场地配备了护栏却没有安装牢固等。

（2）施工方案不够合理。装配式建筑是一门新技术，在方案编制时就需合理考虑吊装顺序，减少因施工流程造成安全事故的可能性；对吊装点等安全重点处应采取专项保护措施，并对高空临边及吊装作业要有针对性的安全防控措施。

5. 环境因素

（1）自然环境。在施工过程中，常会遇到一些不利于施工的天气，如大风、雨雪、雷电等，需要有应对预案。

（2）施工现场环境。例如，现场布局不合理或者各类材料、机械等的乱堆放，以及对危险源的防护不到位等都是造成各类事故的安全隐患。

（3）安全氛围环境。不良的施工安全氛围会导致工地安全事故频发、工人安全意识淡薄。

8.1.3　施工安全风险的管理措施

安全生产是保护劳动者人身安全、促进预制装配整体式模块化建筑新技术推广的基本保证。企业必须坚持"安全为了生产，生产必须安全"的原则，以人为本的管理理念，采取措施确保人员、设备及工程的安全。

1. 人为风险的控制

从上述对预制装配整体式模块化建筑施工过程中各类风险及影响因素的分析可以看到，人为因素对施工安全风险产生的影响最大。因此，对人为因素的防控是安全管理的重中之重。

（1）提高施工人员的安全意识。通过持续的安全宣传教育，如对安全事故现场案例的宣传及分析工人发生安全事故后的各种结局等方法，直观地让工人体会到不重视安全的后果，主动提高安全意识。

（2）加强技术培训、重视安全技术交底。在装配式建筑中出现的各类新技术、方法，可聘请经验丰富的专家对工人进行操作前的知识普及和培训。

（3）加强安全监督。除了完善各阶段的安全监督范围、细则外，安全监督工作不止于工作本身，而是要留下相应的安全监督检查记录，这样才能落到实处。

（4）严格执行持证上岗，杜绝防护未做到位的人员施工。建立能够有效执行的、具有影响效果的奖惩措施。

2. 机械设备风险的控制

在预制装配整体式模块化建筑施工过程中会大量使用机械设备，施工中需对这些机械设备进行全过程的持续监控，确保其始终处于安全、可靠的范围内，并留有相应记录。对机械设备的选择则需满足实际的使用需求而不能过于考虑经济因素，在施工过程中则需对机械设备合理使用，不能超出其能力范围。

1）吊装施工的安全管理

预制构件吊装是装配式建筑施工的重点工序，也是安全事故的高发环节，为此，必须对其安全管理予以足够的重视，所有吊点位置的布设及吊具的安全性均必须经过严格的设计与验算，吊点的刚度和强度必须符合设计要求，吊具则应当符合起吊强度的要求；塔吊司机应当持证上岗，且具备丰富的操作经验；　吊装影响范围必须与其他作业区域进行临时性隔离，非作业人员不得入内，作业人员进入时必须佩戴安全护具；在对构件进行吊装前，应当按照现场的实际情况编制合理、可行的专项安全方案；吊装班组在施工作业前，应当按照安全操作规程的要求，并结合作业中的危险点向操作人员进行专项交底。

大小梁吊装的安全措施。现场施工作业人员在对大小梁进行安装的过程中，应当用安全带钩住柱头的钢筋，同时，应在安装前，根据设计图纸的要求搭设好支撑架；在对主梁进行吊装前，应当先将安全母索安装就位，边梁则应当安装安全护栏。

墙板吊装的安全措施。在对墙板及阳台板等构件进行起吊前，应当做好相关的准备工作，具体内容如下：对钢索进行检查，看表面是否存在破损情况；对吊具、吊点、吊耳进行检查，看是否正常，若是吊点内存在异物应当及时进行清除。所有墙板在吊装的过程中，均必须严格按照标准作业流程进行施工，吊点与侧边的翻转吊点都要保持孔内清洁。若是板片的体量较大，则应使用配重式平衡杆进行起吊，这样可以防止风力过大而引起翻转的情况发生。

2）做好临边防护

为防止临边坠物的问题发生，可以使用脚手管在临边口搭设护栏，并用安全网进行围挡，同时，使用颜色醒目的油漆对其进行涂刷，从而使作业人员可以清楚地看到；在基坑工程中，临边围护结构（图 8-1-3）也可采用脚手管进行搭设。该围护结构最少要达到防 1000kN 的外冲击力，搭设好的围护结构可以使用黄黑双色的油漆进行涂刷；工具化围护栏杆的底部可以采用混凝土浇筑挡土墙的方式，并将护栏杆固定在挡土墙上；所有登高通道的两侧边均必须设置安全护栏，在进行搭设时，应当严格按照相关规范标准的要求，通道可以采用宽度足够的脚手板，并进行固定；楼梯的防护应当与安全防护标准的要求相符，可以采用脚手管进行搭设，楼梯的坡度必须与规定要求相符，不得搭设过于陡峭的上、下楼梯。

图 8-1-3　围护结构

3）加强用电安全管理

应当设置专人负责标准化安全配电箱（图 8-1-4）的管理工作，并做好重复接地和保护接地等措施；施工现场内所有电缆线路的敷设均必须按照相关规范要求进行；要加强对现场施工作业人员安全用电的培训教育，定期组织电工、电焊工等进行安全技术培训，增强他们的安全意识和技术水平，使其能够自觉遵守各项电气操作规程；现场安全管理人员应当对全体施工人员进行安全用电普及教育，借此来使所有人员都对安全用电的重要性有所了解，从而避免操作不当引起触电事故的发生。

图 8-1-4　标准化安全配电箱

4）高处作业安全防护

对于预制装配整体式模块化建筑，尤其是对于进行钢框架结构的施工而言，要竭力消除施工人员个体高处作业的坠落隐患，即除了加强发放安全带、安全绳，以及防高处坠落安全教育培训、监管等措施外，还可通过设置安全母索和防坠安全平网的方式对高处坠落事故进行主动防御。

在框架梁上设置安全母索能为施工人员在高处作业提供可靠的系挂点，且便于施工人员进行移动性的操作。

通过在框架结构的钢梁翼缘设置专用夹具或在预制混凝土梁上预埋挂点，可将防坠安全平网简便地挂设在具有防脱设计的挂钩上，实现对梁上作业人员意外高处坠落的拦截保护作用。某钢结构项目防坠安全平网的现场设置如图 8-1-5 所示。

图 8-1-5　防坠安全平网的现场设置

3. 材料风险的控制

对施工中所涉及的各类材料物资，特别是预制装配整体式模块化建筑中大量使用的预制件、吊装构件及临时支撑系统，在安装使用前要做好相应的检查工作并审批通过，确认安全、可靠后才能进入下道工序。

4. 方法的控制

在预制装配整体式模块化建筑的施工中，除了编制完善的施工方案、按照规章制度施工外，新技术的应用也能起到很好的效果。各个城市在推广装配式建筑的同时也在大力推进 BIM 技术的应用，通过施工模拟、碰撞等 BIM 技术的应用可以提前发现并消除装运、吊装就位等工作中的安全隐患，且对施工方案进行优化，规范施工方法，从而实现施工技术与信息化技术的结合。

5. 环境的控制

在整个施工过程中形成一个良好的安全氛围是十分必要的。通过各种宣传，把重视安全工作作为类似于企业文化的形式来推广。

8.2　绿色施工策划

8.2.1　绿色施工及绿色施工管理的概念与内涵

1.　绿色施工

绿色施工是指工程建设中，在保证质量、安全等基本要求的前提下，通过科学管理和技术进步，最大限度地节约资源与减少对环境负面影响的施工活动，实现"四节一环保"（节能、节地、节水、节材和环境保护）。《绿色施工导则》（建质〔2007〕223号）作为绿色施工的指导性原则，明确提出绿色施工的总体框架由施工管理、环境保护、节材与材料资源利用、节水与水资源利用、节能与能源利用、节地与施工用地保护六个方面组成。

绿色施工不再只是传统施工过程所要求的质量优良、安全保障、施工文明、企业形象等，也不再是被动地去适应传统施工技术的要求，而是要从生产的全过程出发，依据"四节一环保"的理念，去统筹规划施工全过程，改革传统施工工艺及传统管理思路，并在保证质量和安全的前提下，努力实现施工过程中降耗、增效和环保效果的最大化。

2.　绿色施工管理

绿色施工管理主要包括组织管理、规划管理、实施管理、评价管理和人员安全与健康管理五个方面。绿色施工管理要求：建立绿色施工管理体系，并制定相应管理制度与目标，对整个施工过程实施动态管理，加强对施工策划、施工准备、材料采购、现场施工、工程验收等各阶段的管理和监督。

绿色施工管理是可持续发展思想在施工管理中的应用体现，是绿色施工管理技术的综合应用。绿色施工管理技术并不是独立于传统施工管理技术的全新技术，而是符合可持续发展战略的施工管理技术。绿色施工管理的核心是通过切实可行、有效的管理制度和工作制度，最大限度地减少施工管理活动对环境的不利影响，减少资源与能源的消耗，实现可持续发展的施工管理技术。

8.2.2　绿色施工管理模式

科学管理与施工技术的进步是实现绿色施工的唯一途径。建立健全绿色施工管理体系、制定严格的管理制度和措施、责任职责层层分配、实施动态管理、建立绿色施工评价体系是绿色施工管理的基础和核心；制定切实可行的绿色施工技术措施则是绿色施工管理的保障和手段。两者相辅相成，缺一不可。

1.　组织管理——绿色施工管理的基础

绿色施工是复杂的系统工程，它涉及设计单位、建设单位、施工企业和监理企业等，因此，要真正实现绿色施工就必须把涉及工程建设的各个环节统筹起来，建立以项目部为交叉点的纵、横两个方向的绿色施工管理体系，即施工企业以"企业—项目部—施工公司"形成纵向的管理体系和以建设单位为牵头单位，由设计院、施工方（项目部）、监理方参加的横向的管理体系，只有这样才能把工程建设过程中不同组织、不同层次的人员都纳入绿色施工管理体系中，实现全员、全过程、全方位、全层次的管理模式，如图 8-2-1 所示。

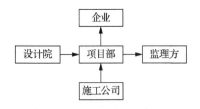

图 8-2-1　建筑工程项目绿色管理模式

施工企业是绿色施工的主体，是实现绿色施工的关键和核心。加强绿色施工的宣传和培训、建立"企业—项目部—施工公司"的纵向管理体系、成立绿色施工管理机构、制定企业绿色施工管理制度是企业实现绿色施工管理的基础和重要环节。

（1）加强可持续发展的绿色施工理念的宣传和培训。要加强绿色施工的宣传和培训，引导企业职工对绿色施工的认识。加强对技术和管理人员及一线技术人员的分类培训，通过培训使企业职工能正确全面理解绿色施工，充分认识绿色施工的重要性和熟悉掌握绿色施工的要求、原则、方法，增强推行绿色施工的责任感和紧迫感，尽早保障绿色施工的实施效率。

（2）制定企业绿色施工管理制度。依据现行团体标准《模块化装配整体式建筑施工及验收标准》（T/CECS 577—2019）和 ISO 14001 环保认证要求，结合企业自身特点和工程施工特点，系统考虑质量、环境、安全和成本之间的相互关系和影响，制定企业绿色施工的管理制度，并建立以项目经理为首的绿色施工绩效考核制度，形成企业自身绿色施工管理标准及实施指南。

（3）成立企业和项目部绿色施工管理机构，指定绿色施工管理人员和监督人员，明确各级管理人员职责，严格按照企业制度进行管理。

（4）建立绿色施工评价指标体系。考虑各施工阶段、影响因素的重要性程度，参照相关绿色施工评价体系，制定企业自身单位工程绿色施工评价方法与评价体系。

绿色施工还需要建立一个以建设单位为协调单位，由设计院、项目部、监理方等参与的横向管理体系。建设单位应向设计院、项目部明确绿色建筑设计及绿色施工的具体要求，并提供场地、环境、工期等保障条件，组织协调参建各方的绿色施工管理工作；设计院应在材料选用等参照绿色建筑的设计标准和要求，主动向项目部作整体设计交底；监理方应对建设工程的绿色施工管理承担监督责任，审查总体方案中的绿色施工方案及具体施工措施，并在实施中做好监督检查工作。

2. 实施管理——绿色施工管理的关键

实施管理是对绿色施工方案在整个施工过程中的策划、落实和控制，是实施绿色施工的重要环节，是建筑企业实现"低成本、高品质"的重要内容。其管理措施与手段主要有以下几个方面。

（1）明确控制要点。结合工程项目特点和施工过程，明确绿色施工控制要点目标及现场施工过程控制目标等，强化管理人员对控制目标的理解，将控制目标作为实际管理操作的限值进行管理。

（2）实施动态管理。在施工过程中收集各个阶段绿色施工控制的实测数据，并定期将实测数据与控制目标进行比较，出现问题时，应分析原因，从组织、管理、经济、技术等方面制定纠偏和预防措施并予以实施，逐步实现绿色施工管理目标。

（3）制定专项管理措施。根据绿色施工控制要点，制定各阶段绿色施工具体保证措施，如节水措施、节材措施、节能与节地措施、环保措施、人员安全与健康措施等，并加强对一线管理人员和操作人员的宣传教育。

目前，大型企业都制定了绿色施工管理规程，但关键在于落实。企业的工程管理人员必须把绿色施工的各项要求落实到工地管理、工序管理、现场管理等各项管理中去。只有参与施工的各方都按绿色施工的要求去做，抓好绿色施工的每个环节，才能不断提高绿色施工的水平。

3. 技术管理——绿色施工管理的保障

绿色施工技术措施是施工过程中的控制方法和技术措施，是绿色施工目标实现的技术保障。绿色施工技术措施的制定应遵守国家和地方的有关法规和强制性规定，依据《绿色施工导则》和有关规范的要求，结合工程特点、施工现场实际情况及施工企业的技术能力，措施应有的放矢、切实可行。

（1）结合"四节一环保"制定专项技术管理措施。将"四节一环保"及相关的绿色施工技术要求，融入分部、分项工程施工工艺标准中，增加节材、节能、节水和节地的基本要求和具体措施，并要细化施工安全、保护环境的措施，满足绿色施工的要求。

（2）大力推广应用绿色施工新技术。企业要建立创新的激励机制，加大科研投入，大力推进绿色施工技术的开发和研究，要结合工程组织科技攻关，不断增强自主创新能力，推广应用新技术、新工艺、新材料、新设备。大型施工企业要逐步更新机械设备，发展施工图设计，把设计与施工紧密地结合起来，形成具有企业特色的专利技术。中小企业要积极引进、消化、应用先进技术和管理经验。

事实上，与传统施工过程相比，绿色施工新技术的应用要经济得多。例如，采用逆作法进行高层深基坑施工；在桩基础工程中改锤击法施工为静压法施工，推行混凝土灌注桩等低噪声施工方法；使用高性能混凝土技术；采用大模板、滑模等新型模板及新型墙体安装技术等。此外，通过减少对施工现场的破坏、土石方的挖运和材料的二次搬运，降低现场费用；通过监测耗水量，充分利用雨水或施工废水，降低水费；通过废料的重新利用，降低建筑垃圾处理费；通过科学设计和管理，降低材料费；通过健全劳动保护，减少因雇员健康问题支付的费用等。

（3）应用信息化技术，提高绿色施工管理水平。发达国家绿色施工采取的有效方法之一是信息化（情报化）施工，这是一种依靠动态参数（作业机械和施工现场信息）实施定量、动态（实时）施工管理的绿色施工方式。施工中工作量是动态变化的，施工资源的投入也将随之变化。要适应这样的变化，必须采用信息化技术，依靠动态参数，实施定量、动态的施工管理，以最少的资源投入完成工程任务，达到高效、低耗、环保的目的。

绿色施工是一个长期、复杂的系统工程，它不仅受到有关部门、业主、施工企业影响，还与企业的施工技术、管理水平有着直接的关系。由此可得出如下结论。

① 组织管理。施工企业以"企业—项目部—施工公司"形成纵向的管理体系和以建设单位为牵头单位，由设计方、施工方（项目部）、监理方参加的横向的管理体系。

② 实施管理，即明确控制要点，实施动态管理和制定专项管理措施。

③ 技术管理，即"四节一环保"，以及应用绿色施工与信息化技术。

8.3 钢结构模块绿色施工技术

在普通钢结构制造和施工技术基础上,针对巨型复杂钢结构制造中存在的厚钢板折弯成型、焊接连接变形等技术难题,开展了超厚钢板热弯成型和厚壁窄坡口埋弧焊接等新技术研究,建立了超厚钢板复杂巨型钢结构建造技术。

8.3.1 巨型复杂钢框架的复杂构件与节点成型成套新技术

1. 厚钢板折弯成型技术

与普通钢结构不同,巨型复杂钢结构多含有带折线的"日"字形、"目"字形钢柱,其加工具有很大难度,厚钢板热弯成型如图 8-3-1 所示。

图 8-3-1 厚钢板热弯成型

厚钢板折弯成型的工艺原理为:将毛坯进行控温加热至一定温度后,在控温下锻压至符合设计要求的形状,其工艺流程包括深化设计→下料→加热→锻压→检测→剖口→验收。

在折弯成型中,需把加热温度控制在 950～1050℃,锻压过程中,当温度低于 800℃时应停止锻压,然后在室温下自然冷却,严格禁止采用洒水冷却的方法。为保证折弯成型质量,加压速度应缓慢,一般应小于 100mm/min。折弯成型后需对钢板尺寸进行检验,同时还需对折弯处钢板进行探伤,检验折弯后是否有裂纹等缺陷的产生。

厚钢板折弯成型技术的成功应用,可使厚钢板弯折成形成功,板内侧棱角成型,外侧有圆弧过渡,圆弧区域为 $2t$～$3t$(t 为钢板厚度)范围内,为巨型复杂钢结构弯折成型提供了技术示范及参考,促进了巨型钢结构的发展与工程应用。

2. 折弯"日"字形、"目"字形钢柱的成型技术

折弯"日"字形、"目"字形钢柱均为异形构件,其外形尺寸大且不规则,很难在箱型自动生产线上组装。

采取专用胎模成型技术,其成型工艺原理为:以钢柱组装下端面为胎模正造面,胎模设置前,在承重钢平台上画出钢柱翼缘板的平面位置线、中间立板位置线、横隔板位置线的投影线和胎架位置线等,然后以此为基准设置胎模。胎模精度必须能够满足钢柱组装要求,胎模与钢柱接触面采用机械加工。

在成型过程中,首先将折弯的钢柱下翼缘板用行车吊放到胎模上,定准端面企口位置线、中心线的投影线后固定在胎模上,接着按投影线位置分别吊放"日"字形、"目"

字形钢柱中间立板和隔板；然后吊上折弯的上翼缘板并加以固定形成折弯的"工"字形，最后通过两边的液压系统把两侧腹板封闭，"日"字形、"目"字形钢柱组装成型[图8-3-2（a）]。

为保证折弯"日"字形、"目"字形钢柱的成型质量，使焊缝质量等级达到现行相关国家标准的一级，在组装时，要采取 CO_2 气体保护焊，将中间立板与上、下翼缘板焊接；焊接时要求对称同时施焊，正面焊反面清根；同时钢柱四条主焊缝焊接采取 CO_2 气体保护焊打底，全自动埋弧焊填充和盖面[图8-3-2（b）]。

（a）异形柱组装成型　　　　　　　（b）异形柱焊接

图 8-3-2　钢柱组装成型

焊接完成 **24h** 后进行超声波探伤检查焊缝质量。

3. 复杂节点成型技术

巨型格构折弯"日"字形、"目"字形钢柱与柱间支撑连接节点的定位组装比较复杂，即各节点部位均突出在构件边缘，且方向各异，组装难度大。因此，将制作好的"日"字形、"目"字形钢柱节点的实际数据（此时要考虑厚钢板折弯成型和钢柱成型所产生的误差）输入计算机，通过三维建模形成构件邻接关系，从而精确定位出节点成型的控制线和控制点，然后采用厚壁窄坡口埋弧焊焊接技术，使复杂节点成型后的误差控制在允许范围内（图8-3-3）。

图 8-3-3　钢柱节点焊接

复杂节点的成型工艺原理是以轴线、截面中点和关键点作为复杂节点成型的控制线和控制点，然后将控制线或控制点转换为二维平面坐标和面外相对标高，实施时，先定二维平面控制点，然后从平面控制点向面外垂直引出三维空间控制点，用三维空间控制点来控制各部件的空间位置。

成型制作过程中，钢柱节点采取卧式法在胎架上进行组装。首先，在刚性平台上划出钢柱中心线和各节点中心线的投影线、端部位置线；其次，以此为基准向两边布置胎架，胎架标高按组装节点的要求设置；再次，吊上制作好的钢柱，定对端部企口线位置线和中心线的投影线后固定在胎架上；最后，分别吊上各节点，定对其中心线的投影线和组装线位置后固定在钢柱上。

为保证成型质量，需用全站仪测量各节点的端面尺寸，检验各节点组装后的中心线的投影线与钢柱中心线夹角是否正确。同时，节点与钢柱的组装采取 CO_2 气体保护焊，焊接原则是先腹板后翼板，对称同时施焊。焊前检验焊接部位的组装质量，焊接过程应连续，但应控制好层间温度；焊后保温缓冷并进行 UT 探伤；节点组装后还需进行整体检测，对局部超差部位实施矫正（图 8-3-4）。

图 8-3-4　钢柱成型后探伤

4. 厚壁窄坡口埋弧焊焊接技术

当在结构中大量采用厚板时，厚板焊接质量的好坏直接影响和制约着钢构件制作进度和质量。为保证厚钢板的焊接质量，在钢构件制作当中，采取厚壁窄坡口埋弧焊焊接技术，可有效地加快焊接制作进度、提高焊接质量。

首先，选择合理的坡口形式。选择 U 形坡口就是一种理想的坡口形式，可以减少焊缝金属填充量，减少焊接内应力与焊接变形，提高焊接效率。对于工程厚板拼对接焊缝，采取双 U 形坡口，如图 8-3-5（a）所示，而对于工程厚板 T 形熔透焊缝，可采取双面单边 U 形坡口，如图 8-3-5（b）所示。

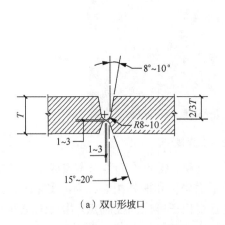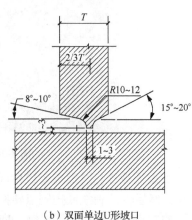

（a）双U形坡口　　　　　　　　　　　　　（b）双面单边U形坡口

图 8-3-5　不同的坡口形式

箱形钢柱本体翼腹板角对接组合焊缝坡口形式如图 8-3-6 所示。

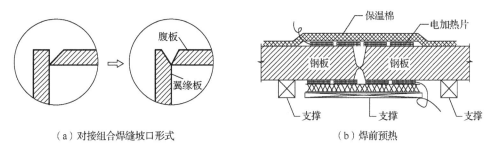

（a）对接组合焊缝坡口形式　　　　　　（b）焊前预热

图 8-3-6　组合焊缝坡口形式

　　其次，在焊接前对焊接区域进行预热。可采用电加热或火焰加热，对焊接坡口的两侧进行预热，预热宽度应各为焊件施焊处厚度的 1.5 倍以上，且不小于 100mm；预热温度用红外线测温仪或测温笔进行测量，测温点宜在焊件反面进行测量，并在离电弧经过前的焊接点各方向不小于 75mm 处；当用火焰加热器预热时，正面测温应在加热停止后进行。预热温度要求可按照表 8-3-1 执行（最高不超过 150℃）。

表 8-3-1　钢材焊前预热温度要求

材　质	温度/℃			
	$t<25mm$	$25mm \leqslant t<36mm$	$36mm \leqslant t \leqslant 60mm$	$t>60mm$
Q345	$\geqslant 0$	$\geqslant 60$	$\geqslant 100$	$\geqslant 120$

注：t 为板厚。

　　最后，应进行埋弧焊接，焊接过程应连续，但应控制层间温度小于 230℃，且不应低于预热温度。当中途需要中止焊接时，焊接量应不少于 2/3 坡口深度，并及时覆盖好保温棉进行保温。在继续焊接前的温度不应低于预热温度。埋弧焊接工艺具体应满足表 8-3-2 的要求。

表 8-3-2　埋弧焊接工艺

焊接方法	焊丝直径/mm	焊接电流/A	焊接电压/V	焊接速度/（cm/min）
埋弧焊	4.0	550～700	30～36	30～50
	4.8	600～750	32～38	30～55

　　焊接过程中为保证质量，应随着焊接的进行，焊层宽度不断增加；当焊宽大于 16mm 时，应采取多层多道焊，每一层焊道焊完后应及时清理焊渣及表面飞溅物。若焊缝需要搭接时，应注意焊缝之间的顺滑过渡，避免搭接缺陷的产生。焊接完成后，立即进行后热处理，加热温度应达到 200～250℃，并保温 1～2h；然后覆盖保温棉使其缓冷至室温。焊接完成 24h 后进行超声波探伤检查焊缝质量。

　　厚壁窄坡口埋弧焊焊接技术，不仅提高了焊接速度，降低了焊缝返修率，而且焊缝质量得到了保证，大大提高了工作效率。

8.3.2 复杂巨型钢框架安装技术

复杂巨型钢框架安装技术包括大悬挑安装技术、安装焊接变形和焊接应力控制技术。根据施工模拟仿真分析，确定整体先施工主框架后次框架的方法，较分层法施工速度要快，完成施工后结构更能体现巨型框架两级受力体系的特性。随着施工方法和技术装备的进步，现在越来越多的巨型框架施工采用这种整体先施工主框架后次框架的顺序施工。

1. 大悬挑结构的安装技术

根据施工模拟仿真分析所采用的是整体先施工主框架后次框架的安装方法，使用大悬挑结构的安装技术。

为保证大悬挑钢结构安装质量，当钢结构加工和拼装时，应根据具体深化设计要求进行起拱。

为确保桁架结构的安装质量，在施工过程中采用了设置钢管临时支撑架等措施。

2. 安装焊接变形和焊接应力控制技术

钢材的焊接通常采用熔化焊方法，即在接头处局部加热，被焊接材料与添加的焊接材料熔化成液态金属，形成熔池，随后冷却凝固成固态金属，使原来分开的钢材连接成整体。由于焊接加热时，熔合线以外的母材产生膨胀，接着冷却时，熔池金属和熔合线附近母材产生收缩，因加热、冷却这种热变化在局部范围急速地进行，膨胀和收缩变形均受到拘束而产生塑性变形。这样，在焊接完成并冷却至常温后，就容易产生残余变形和残余应力。

采用巨型格构式钢柱及桁架组成巨型钢框架体系，如何保证焊后空间几何尺寸精确度，减少焊接输入热量对结构尺寸的影响，是焊接工艺要考虑的重点。对于巨型复杂钢框架结构，现场焊接多以全方位置焊缝为主，部分接头为仰焊，钢板材料厚度分布广。若采用传统单一的手工电弧焊，敲渣剔瘤工作量大，影响工期，而且手工电弧焊的热量输入大，焊接变形和焊接应力难以控制。因此，对于巨型复杂钢框架结构选用手工电弧焊打底、盖面，CO_2 气体保护焊中间填充结合的混合焊接技术。

焊接前应采用锉刀和纱布等将对接坡口 20～25mm 处的锈蚀、污物等清除干净；组对错边现象必须控制在 2mm 以内，衬垫板必须紧密贴合牢固。同时，根据钢板厚度选择预热温度，当焊接环境温度低于 10℃且空气湿度大于 80%时，采用氧、乙炔中性焰对坡口进行加热、除湿处理，使对接口两侧 100mm 范围环境温度均匀达到 100℃。进行对接焊接时，采用左右两焊口同时施焊的方式，操作者采用外侧起弧逐渐移动到内侧施焊，每层焊缝均按此顺序实施，直至节点组对焊接完毕。施焊完毕后进行后热处理，加热至 200～250℃，保温后缓冷至室温。

为保证安装焊接过程中的质量，需对影响焊接变形和焊接应力的主要因素进行控制。影响焊接变形和焊接应力的主要因素如下。①焊接方法。焊接连接通常采用手工弧焊、CO_2 气体保护焊、埋弧自动焊等焊接方法（包括针对不同焊接接头形式选用的施焊工艺参数）。因这些焊接方法输入的热量不同，引起的焊接残余变形量也不同。②接头形式。接头通常有对接接头、T 形接头、十字形接头、角接头、搭接接头和拼装板接头。采用对接接头时，板厚、焊缝尺寸、坡口形式及其根部间隙、熔透或不熔透等构成焊缝端面积及影响散热（冷却速度）的各项因素。③焊接条件。预热和回火处理，以及环境温度等对钢材冷却时温度梯度的影响因素。④焊接顺序及拘束条件。对于一个立体的结构，先焊的部件对后焊的部件将产生不同程度的拘束，其焊接变形也不相同，为防止扭曲变形，应采用对称施焊顺序。

8.3.3　结构再造型技术

巨型钢结构在安装过程中因悬挑、自重、现场环境、温度变化等原因会产生变形，因此安装完成后结构的空间几何尺寸的精度极难控制。巨型钢结构的结构布置复杂，特别是在 H 型巨型钢桁架结构中，腹杆与上下弦的连接节点，巨型格构箱型柱与柱间支撑连接节点相当复杂，各部位的节点板均突出构件边缘，同时节点板对腹杆和支撑的组装产生阻挡，就位困难。组装就位后的焊接工作面小，焊接难度大。

为防止安装变形及控制结构空间尺寸精度，在巨型钢框架结构的桁架安装前，将制作好的桁架实际数据（考虑前期制作产生的误差）输入计算机，并通过三维建模形成桁架与已安装结构的邻接关系，从而精确定位出桁架安装的控制线和控制点，以保证顺利对位，随后采用安装焊接变形和焊接应力控制技术，使结构成型后的空间几何尺寸误差控制在允许范围内。此项技术是以三维建模技术、安装焊接变形和焊接应力控制技术为核心而建立的，可称为结构的再造型技术。

结构再造型技术是针对巨型钢框架结构，从桁架安装成型的角度进行分析和研究，并在实践中摸索和总结出来的。结构再造型技术的运用，避免了巨型钢结构桁架安装对位出错，提高了巨型钢结构桁架安装就位效率，保证了巨型钢结构安装质量，确保了结构成型后的空间几何尺寸的精确度，使结构的安装闭合更加简单、合理。

在普通钢结构制造和施工技术基础上，针对复杂巨型钢结构制造中存在的厚钢板折弯成型、焊接连接变形等技术难题，首次创立了厚壁窄坡口埋弧焊焊接技术和超厚钢板热弯成型工艺技术，制作了带不同角度折线的"日"字形、"目"字形钢构件，在精确定位控制线、控制点和准确预测残余应力的基础上，解决了超厚钢板折弯成 150°～160°夹角的异形钢柱及节点焊接施工技术难题，有效控制了焊接裂纹的产生。

这项技术应用于广东科学中心建设，解决了广东科学中心巨型钢框架带折线钢柱 90mm 厚翼缘板热弯、异形截面柱，以及钢柱与柱间支撑连接节点、巨柱与主桁架复杂空间异型节点、主桁架焊接节点、主次桁架相交节点和管桁架相贯焊接节点成型等难题。通过钢结构应用，节约施工开支 2700 万元，相当于节省 0.70 万 t 标准煤，减排 2.14 万 t 二氧化碳。

9 检测与监测

9.1 检　　测

9.1.1 材料检测

工厂制作建筑模块所使用的混凝土、钢材、套筒等原材料应提供产品合格证明文件，并应按相应的国家现行标准的要求进行复验，合格后方可使用[18]。

质量证明文件包括产品合格证、有效的形式检验报告、出厂检验报告。

（1）水泥进场时，应对其品种、代号、强度等级、包装或散装仓号、出厂日期等进行检查，还应对水泥的强度、稳定性和凝结时间进行检验。

检查数量：按同一厂家、同一品种、同一代号、同一强度等级、同一批号且连续进场的水泥，袋装不超过 200t 为一批，散装不超过 500t 为一批，每批抽样数量不应少于一次。

检验方法：检查质量证明文件和抽样检验报告。

（2）混凝土外加剂进场时，应对其品种、性能、出厂日期等进行检查，并应对外加剂的相关性能指标进行检验。

检查数量：按同一厂家、同一品种、同一性能、同一批号且连续进场的混凝土外加剂，不超过 50t 为一批，每批抽样数量不应少于一次。

检验方法：同上。

（3）混凝土用矿物掺和料进场时，应对其品种、技术指标、出厂日期等进行检查，并应对矿物掺和料的相关技术指标进行检验，检验结果应符合国家现行有关标准的规定。

检查数量：按同一厂家、同一品种、同一技术指标、同一批号且连续进场的矿物掺和料，粉煤灰、石灰石粉、磷渣粉等不超过 200t 为一批，粒化高炉矿渣粉和复合矿物掺和料不超过 500t 为一批，沸石粉不超过 120t 为一批，硅灰不超过 30t 为一批，每批抽样数量不应少于一次。

检验方法：同上。

（4）混凝土原材料中的粗集料、细集料质量应符合相关要求。

检查数量：按现行行业相关标准的规定确定。

检验方法：检查抽样检验报告。

（5）采用饮用水时，可不检验；采用中水、搅拌站清洗水、施工现场循环水等其他水源时，应对其成分进行检验。

检查数量：同一水源检查不应少于一次。

检验方法：检查水质检验报告。

（6）钢筋进场时，应按规定抽取试件做屈服强度、抗拉强度、伸长率、弯曲性能和重量偏差检验，检验结果应符合相应标准的规定。

检查数量：按进场批次和产品的抽样检验方案确定。

检验方法：检查质量证明文件和抽样检验报告。

（7）成型钢筋进场时，应抽取试件做屈服强度、抗拉强度、伸长率和重量偏差检验，检验结果应符合国家现行相关标准的规定。对由热轧钢筋制成的成型钢筋，当有施工单位或监理单位的代表驻厂监督生产过程，并提供原材钢筋力学性能第三方检验报告时，可仅进行质量偏差检验。

检查数量：同一厂家、同一类型、同一钢筋来源的成型钢筋，不超过 30t 为一批，每批中每种钢筋牌号、规格均应至少抽取 1 个钢筋试件，总数不应少于 3 个。

检验方法：检查质量证明文件和抽样检验报告。

（8）对按一级～三级抗震等级设计的框架和斜撑构件（含梯段）中的纵向受力普通钢筋，应采用 HRB335E、HRB400E、HRB500E、HRBF335E、HRBF400E 或 HRBF500E 钢筋，其强度和最大承载力下总伸长率的实测值应符合下列规定：抗拉强度实测值与屈服强度实测值的比值不应小于 1.25；屈服强度实测值与屈服强度标准值的比值不应大于 1.30；最大承载力下总伸长率不应小于 9%。

检查数量：按进场的批次和产品的抽样检验方案确定。

检验方法：检查抽样检验报告。

9.1.2　构件检测

对工厂生产的预制混凝土构件应检查其混凝土强度是否满足设计要求。对预制混凝土构件应检查其主要受力钢筋数量及保护层厚度是否满足要求。出厂的建筑模块应按设计要求的试验参数及检验指标进行结构性能检验，结构性能检验不合格的建筑模块严禁出厂。

9.1.3　进场检测

1. 建筑模块检测

建筑模块进施工场地时，应检查其出厂质量合格证明文件、出厂质量合格证、检验报告等质量保证资料。建筑模块上的预埋件，以及插筋和预留孔洞的规格、位置和数量应符合设计要求。对于模块首次生产，或模块构造存在重大设计变更，则要求全数检查其模块形式检验报告。进入现场的建筑模块的外观质量、尺寸偏差及结构性能应符合设计要求及国家现行有关标准的规定。对外观缺陷及超过允许尺寸偏差的部位应按修补方案进行处理。

2. 建筑模块中的预制混凝土构件检测

预制混凝土构件的承载力检验应满足下式的要求：

$$\gamma_u^0 \geqslant \gamma_0[\gamma_u]$$

式中：　γ_u^0——构件的承载力检验系数实测值，即试件的荷载实测值与荷载设计值（均包括自重）的比值；

　　　　γ_0——结构重要性系数，按设计要求的结构等级确定，当无专门要求时取 1.0；

[γ_u]——构件的承载力检验系数允许值，按表 9-1-1 取用。

表 9-1-1 混凝土构件的承载力检验系数允许值

受力情况	达到承载力极限状态的检验标志		[γ_u]
受弯	受拉主筋处的最大裂缝宽度达到 1.5mm；或挠度达到跨度的 1/50	有屈服点热轧钢筋	1.2
		无屈服点钢筋（钢丝、钢绞线、冷加工钢筋、无屈服点热轧钢筋）	1.35
	受压区混凝土破坏	有屈服点热轧钢筋	1.3
		无屈服点钢筋（钢丝、钢绞线、冷加工钢筋、无屈服点热轧钢筋）	1.5
	受拉主筋拉断		1.5
受弯构件的受剪	腹部裂缝达到 1.5mm，或斜裂缝末端受压混凝土剪压破坏		1.4
	沿斜截面混凝土斜拉、斜压破坏；受拉主筋在端部滑脱或其他锚固破坏		1.55
	叠合构件叠合处、接茬处		1.45

（1）当按构件实配钢筋进行承载力检验时，应满足下式的要求：

$$\gamma_u^0 \geqslant \eta \gamma_0 [\gamma_u]$$

式中：η ——构件承载力检验修正系数，根据现行国家标准《混凝土结构设计规范（2015年版）》（GB 50010—2010）按实配钢筋的承载力计算确定。

（2）预制构件的挠度检验应符合下列规定。

对挠度允许值进行检验时，应满足下式的要求：

$$a_s^0 \leqslant [a_s]$$

式中：a_s^0 ——在检验用荷载标准组合值或荷载准永久组合值作用下的构件挠度实测值；

$[a_s]$ ——挠度检验允许值。

当按构件实配钢筋进行挠度检验或仅检验构件的挠度、抗裂或裂缝宽度时，应满足下式的要求：

$$a_s^0 \leqslant 1.2 a_s^c$$

式中：a_s^c ——在检验用荷载标准组合值或荷载准永久组合值作用下，按实配钢筋确定的构件短期挠度计算值。

（3）挠度检验允许值 $[a_s]$ 应按下列公式进行计算。

按荷载准永久组合值计算钢筋混凝土受弯构件，有

$$[a_s] = \frac{[a_f]}{\theta}$$

按荷载标准组合值计算预应力混凝土受弯构件，有

$$[a_s] = \frac{M_K}{M_q(\theta - 1) + M_K}[a_f]$$

式中：M_K ——按荷载标准组合值计算的弯矩值；

M_q ——按荷载准永久组合值计算的弯矩值；

θ ——考虑荷载长期效应组合对挠度增大的影响系数；

$[a_f]$——受弯构件的挠度限值。

（4）预制构件的抗裂检验应满足下式的要求：

$$\gamma_{cr}^0 \geqslant [\gamma_{cr}]$$

$$[\gamma_{cr}] = 0.95 \frac{\sigma_{pc} + \gamma f_{tk}}{\sigma_{ck}}$$

式中：γ_{cr}^0——构件的抗裂检验系数实测值，即试件的开裂荷载实测值与检验用荷载标准
　　　　　　组合值（均包括自重）的比值；

$[\gamma_{cr}]$——构件的抗裂检验系数允许值；

σ_{pc}——由预加力产生的构件抗拉边缘混凝土法向应力值；

γ——混凝土构件截面抵抗矩塑性影响系数；

f_{tk}——混凝土抗拉强度标准值；

σ_{ck}——按荷载标准组合值计算的构件抗拉边缘混凝土法向应力值。

（5）预制构件的裂缝宽度检验应满足下式的要求：

$$w_{s,max}^0 \leqslant [w_{max}]$$

式中：$w_{s,max}^0$——在检验用荷载标准组合值或荷载准永久组合值作用下，受拉主筋处的
　　　　　　　最大裂缝宽度实测值；

$[w_{max}]$——构件检验的最大裂缝宽度允许值，按表 9-1-2 取用。

表 9-1-2　构件的最大裂缝宽度允许值　　　　　　　　（单位：mm）

设计要求的最大裂缝宽度限值	0.1	0.2	0.3	0.4
$[w_{max}]$	0.07	0.15	0.20	0.25

（6）预制构件结构性能检验的合格判定应符合下列规定。当预制构件结构性能全部检验结果均满足上述（1）～（5）的检验要求时，该批构件可判为合格；当预制构件的检验结果不满足（1）的要求，但又能满足第二次检验指标要求时，可再抽两个预制构件进行二次检验。第二次检验指标，对承载力及抗裂检验系数的允许值应取（1）和（4）规定的允许值减 0.05；对挠度的允许值应取（3）规定允许值的 1.10 倍；当进行二次检验时，如第一个检验的预制构件的全部检验结果均满足（1）～（5）的要求，该批构件可判为合格；如两个预制构件的全部检验结果均满足第二次检验指标的要求，该批构件也可判为合格。

在进行结构性能检验时还应注意以下几点。

① 结构性能检验时的试验条件应符合下列规定：a. 试验场地的温度应在 0℃ 以上；b. 蒸汽养护后的构件应在冷却至常温后进行试验；c. 预制构件的混凝土强度应达到设计强度的 100% 以上；d. 构件在试验前应量测其实际尺寸，并检查构件表面，所有的缺陷和裂缝应在构件上标出；e. 试验用的加荷设备及量测仪表应预先进行标定或校准。

② 试验预制构件的支承方式应符合下列规定：a. 对板、梁和桁架等简支构件，试验时应一端采用铰支承，另一端采用滚动支承，铰支承可采用角钢、半圆形钢或焊于钢板上的圆钢，滚动支承可采用圆钢；b. 对四边简支或四角简支的双向板，其支承方式应保证支承处构件能自由转动，支承面可相对水平移动；c. 当试验的构件承受较大集中力

或支座反力时，应对支承部分进行局部受压承载力验算；d. 构件与支承面应紧密接触；钢垫板与构件、钢垫板与支墩间，宜铺砂浆垫平；e. 构件支承的中心线位置应符合设计的要求。

③ 试验荷载布置应符合设计的要求。当荷载布置不能完全与设计的要求相符时，应按荷载效应等效的原则换算，并应计入荷载布置改变后对构件其他部位的不利影响。

④ 加载方式应根据设计加载要求、构件类型及设备等条件选择。当按不同形式荷载组合进行加载试验时，各种荷载应按比例增加，并应符合下列规定：a. 荷重块加载可用于均布加载试验，荷重块应按区格成垛堆放，垛与垛之间的间隙不宜小于 100mm，荷重块的最大边长不宜大于 500mm；b. 千斤顶加载可用于集中加载试验，集中加载可采用分配梁系统实现多点加载，千斤顶的加载值宜采用荷载传感器量测，也可采用油压表量测；c. 梁或桁架可采用水平对顶加荷方法，此时构件应垫平且不应妨碍构件在水平方向的位移，梁也可采用竖直对顶的加荷方法；d. 当屋架仅做挠度、抗裂或裂缝宽度检验时，可将两榀屋架并列，安放屋面板后进行加载试验。

⑤ 预制构件应分级加载。当荷载小于标准荷载时，每级荷载不应大于标准荷载值的 20%；当荷载大于标准荷载时，每级荷载不应大于标准荷载值的 10%；当荷载接近抗裂检验荷载值时，每级荷载不应大于标准荷载值的 5%；当荷载接近承载力检验荷载值时，每级荷载不应大于荷载设计值的 5%；试验设备质量及预制构件自重应作为第一次加载的一部分；试验前宜对预制构件进行预压，以检查试验装置的工作是否正常，但应防止构件因预压而开裂；应对仅做挠度、抗裂或裂缝宽度检验的构件分级卸载。

每级加载完成后，应持续 10～15min；在标准荷载作用下，应持续 30min。在持续时间内，应观察裂缝的出现和开展，以及钢筋有无滑移等；在持续时间结束时，应观察并记录各项读数。进行承载力检验时，应加载至预制构件出现现行国家标准《混凝土结构设计规范（2015 年版）》（GB 50010—2010）表 B.1.1 所列承载能力极限状态的检验标志之一后结束试验。当在规定的荷载持续时间内出现上述检验标志之一时，应取本级荷载值与前一级荷载值的平均值作为其承载力检验荷载实测值；当在规定的荷载持续时间结束后出现上述检验标志之一时，应取本级荷载值作为其承载力检验荷载实测值。

⑥ 挠度量测。挠度可采用百分表、位移传感器、水平仪等进行观测。接近破坏阶段的挠度，可采用水平仪或拉线、直尺等测量。试验时，应量测构件跨中位移和支座沉陷。对宽度较大的构件，应在每一量测截面的两边或两肋布置测点，并取其量测结果的平均值作为该处的位移；当试验荷载竖直向下作用时，对水平放置的试件，在各级荷载下的跨中挠度实测值应按下列公式计算：

$$a_t^0 = a_q^0 + a_g^0$$

$$a_q^0 = v_m^0 - \frac{1}{2}(v_l^0 + v_t^0)$$

$$a_g^0 = \frac{M_g}{M_b} a_b^0$$

式中：a_t^0——全部荷载作用下构件跨中的挠度实测值，mm；

a_q^0——外加试验荷载作用下构件跨中的挠度实测值，mm；

a_g^0——构件自重及加荷设备重产生的跨中挠度实测值，mm；

v_m^0——外加试验荷载作用下构件跨中的位移实测值，mm；

v_1^0、v_t^0——外加试验荷载作用下构件左、右端支座沉陷的实测值，mm；

M_g——构件自重和加荷设备重产生的跨中弯矩值，kN·m；

M_b——从外加试验荷载开始至构件出现裂缝的前一级荷载为止的外加荷载产生的跨中弯矩值，kN·m；

a_b^0——从外加试验荷载开始至构件出现裂缝的前一级荷载为止的外加荷载产生的跨中挠度实测值，mm。

当采用等效集中力加载模拟均布荷载进行试验时，挠度实测值应乘以修正系数 ψ。当采用三分点加载时 ψ 可取 0.98；当采用其他形式集中力加载时，ψ 应经计算确定。

⑦ 裂缝观测。可利用放大镜观测裂缝是否出现。试验中未能及时观测到正截面裂缝的出现时，可取荷载-挠度曲线上第一弯转段两端点切线的交点的荷载值作为构件的开裂荷载实测值；对构件进行抗裂检验且在规定的荷载持续时间内出现裂缝时，应取本级荷载值与前一级荷载值的平均值作为其开裂荷载实测值；当在规定的荷载持续时间结束后出现裂缝时，应取本级荷载值作为其开裂荷载实测值。裂缝宽度宜采用精度为 0.05mm 的刻度放大镜等仪器进行观测，也可采用满足精度要求的裂缝检验卡进行观测；对正截面裂缝，应量测受拉主筋处的最大裂缝宽度；对斜截面裂缝，应量测腹部斜裂缝的最大裂缝宽度。当确定受弯构件受拉主筋处的裂缝宽度时，应在构件侧面量测。

⑧ 试验时应采用安全防护措施，并应符合下列规定：试验的加荷设备、支架、支墩等，应有足够的承载力安全储备；试验屋架等大型构件时，应根据设计要求设置侧向支承；侧向支承应不妨碍构件在其平面内的位移；试验过程中应采取安全措施保护试验人员和试验设备安全。试验报告内容应包括试验背景、试验方案、试验记录、检验结论等，不得有漏项；试验报告中的原始数据和观察记录应真实、准确，不得任意涂抹篡改；试验报告宜在试验现场完成，并应及时审核、签字、盖章、登记及归档。

9.1.4 连接检测[19]

如何保障结构的安全性一直是建筑从业人员关心的重要课题。装配整体式模块化结构的连接节点作为装配式结构建筑最重要的关键部位，在制作、施工中必须小心对待。目前国外装配式模块化结构工程质量的管理主要还是以过程控制为主，通过对预制模块构件的生产过程和现场施工安装过程进行控制，从而确保连接节点的安全性。

（1）连接板检测。①检测连接板尺寸（尤其是厚度）是否符合要求；②用直尺作为靠尺检查其平整度；③测量因螺栓孔等造成的实际尺寸的减小；④检测有无裂缝、局部缺损等损伤。

（2）螺栓连接检测。对于螺栓连接，可用目测、锤敲相结合的方法检测，并用扭力扳手（指达到一定的力矩时带有声、光指示的扳手）对螺栓的紧固性进行复查，尤其是对高强螺栓的连接更应仔细检测。此外，对螺栓的直径、个数、排列方式也要一一检查。焊接连接目前应用最广，出事故也较多，应检查其缺陷。焊缝的缺陷种类有裂纹、气孔、夹渣、未熔透、虚焊、咬边、弧坑等。检查焊缝缺陷时，可用超声探伤仪或射线探测仪进行检测。在对焊缝的内部缺陷进行探伤前应先进行外观质量检查。如果焊缝外观质量不满足规定要求，需进行修补。焊缝的外形尺寸一般用焊缝检验尺测量。焊缝检验尺由主尺、多用尺和高度标尺构成，可用于测量焊接母材的坡口角度、间隙、错位、焊缝高度、焊缝宽度和角焊缝高度。

（3）套筒灌浆连接检测。采用套筒灌浆连接时，应满足以下要求。①套筒抗拉承载力应不小于连接筋抗拉承载力；套筒长度由砂浆与连接筋的握裹能力而定，要求握裹承载力不小于连接筋抗拉承载力。②套筒浆锚连接钢筋可不另设，由下柱或墙片的纵向受力筋直接外伸形成。连接筋间距不宜小于 $5d$，套筒净距不应小于 20mm。连接筋与套筒位置应完全对应，误差不得大于 2mm。③连接筋插入套筒后压力灌浆，待浆液充满全部套筒后，停止灌浆，静养 1～2d。

（4）间接搭接检测。采用间接搭接，应满足以下要求。①连接筋的非抗震设计有效锚固长度≥$25d$，抗震设计有效锚固长度≥$30d$，其中 d 为连接筋直径；锚浆孔的边距 C≥$5d$，净距 C_0≥$30+d$，孔深应比锚固长度长 50mm。连接筋位置与锚孔中心对齐，误差不大于 2mm。②在锚固区，锚孔及纵筋周围宜设置螺旋箍筋，箍筋直径不小于 6mm，间距不大于 50mm。③连接筋插入锚孔后压力灌浆，待浆液充满全部锚孔后，停止灌浆，静养 1～2d。

9.1.5 结构实体检测

混凝土结构实体检测，内容包括混凝土强度、钢筋保护层厚度、后浇楼板厚度三项指标的检测。同时，根据工程实际，可增加结构工程室内空间尺寸的检测。检测数据和结论应真实、可靠、有效，可供建筑结构工程质量评价、设计复核验算等采用。混凝土结构实体检测方案应由施工单位项目质量（技术）负责人制定，项目总监理工程师审核，必要时，设计单位项目负责人可参与审核，经建设单位项目负责人批准。混凝土结构实体检测方案的制定应符合抽取有代表性的楼层、构件并兼顾随机的原则，明确所抽检楼层的构件总数（地下室工程的混凝土强度检测应注明施工检验批数量和具体轴线），并在实施前将审批通过的混凝土结构实体检测方案报相关部门备案。对涉及结构安全的柱、墙、梁等重要部位应进行结构实体检验。结构实体检验应在监理工程师见证下，由施工项目技术负责人组织实施。承担结构实体检验的实验室应具有相应的检测资质。对预制混凝土构件以及用于建筑模块连接的现浇混凝土的强度检验，应以在浇注地点制备并与结构实体相同养护条件下的试件强度为依据，也可采用非破损或局部破损的检测方法检测。

装配式结构连接部位及叠合构件浇筑混凝土之前，应进行隐蔽工程验收。隐蔽工程验收应包括下列主要内容：混凝土粗糙面的质量，键槽的尺寸、数量、位置；钢筋的牌号、规格、数量、位置、间距，箍筋弯钩的弯折角度及平直段长度；钢筋的连接方式、接头位置、接头数量、接头面积百分率、搭接长度、锚固方式及锚固长度；预埋件、预留管线的规格、数量、位置。装配式结构的接缝施工质量及防水性能应符合设计要求和国家现行有关标准的规定。

梁板类简支受弯预制构件进场时应进行结构性能检验，并应符合下列规定：结构性能检验应符合国家现行有关标准的有关规定及设计的要求，检验要求和试验方法应符合现行国家标准《混凝土结构工程施工质量验收规范》（GB 50204—2015）的规定。钢筋混凝土构件和允许出现裂缝的预应力混凝土构件应进行承载力、挠度和裂缝宽度检验；不允许出现裂缝的预应力混凝土构件应进行承载力、挠度和抗裂检验。对大型构件及有可靠应用经验的构件，可只进行裂缝宽度、抗裂和挠度检验。对使用数量较少的构件，当能提供可靠依据时，可不进行结构性能检验。对其他预制构件，除设计有专门要求外，进场时可不做结构性能检验。对进场时不做结构性能检验的预制构件，应采取下列措施：施工单位或监理单位代表应驻厂监督生产过程；当无驻厂监督时，预制构件进场时应对其主要受力钢筋数量、规格、间距、保护层厚度及混凝土强度等进行实体检验。

检验数量：同一类型预制构件不超过 1000 个为一批，每批随机抽取 1 个构件进行结构性能检验。

检验方法：检查结构性能检验报告或实体检验报告。"同类型"是指同一钢种、同一混凝土强度等级、同一生产工艺和同一结构形式。抽取预制构件时，宜从设计荷载最大、受力最不利或生产数量最多的预制构件中抽取。

对涉及混凝土结构安全的有代表性的部位应进行结构实体检验。结构实体检验应包括混凝土强度、钢筋保护层厚度、结构位置与尺寸偏差以及合同约定的项目；必要时可检验其他项目。结构实体检验应由监理单位组织施工单位实施，并见证实施过程。施工单位应制订结构实体检验专项方案，并经监理单位审核批准后实施。除结构位置与尺寸偏差外的结构实体检验项目，应由具有相应资质的检测机构完成。结构实体混凝土强度应按不同强度等级分别检验，检验方法宜采用同条件养护试件方法；当未取得同条件养护试件强度或同条件养护试件强度不符合要求时，可采用回弹-取芯法进行检验［参见现行国家标准《混凝土结构工程施工质量验收规范》（GB 50204—2015）］。混凝土强度检验时的等效养护龄期可取日平均温度逐日累计达到所对应的龄期，且不应小于 14 天，日平均温度为 0℃及以下的龄期不计入。冬季施工时，等效养护龄期计算时温度可取结构构件实际养护温度，也可根据结构构件的实际养护条件，按照同条件养护试件强度与在标准养护条件下 28d 龄期试件强度相等的原则由监理、施工等各方共同确定。在结构实体检验中，当混凝土强度或钢筋保护层厚度检验结果不满足要求时，应委托具有资质的检测机构按国家现行有关标准的规定进行检测。

9.2 监 测

工程监测分为沉降监测和垂直度监测。

9.2.1 沉降监测

沉降监测中应先引测工作基点，再分区布置沉降监测点，且沉降监测点宜与水平位移监测点一致。

1. 监测沉降的时间安排

从施工第 1 层进行，并由两次独立监测值的平均值产生。时间变动问题是沉降监测过程有可能出现的，测量方要做好时间调整后的监测工作，前提是项目的业主方要提前通知测量方。后面进行沉降监测时间安排为：建筑物增加 2 层就要监测 1 次，待总工期结束后连续监测 1 年，每 3 个月监测 1 次。竣工后第 2 年变为 6 个月监测 1 次。

2. 布置沉降监测点

开展沉降监测工作首先要选准监测点。布置监测点进行沉降监测要在监测数据容易反馈的区域内。在住宅小区的施工过程中，需要在小区代表性区域内和建筑物的承重结构处布置沉降监测点。监测工作原则要保持从整体到局部，埋设于柱体或地面内的目标点，同时要求监测点顶部高出标识面 5mm，从整体上保证所布置的各监测点对建筑结构沉降特性能够得到控制。

3. 确定监测精度

对于精度要求是依据变形监测目的设立的，监测过程的误差要求小于容许变形值；为衡量高层建筑物的安全性，监测结果的误差要求小于允许变形值的 $1/20 \sim 1/10$。

确定建筑物变形监测精度，还要结合住宅小区实际情况，引入"监测过程可以实现的精度最高值"的要求。要确定住宅小区沉降监测精度，其沉降点中误差应不大于 1mm，并应依据国家 I 等水准测量基准网的技术要求进行监测。

4. 仪器选用和监测方法

监测仪器要由专人负责，并应保证每次监测的路径相同。基准点设置依据国家 I 等水准测量的技术标准，监测点依照 II 等水准测量技术要求实施。

9.2.2 垂直度监测

高层建筑物施工测量中的主要问题是控制垂直度，就是将建筑物的基础轴线准确地向高层引测，并保证各层相应轴线位于同一竖直面内，控制竖向偏差，使轴线向上投测的偏差值不超限。

参考相关规范的要求，主体结构垂直度允许偏差按以下标准控制：

砖混结构 $H \leqslant 10m$，允许偏差 10mm；

$H > 10m$，允许偏差 20mm；

框架结构允许偏差为 $H/1000 \leqslant 30mm$。

垂直度检测过程中，轴线偏差一般在 $1 \sim 2mm$，不超过 5mm，一般超过 3mm 时就要提醒现场的施工人员。

高层建筑物轴线的竖向投测，主要有外控法和内控法两种。

1. 外控法

外控法（图 9-2-1）是在建筑物外部，利用经纬仪，并根据建筑物轴线控制桩来进行轴线竖向投测的方法，也称作经纬仪引桩投测法。

2. 内控法

内控法是在建筑物内±0.000m 平面设置轴线控制点，并预埋标识物。在各层楼板相应位置上预留 200mm×200mm 的传递孔。在轴线控制点上直接采用吊线坠法或激光铅垂仪法，通过预留孔将其点位垂直投测到任意楼层。

其中吊线坠法（图 9-2-2）是利用钢丝悬挂重锤球进行轴线竖向投测的方法。这种方法一般用于高度在 50～100m 的高层建筑施工中，锤球的质量为 10～20kg，钢丝的直径为 0.5～0.8mm。

在预留孔上面安置十字架，挂上锤球，对准首层预埋标志。当锤球线静止时，固定十字架，并在预留孔四周作出标记，作为以后恢复轴线及放样的依据。此时，十字架中心即为轴线控制点在该楼面上的投测点。

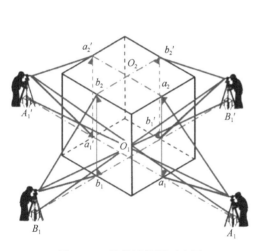

图 9-2-1　外控法投测示意图

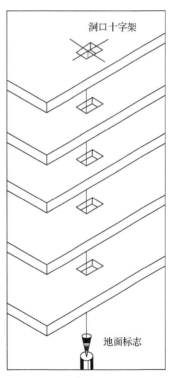

图 9-2-2　吊线坠法投测示意图

10 验　　收

10.1　模块分项工程

预制装配整体式结构工程质量验收按照混凝土结构子分部工程中的分项工程进行验收。预制装配整体式结构的检验内容包括预制构件、安装与连接。对于预制装配整体式结构现场施工中涉及的钢筋绑扎、混凝土浇筑等内容，分别纳入钢筋、混凝土等分项工程进行验收。预制装配整体式结构分项工程可按楼层、结构缝或施工段划分检验批。

进入现场的模块应具有出厂合格证及相关质量证明文件，质量应符合设计及相关技术标准要求。预制装配整体式结构工程施工所用各种材料及预制构件的相关质量证明文件，包括产品合格证书、检测报告、进场验收记录和复验报告等。此外，如涉及保温构造的，尚应提供节能等相关性能检测报告。模块应在明显部位标明生产单位、项目名称、模块型号、生产日期、安装部位、安装方向及质量合格标志。模块吊装的预留吊环及预埋件应安装牢固、无松动。模块的预埋件、插筋及预留孔洞等规格、位置和数量应符合设计要求。对存在的影响安装功能的质量缺陷，应按技术处理方案进行处理，并重新检查验收。模块不应有影响结构性能和安装、使用功能的尺寸偏差。对超过尺寸允许偏差且影响结构性能和安装、使用功能的部位，应按技术处理方案进行处理，并重新检查验收。

10.1.1　工程验收提交资料

工程验收时应提交下列资料。

（1）设计单位预制构件设计图纸、设计变更文件。

（2）预制装配整体式混凝土结构工程施工所用各种材料及预制构件的相关质量证明文件，包括产品合格证书、检测报告、进场验收记录和复验报告。

（3）预制构件安装施工验收记录。

（4）套筒灌浆或钢筋浆锚搭接连接的施工检验记录。

（5）连接构造节点的隐蔽工程检查验收文件。

（6）后浇筑节点的混凝土或浆体强度检测报告。

（7）分项工程验收记录。

（8）装配整体式混凝土结构现浇部分实体检验记录。

（9）工程的重大质量问题的处理方案和验收记录。

（10）预制外墙现场施工的装饰、保温检测报告。

（11）密封材料及接缝防水检测报告。

（12）其他质量保证资料。

10.1.2 分部分项工程验收

（1）预制装配整体式混凝土结构中涉及装饰、保温、防水、防火等性能要求应按设计要求或有关标准规定验收。

（2）预制装配整体式混凝土结构子分部工程施工质量验收合格应符合下列规定。

① 有关分项工程施工质量验收合格。

② 质量控制资料完整并符合要求。

③ 观感质量验收合格。

④ 结构实体检验满足设计或标准要求。

（3）装配整体式混凝土结构子分部工程应在安装施工过程中完成下列隐蔽项目的现场验收。

① 结构预埋件、钢筋接头、螺栓连接、套筒灌浆接头等。

② 预制构件与结构连接处钢筋及混凝土的结合面。

③ 预制混凝土构件接缝处防水、防火做法。

（4）节点灌浆应该足够密实，试验时应该满足承受 50MPa 以上的压力。

10.1.3 验收结果处理

建设工程竣工验收备案制度是加强部门监督管理、防止不合格工程流向社会的一个重要手段。建设单位应依据有关规定，到县级以上建设行政主管部门或其他有关部门备案，否则不允许投入使用。

当预制装配整体式混凝土结构子分部工程施工质量不符合要求时，应按下列规定进行处理。

① 经返工、返修或更换构件、部件的检验批，应重新进行验收。

② 经有资质的检测单位检测鉴定达到设计要求的检验批，应予以验收。

③ 经有资质的检测单位检测鉴定达不到设计要求，但经原设计单位核算并确认仍可满足结构安全和使用功能的检验批，可予以验收。

④ 经返修或加固处理能够满足结构安全使用要求的分项工程，可根据技术处理方案和协商文件进行验收。

⑤ 预制装配整体式混凝土结构子分部工程施工质量验收合格后，应填写子分部工程质量验收记录，并将验收资料存档备案。

10.2 模块安装分项工程

模块安装时临时固定及支撑措施应有效、可靠，且符合施工及相关技术标准要求。安装就位后，为了使连接钢筋和套筒等主要传力部位不出现影响结构性能和模块安装施工的尺寸偏差，其应满足下列要求。

（1）预制构件钢筋连接用套筒，其品种、规格、性能等应符合现行国家标准和设计要求。

检查数量：全数检查。

检验方法：检查产品的质量合格证明文件。

（2）预制构件钢筋连接用灌浆料，其品种、规格、性能等应符合现行国家标准和设计要求。以 5t 为一检验批，不足 5t 的以同一进场批次为一检验批。

检查数量：每个检验批均应进行全数检查。

检验方法：检查产品的质量合格证明文件及测试报告。

（3）施工前应在现场制作同条件接头试件，应检查套筒灌浆连接接头的有效检验报告，同时按照 500 个为一个检验批进行检验和验收，不足 500 个也应作为一个检验批，每个检验批均应选取 3 个接头做抗拉强度试验。如有 1 个试件的抗拉强度不符合要求，应再取 6 个试件进行复检。复检中如仍有 1 个试件的抗拉强度不符合要求，则该检验批评为不合格。

检查数量：每个检验批均应进行全数检查。

检验方法：检查施工记录、每班试件强度试验报告和隐蔽验收记录。

（4）预制构件与结构之间的连接应符合，连接处钢筋或埋件采用焊接或机械连接时接头质量应符合相关要求。

检查数量：全数检查。

检验方法：观察、检查施工记录和隐蔽验收记录。

10.3　验 收 创 新

10.3.1　首件验收

为避免预制构件生产企业因为各种因素导致生产的预制构件不能满足设计及相关施工质量验收规范要求，造成施工工期延误及成本浪费，建设单位应组织设计、预制构件生产企业，施工、监理及其他相关单位在预制构件生产现场对同一项目中的同类型首个预制构件进行首件验收，并形成首件验收记录。预制构件经验收合格后方可批量生产。

10.3.2　首段验收

为了检验安装施工是否符合设计要求及施工工艺方法的可行性，建设单位应组织设计、施工、监理及其他相关单位在首个施工段预制构件安装完成后对其进行首段验收，经验收合格后方可进行后续工程施工。

11 施工组织设计实例

施工组织设计是用以组织工程施工的指导性文件。其在工程设计阶段和工程施工阶段分别由设计、施工单位负责编制。施工组织设计是对施工活动实行科学管理的重要手段,它具有战略部署和战术安排的双重作用。它体现了实现基本建设计划和设计的要求,提供了各阶段的施工准备工作内容,协调施工过程中各施工单位、各施工工种、各项资源之间的相互关系。无论是现浇混凝土结构、预制装配式混凝土结构还是预制装配整体式模块化结构,施工组织都是必不可少的环节,下面分别介绍装配式混凝土结构及装配式模块化结构的施工组织设计实例。

11.1 传统装配式建筑施工组织设计实例

11.1.1 工程概况、编制依据以及工程特点

1. 工程概况

重庆联发欣悦二期基础及主体工程位于重庆市九龙坡盘龙、水碾立交桥附近,以居住用地为主。该工程一共由 1 栋多层幼儿园、4 栋高层住宅、2 栋多层商业楼及地下车库组成;地下 3 层车库,停车 1002 辆,Ⅰ类地下停车库,出入口 3 个。该工程实际总用地面积 44 419m²,总建筑面积 160 570.72m²。该工程建筑结构安全等级为二级,抗震设防烈度为六级,结构设计使用年限均为 50 年。工程设计采用预制装配式混凝土结构[简称预制混凝土(precast concrete,PC)结构,即 PC 结构]进行施工。

2. 编制依据

PC 结构施工图纸及 PC 结构相关招标文件。

3. 工程特点

该工程为预制装配整体式模块化结构,其主要特点如下。

(1)现场结构施工采用预制装配式方法,如外墙墙板、空调板、阳台、设备平台、凸窗及楼梯的成品构件等。

(2)预制装配式构件的产业化。所有预制构件全部采用在工厂流水加工制作,制作的产品直接用于现场装配。

(3)在设计过程中,运用 BIM 技术,模拟构件的拼装,减少安装时的冲突。部分外墙结构采用套筒植筋、高强灌浆施工的新技术施工工艺,将模块化结构进行有效连接,增加了模块化结构的施工使用率。

（4）楼梯、阳台、连廊栏杆均在模块化构件的设计时考虑点位，设置预埋件，后续直接安装。

（5）按照预制混凝土 PC 结构的施工特点，采用悬挑外墙脚手架。

4. 工程施工特点

该工程采用的预制装配式化结构，其特点是：预制构件的工厂制作；吊装现场装配构件；临时固定连接；选用配套机械；连接预制结构和现浇结构；节点防水措施；橡皮条与灌浆施工；专业多工种施工。

5. 防水特点

节点自防水。本次施工的装配式外墙板防水方法如下。

（1）连接止水条。预制外墙板连接时，预先在板墙侧边上粘贴防水止水条的形式防水。

（2）空腔构造防水。预制外墙板之间在预制板侧边和上、下设置沟（槽）排水的构造方法。

（3）外墙密封防水胶。预制外墙板外侧耐候胶封闭。

11.1.2　施工准备

1. 技术准备

技术准备是施工准备的核心。由于任何技术的差错或隐患都可能引起人身安全和质量事故，造成生命、财产和经济的巨大损失，必须认真做好技术准备工作。具体有如下内容。

（1）熟悉、审查施工图纸和有关的设计资料。

（2）原始资料的调查分析。

（3）编制施工组织设计。在施工开始前由项目工程师具体召集各相关岗位人员汇总、讨论图纸问题。设计交底时，切实解决疑难问题和有效落实现场碰到的图纸施工矛盾，切实加强与建设单位、设计单位、预制构件加工制作单位、施工单位，以及相关单位的联系，要向工人和其他施工人员做好技术交底，按照三级技术交底程序要求，逐级进行技术交底，特别是对不同技术工种的针对性交底，同时每次设计交底后要切实加强和落实。

2. 现场生产施工

1）物资准备

在施工前同时要将关于 PC 结构施工的物资准备好，以免在施工的过程中因为物资问题而影响施工进度和质量。物资准备工作的程序是搞好物资流通的重要手段，通常按如下程序进行。

根据施工预算、分部（项）工程施工方法和施工进度的安排，拟定材料、统配材料、地方材料、构（配）件及制品、施工机具和工艺设备等物资的需要量计划；根据各种物资需要量计划，组织货源，确定加工、供应地点和供应方式，签订物资供应合同；根据各种物资的需要量计划和合同，拟定运输计划和运输方案；按照施工总平面图的要求，组织物资按计划时间进场，在指定地点按规定方式进行储存或堆放。

2）施工组织准备

在工程开工前建立拟建工程项目的领导机构，建立精干且有经验的施工班组，集结施工力量、组织施工人员进场，做好向施工班组进行施工技术交底工作，同时建立健全各项管理制度。

根据 PC 图纸设计要求及经验，结合项目 PC 结构体复杂、自重大和施工复杂的情况，成立 PC 结构施工班组，由具有 PC 结构施工经验的班组进行施工。PC 结构管理小组暂由 30 人组成，其中每 1 栋号房配备 1 个 PC 结构施工班组和 1 个灌浆施工班组，每个 PC 结构施工班组计划配备 10 人，每个灌浆施工班组配备 2 人。

3）场内外准备

施工现场搞好"三通一平"（路通、水通、电通和平整场地）的准备工作（图 11-1-1 和图 11-1-2），做好现场临时设施搭建和 PC 结构的堆场准备工作；为了配合 PC 结构施工和 PC 结构单块构件的最大重量的施工需求，确保满足每栋房子 PC 结构的吊装距离，以及按照施工进度和现场的场地布置要求，项目每幢楼配备一台 QTZ100 型号的塔式起重机，合理布置在每栋房子的附近，确保平均 5～6 天吊装一层的节点进度。由于一期的 7 栋房子同时施工，造成现场塔式起重机的平面布置交叉重叠，塔式起重机布置密集，塔身与塔臂旋转半径彼此影响极大。为防止塔式起重机的交叉碰撞，在满足施工进度的前提下，塔式起重机平面布置允许重叠，将道路与吊装区域区用拼装式成品围挡划分开，同时编制群塔防碰撞专项方案。

图 11-1-1　现场道路示意图

图 11-1-2　道路与场地隔断做法

由于该工程 PC 结构体积大、板块多，同时各号房为高层建筑，给 PC 结构卸车堆放带来一定的困难，若在 PC 结构卸车时使用汽车吊卸载施工，可以大大增加整个项目的施工进度。根据以往在其他 PC 结构项目的施工经验，建议卸车时使用汽车吊卸载 PC 结构施工，以提高施工效率。

4）场外准备

场外做好随时与 PC 厂家和 PC 结构相关构件厂家的沟通工作，准确了解各个 PC 结构厂家的地址，准确预测 PC 结构厂家距离施工现场的实地距离，以便更准确联系 PC 结构厂家发送 PC 结构时间，有助于整体施工的安排；实地确定各个厂家生产 PC 结构的类型并考察 PC 结构厂家生产能力，根据不同的生产厂家实际情况，做出合理、整体施工计划，以及 PC 结构进入施工现场计划等；考察各个厂家之后，再请 PC 结构厂家到施工现场实地了解 PC 结构运输线路，以及现场道路宽度、厚度和转角等情况；具体施工前，监理部门应派遣有关人员去 PC 结构厂家进行质量验收（图 11-1-3），排除不合格 PC 构件，对有问题的 PC 构件进行整改，并对有缺陷的 PC 构件进行修补。

图 11-1-3　PC 工厂实地验收

3．实施方法

1）钢筋

半成品钢筋切断、对焊、成型的加工均在原钢筋车间进行（图 11-1-4），钢筋车间在按配筋单加工中，应严格控制尺寸，个别不应大于允许偏差的 1.5 倍。焊前应做好班前试验，并以同规格钢筋一周内累计接头 300 只为一批，进行三拉、三弯的实物抽样检验。由于墙板、叠合板属板类构件，钢筋的主筋保护层相对较小，钢筋的骨架尺寸必须准确，要求采用专门的成型架成型。

图 11-1-4　钢筋加工制作实况

2）模具设计和制作

叠合板室内一侧（板底）、楼梯属清水构件，对其外观和外形尺寸精度要求都很高，即外表应光洁、平整，不得有疏松、蜂窝等，因此对模具设计提出了很高的要求。模板既要有一定的刚度和强度，又要有较强的整体稳定性，同时模板面要有较高的平整度。经过认真分析研究，结合叠合板的实际情况，墙、板模板主要采用平躺结构。该方案能够使墙、板正面和侧面全部和模板密贴成型，且墙、板外露面能够做到平整光滑，并对墙、板外观质量起到一定的保证作用。墙、板的翻身主要利用吊环转 90° 即可正位。模板必须清理干净，不留水泥浆和混凝土薄片。模板隔离剂不得有漏涂或流淌现象。如有流淌造成场地积油，必须及时抹干，防止钢筋粘油和混凝土成型后的墙板表面色差严重。模板的安装、固定要求平直、紧密、不倾斜，并且尺寸要求准确，模具成型实况如图 11-1-5 所示。

图 11-1-5　模具成型实况

3）窗框安装（图 11-1-6）

在模板体系上安装一个与窗框内径相等的限位框，窗框安装时可直接固定在限位框上，限位框与窗框间加柔性橡胶垫层，防止窗框固定时被划伤或撞击。窗框的上下方均采用可拆卸框式模板，分别与限位框和整体模板固定连接。窗框与模板接触面采用双面胶布密封保护。门窗框安装牢固，预埋件和连接件应是不锈钢件或经防锈处理的金属件，按图纸规格、数量和位置准确埋入预制外墙构件混凝土中。预埋件间距小于 350mm，连接件厚度大于 2.5mm，宽度大于 20mm 节点联结尺寸小于 500mm，门窗装入洞口应横平竖直。

图 11-1-6　窗框安装

4）混凝土浇捣及养护（图 11-1-7）

浇捣前，应对模板和支架、已绑好的钢筋和预埋件进行检查。检查先由生产车间（班组）进行自检，并填写隐蔽工程验收单，送交有关单位进行隐蔽工程验收。逐项检查合格后，方可浇捣混凝土。采用插入式振动器振捣混凝土时，其插入的距离以 30cm 为宜。混凝土应被振捣到停止下沉、无显著气泡上升、表面平坦一致，呈现薄层水泥浆为止。浇筑混凝土时，应经常注意观察模板、支架、钢筋骨架、窗框、保温层、预埋件等情况，如发现异常时应立即停止浇筑，并采取措施解决后方可继续进行后续施工。

（a）混凝土浇捣

（b）养护

图 11-1-7　混凝土浇捣及养护

构件必须采用低温蒸汽养护。蒸养可在原生产模位上进行，采用表面遮盖油布做蒸养罩，内通蒸汽的简易方法进行。遮盖油布时，墙、板表面应设专用油布支架，使油布与混凝土表面隔开 300mm，形成蒸汽循环的空间。两块油布搭接应密实不漏气，搭接尺寸不宜小于 500mm，四周应拖放到地面，并以重物压住，以形成较密封的蒸养罩。蒸养分静停、升温、恒温和降温四个阶段。静停一般可从梁体混凝土全部浇捣完毕开始计算；升温速度不得大于 15℃/h；恒温时段温度为 55℃±2℃；降温速度不宜大于 10℃/h。蒸养制度如下：

$$静停 \longrightarrow 升温 \longrightarrow 恒温 \longrightarrow 降温 \longrightarrow 结束$$

$$\quad\quad 2h \quad\quad\quad\quad 2h \quad\quad\quad\quad 7h \quad\quad\quad\quad 3h$$

当蒸养环境气温小于 15℃时，需适当增加升温时间，但是蒸养制度必须通过实验室进行调整。蒸养构件的温度与周围环境温度差不大于 20℃时，才可以揭开蒸养油布。

混凝土墙、板脱模工程如图 11-1-8 所示。

图 11-1-8 混凝土墙、板脱模工程

11.1.3 PC 结构施工前准备工作

PC 结构应考虑垂直运输，因为这样既可以避免不必要的损坏，同时又避免了后期的施工难度。装车前先安装吊装架，将 PC 结构放置在吊装架子上，然后将 PC 结构和架子采用软隔离固定在一起，避免 PC 结构在运输的过程中出现不必要的损坏。

为了 PC 结构进入施工现场及能够在施工现场运输畅通，设置进入现场主大门道路至少 8m 宽，施工现场道路 5m 宽，保证 PC 结构运输车辆能够在主大门道路双向通行，以及保证其在施工现场转弯、直行等的畅通。

PC 结构运至施工现场后，由塔吊或汽车吊按施工吊装顺序有序吊至专用堆放场地内，PC 结构堆放必须在构件上加设枕木，场地上的构件应做防倾覆措施。

墙板采用竖放，用槽钢制作满足刚度要求的支架，墙板搁置点应设在墙板底部两端处，堆放场地须平整、结实。墙板搁置点可采用柔性材料，堆放好以后要采取临时固定，场地做好临时围挡措施。为防止因人为碰撞或塔吊机械碰撞倾倒（堆场内 PC 形成多米诺骨牌式倒塌），本堆场按吊装顺序交错有序堆放，板与板之间留出一定间隔（图 11-1-9）。

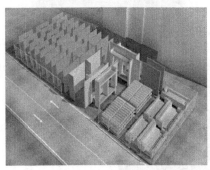

图 11-1-9　预制墙板堆放

11.1.4　PC 结构现场施工

1. 施工流程

PC 施工：引测控制轴线→楼面弹线→水平标高测量→预制墙板逐块安装（控制标高垫块放置→起吊、就位→临时固定→脱钩、校正→粘自黏性胶皮→安装连接板→锚固螺栓安装、梳理）→现浇剪力墙钢筋绑扎（机电暗管预埋）→剪力墙模板→支撑排架搭设→叠合阳台板、空调板安装→现浇楼板钢筋绑扎（机电暗管预埋）→混凝土浇捣→养护→预制楼梯→拆除脚手架排架结构→灌浆施工（按上述工序继续施工下层结构）。

灌浆施工：灌浆钢筋（下端）与现浇钢筋连接→安放套板（只有现浇结构与 PC 结构相连接的部位才有本程序施工）→调整钢筋→现浇混凝土施工→PC 结构施工→主体结构施工完毕→高强灌浆施工。

2. 起吊设施施工

该工程设计单件板块最大质量 5t 左右，采用 TC6517B 型塔吊吊装（图 11-1-10），为防止单点起吊引起构件变形，采用钢扁担（图 11-1-11）起吊就位。构件的起吊点应合理设置，保证构件能水平起吊，避免磕碰构件边角，构件起吊平稳后再匀速移动吊臂，靠近建筑物后由人工对中就位。

3. 预埋吊点

该工程预制外墙模板吊点分为两种形式，第一种吊点形式是预制外墙模板采用预埋吊钩。预制外墙模板吊点详图如图 11-1-12 所示。

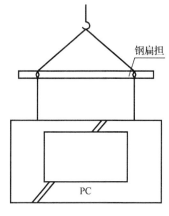

图 11-1-10　吊装示意图

图 11-1-11　钢扁担起吊示意图

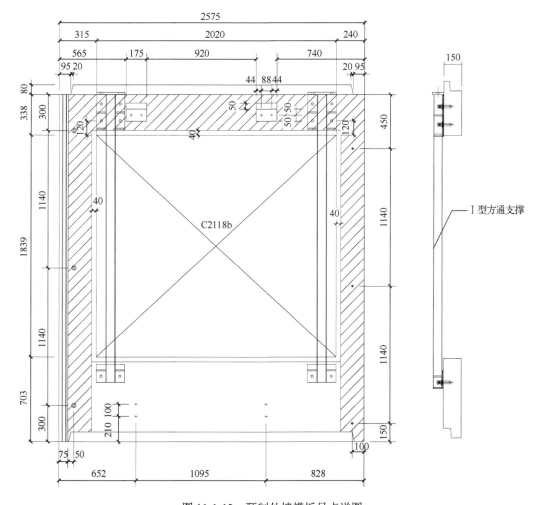

图 11-1-12　预制外墙模板吊点详图

图 11-1-13　墙板现场吊装

第二种吊点形式是在 PC 结构上边沿预埋螺栓套筒,将带有吊环的高强螺栓拧进螺栓套筒,用钢扁担将 PC 结构吊装到应该施工的位置。墙板现场吊装如图 11-1-13 所示。

4. 构件加固

该 PC 项目所采用的 PCF 板、凸窗板等构件,具有面积大、厚度薄的特点,若直接吊装会使构件产生较大变形甚至断裂,因此对构件采取加固措施是必要的。

(1)叠合筋加固。对于 PCF 板和阳台板,采用三角叠合筋加固形式,叠合筋与板内主筋焊接形成一体。叠合筋大样如图 11-1-14 所示。

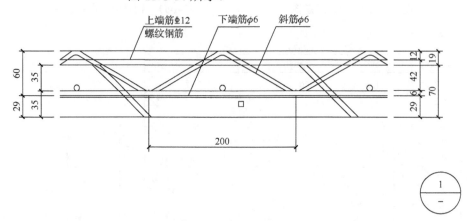

图 11-1-14　叠合筋大样

(2)型钢加固。对于部分构件形式复杂,或无法设置叠合筋的,则采用加设型钢的形式。此型钢可配备 1～2 套供起吊翻转时加固使用。

11.1.5　建筑模块安装与调整施工

标准层施工节点进度:6 天一层,流程图如图 11-1-15～图 11-1-20 所示。

(a)结构弹线、混凝土养护、吊钢筋

(b)吊外墙模板、内墙钢筋绑扎

图 11-1-15　第 1 天施工图

外墙模板吊装施工，内墙钢筋绑扎

图 11-1-16　第 2 天施工图

墙柱模板安装、排架搭设

图 11-1-17　第 3 天施工图

（a）楼面、梁模板安装施工

（b）阳台板安装

（c）叠合板钢筋绑扎

图 11-1-18　第 4 天施工图

（a）模板安装完成，楼板钢筋绑扎

（b）水电管线预埋

图 11-1-19　第 5 天施工图

浇筑混凝土

图 11-1-20　第 6 天施工图

11.1.6　资料管理要求

该工程资料管理及资料编制执行"双轨制"，即一套电子版、一套完整的文档版资料。在资料收集、编制和汇总过程中，应加强并注意各项资料的搜集汇总与管理。

1）工厂化生产资料

该工程外墙为预制装配式混凝土结构，大量构件和铝合金门窗框、外墙面砖在工厂化生产中进行，该部分资料在工厂化生产中汇总、收集与形成，进入现场后，应及时提供产品合格证，经检查验收后，再用于工程施工中。

2）现场施工资料

（1）施工日记。施工日记是记录工程施工全过程的档案性文件，应按公司相关施工日记管理办法贯彻执行。

（2）技术复核单。技术复核单应一式三份，首先由工地分项工程的施工技术员（钢筋翻样、木工翻样、关砌）在分项施工完成以后填写，填写时应详细写明复核的内容、部位、时间；然后由技术部门进行复核、验证；最后该技术复核单一份自留，一份交技术部门，一份交技术资料员保管。

（3）自检互检记录（包括结构质量评比记录）。各分项分部工程施工班组都必须进行选题自检工作，并填写自检质量评分单，由项目专职的质量员进行测定，如不符合质量要求，应返工重新施工。评定单一份自留，一份交技术员（质量员）保管，另一份交技术资料员存档，作为今后竣工验收资料之一。

（4）隐蔽工程记录。隐蔽工程验收单应由专人负责开单、验收、回收，填写应及时，隐蔽部位应填写清楚、详细，及时交有关部门检查、验收，否则不能进行下道工序。

（5）原材料及半成品质量保证书和实验室的报告。工程的各项原材料及半成品都应具有质量保证书或合格证书，没有合格证书的各项材料、半成品不得应用于工程中。应将各项试验报告归入技术资料档案。

（6）修改凭证。工程的修改图纸、修改通知单、材料代用设计签证单、三方会议纪要，以及技术交底、会议记录，都必须对照施工并妥善保存，最后归入技术资料档案。

（7）沉降、偏差与记录。包括建筑物本身及相邻的建筑物（构筑物）的沉降，定位轴线、桩位偏差（包括压桩分包单位和工地截桩后测量）及上部各层柱、墙、板、电梯井道偏差，以及建筑物的全高偏差都必须做好测定记录，有的应办好技术复核单的签证手续，统一表格，及时归档。

（8）事故处理资料。事故（包括质量、安全、消防等）发生后，由项目经理召集有关人员，必要时应请建设单位、协作单位等有关部门共同进行事故调查会，进行事故的原因分析，吸取教训，以及找出处理办法及补救措施。同时根据事故的大小、损失程度，写出事故情况报告，列入技术资料归档。

（9）竣工图的管理。竣工图作为该工程全面竣工后的历史性文件，必须全面、详细地做好其整理、汇总工作。一套完整、清楚的图纸包括该工程的资料（建设单位需要的原套图纸，包括修改图、资料），盖竣工图印章，及时归档。

11.2 预制装配整体式模块化建筑施工组织设计实例

11.2.1 工程概况、编制依据和工程特点

1. 工程概况

该工程位于珠海市横琴新区附近，主要用途为办公楼。该建筑总建筑面积为 7616.13m²，建筑总高度为 39.0m，主体结构为地上 11 层，其中一层、二层为展厅或健身房等大空间；二层以上为办公室、会议室、休息室、茶水间等，采用模块化框架结构体系，设计基准期为 50 年，抗震设防烈度为 7 度，基础采用预应力混凝土管桩（图 11-2-1）。

2. 编制依据

（1）《建筑结构荷载规范》（GB 50009—2012）。

（2）《建筑抗震设计规范（2016 年版）》（GB 50011—2010）。

（3）《高层建筑混凝土结构技术规程》（JGJ 3—2010）。

（4）《装配整体式住宅混凝土构件制作、施工及质量验收规程》（DG/T J08-2069—2010）。

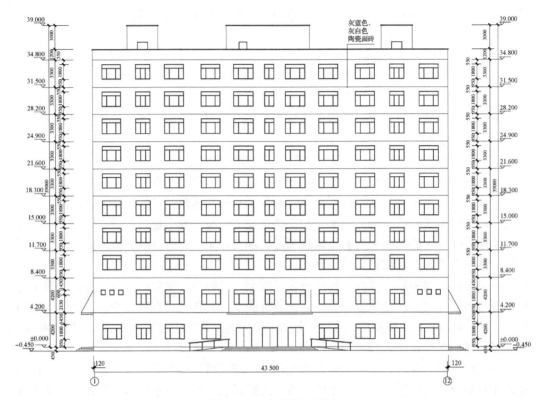

图 11-2-1　办公楼立面图

3．工程特点

工程主要特点同 11.1.1 节，其突出优点在于：产业化程度高，资源节约与绿色环保；模块工厂预制和制作可精准控制；模块的深化加工设计图与现场的可操作性的相符性较好；施工垂直吊运机械选用与构件的尺寸组合相吻合；安装误差可有效控制。

11.2.2　装配整体式模块化工厂施工

1．模块化构件工厂施工

模块单位选择及生产范围：模块化构件或组件实行工厂化生产，择优选择专业预制构件生产单位；模块在工厂加工后，运送到工地现场由总包单位负责卸车并吊装安装。

按构件形式划分为外墙装配式预制内墙板、预制楼梯、模块化阳台、凸窗和设备平台等预制构件或组件。

2．工厂生产施工

1）钢筋

钢筋加工制作实况如图 11-2-2 所示。

图 11-2-2   钢筋加工制作实况

2）楼梯成型设计和制作

楼梯成型实况如图 11-2-3 所示。

图 11-2-3   楼梯成型实况

3）窗框安装

窗框安装实况如图 11-2-4 所示。

图 11-2-4   窗框安装实况

4）混凝土浇捣以及养护

混凝土浇捣如图 11-2-5 所示，混凝土养护如图 11-2-6 所示。具体实施过程参照
11.1.2 节。

图 11-2-5　混凝土浇捣　　　　　　　　　图 11-2-6　混凝土养护

5）模块组装

根据制作前确定的建筑模块划分，在加工厂或制作场地进行模块制作，将钢构件组装成为模块单元的骨架，并在其上装配完成预设的其他各种构配件，如楼板、墙体、设备平台、管道、建筑装饰物等（图 11-2-7）。对于结构模块，注意制作模块平台的平整度、模块的尺寸精度、模块吊点的设计和运输，以及吊装变形的预防；对于设备模块，要注意设备平台的方向、位置，调整段的留置点位置，以及吊点的选择、运输和吊装过程对设备平台的保护等。

图 11-2-7　模块在车间组装

6）钢构件的防腐涂装

在涂装前必须对钢材表面进行处理，即除去油脂、灰尘和化学药品等污染物并进行除锈。钢结构防腐涂装采用手工刷涂、辊涂、压缩空气喷涂和无气高压喷涂等方法，使得钢材表面形成一层保护层。

11.2.3　模块构件运输、堆场及成品保护

（1）模块化构件在运输时宜选择平坦、畅通的道路。建筑模块在运输过程中应绑扎牢固，模块间应有防滑和防碰撞措施。

　　模块化构件进入施工现场，要求设置进入现场主大门道路宽至少 8m，施工现场道路宽 5m，保证模块化构件运输车辆能够在主大门道路双向通行，以及其在施工现场转弯、直行等的畅通（图 11-2-8）。

图 11-2-8　模块运输道路

　　（2）整体卫浴模块、建筑模块采用平放运输，放置时构件底部设置通长木条，并用紧绳与运输车固定。阳台、空调板可叠放运输，叠放块数不得超过 6 块，叠放高度不得超过限高要求，卫浴间模块独立放置，楼梯板不得超过 3 块。

　　（3）运输建筑模块时，车应慢启动，车速应均匀，转弯变道时要减速，以防墙板倾覆。

　　（4）小型模块的安装运输和吊装现在已不成问题；一些大型的模块，由于受运输条件的限制，需靠近安装现场进行制作，通过做简易胎具进行运输。另外，还可将小型模块运送到安装现场组装成大型模块进行一次性安装。

11.2.4　模块化结构现场施工

　　1．施工流程

　　模块化施工：引测控制轴线→楼面弹线→水平标高测量→预制墙板逐块安装（控制标高垫块放置→起吊、就位→临时固定→脱钩、校正→粘自黏性胶皮→安装连接板→锚固螺栓安装、梳理）→建筑模块安装→浇筑模块接缝位置的 PT 横梁→混凝土浇捣→养护。

　　2．起吊设施施工

　　1）起吊

　　该工程设计单件模块最大质量 5t 左右，采用 TC6517B 型塔吊吊装，为防止单点起吊引起模块变形，采用吊梁起吊就位。模块的起吊点应合理设置，保证模块能水平起吊，避免磕碰模块边角，模块起吊平稳后再匀速移动吊臂，靠近建筑物后由人工对中就位。吊装示意图如图 11-2-9 所示，吊梁示意图如图 11-2-10 所示。

图 11-2-9　吊装示意图

图 11-2-10　吊梁示意图

2）预埋吊点

预制构件吊装时，宜从模块的顶部进行起吊，吊点位置到端部的距离宜取为模块长度的 20%。实际吊装中可使用角部起吊的方式，为保证起重设备主钩位置、吊具及模块单元重心在竖向重合，应采取如下构造措施。

（1）通过单独的横梁进行提升。

（2）通过独立的二级框架进行提升。

（3）通过等尺寸的重型框架进行提升。

3. 吊装操作

吊装过程施工流程如图 11-2-11 所示。

（a）吊索具连接

（b）吊装测力调整

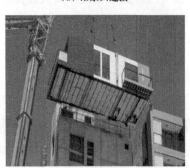

（c）模块吊装移动

（d）施工人员吊装指挥

图 11-2-11　吊装过程施工流程

（e）模块节点对接

（f）完成吊装

图 11-2-11（续）

11.2.5　建筑模块安装与调整施工

1. 建筑模块系统

建筑模块由 4 个子系统组成（图 11-2-12）：

（1）水平楼板系统。

（2）垂直立柱系统。

（3）外墙系统。

（4）卫浴间系统。

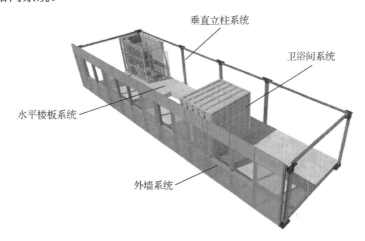

图 11-2-12　建筑模块示意图

2. 基础、支承面和预埋件

为了便于调整钢柱的安装标高，一般在基础施工时，先将混凝土浇筑到比设计标高略低 40～60mm，然后根据柱脚类型和施工条件，在钢柱安装、调整后，采用一次或二次灌注法将缝隙填实。由于基础未达到设计标高，在安装钢柱时，当采用钢垫板作支承时，钢垫板面积的大小应根据基础混凝土的抗压强度、柱地板的荷载（二次灌注前）和地脚螺栓的紧固拉力计算确定，取其中较大者。

3. 卫浴间模块安装

在临时状态，卫浴间模块由塑料膜包裹保护。在上一层模块安装之前，安装每一层的卫浴间模块（图 11-2-13）。

图 11-2-13　卫浴间模块安装图

4. 模块安装（图 11-2-14）

模块安装和现场施工周期如下所述。

第 1 天：在 2 层上安装 HBS 模块。

第 2 天：安装预制墙体。

第 3 天：支模板浇筑横梁和墙体。

第 4 天：在 3 层上安装 HBS 模块。

第 5 天：安装预制墙体。

第 6 天：支模板浇筑横梁和墙体。

第 7 天：在 4 层上安装 HBS 模块。

第 8 天：安装预制墙体。

第 9 天：支模板浇筑横梁和墙体。

第 10 天：在 5 层上安装 HBS 模块。

第 11 天：安装预制墙体。

第 12 天：支模板浇筑横梁和墙体。

第 13 天：开始拆除 1 层临时支撑柱（混凝土强度达到设计强度标准值的 75% 以上），同时开始进入下一个施工周期。

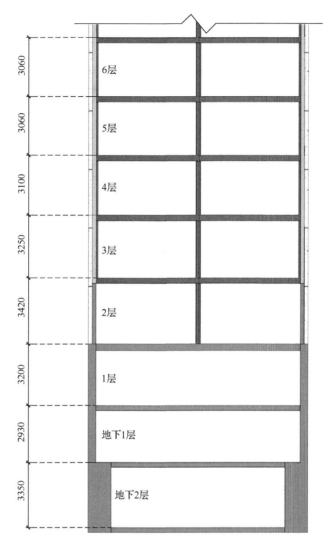

图 11-2-14　模块安装示意图

11.2.6　绿色与安全文明施工

1. 绿色施工的实施

项目采用的模块化结构住宅使用了箱形钢柱、工字钢梁作为楼体的骨架，省去了现场工人绑扎钢筋、支护模板再浇筑混凝土、等待晾干的过程。从工厂预制好的混凝土楼板和墙板，像搭积木一样插入钢框架内即可，每一个钢梁柱和楼板、墙板上都有一张二维码（"身份证"），扫描后可追溯建材的所有信息。依靠搭积木似的装配式建造方式，将设计、生产、施工、安装一体化，变现场建造为工厂制造和现场组装，节省工时可达三成，而吊装机械作为主力，也省去了近六成的人工成本。此外，更重要的是要严格控制施工的噪声和各种扬尘的污染，避免造成对周边居民的困扰。模块化施工现场如图 11-2-15 所示。

图 11-2-15　模块化施工现场

2. 文明施工措施

（1）按照要求实行封闭施工，施工区域应设围栏或围护，大门设置门禁系统，人员打卡进入，着装标准化，闲杂人员一律不得入内。

（2）施工现场的场容管理，实施划区域分块包干，责任区及生活区管理规定挂牌展示。

（3）制定施工现场生活卫生管理、检查、评比考核制度。

（4）工地主要出入口设置施工标牌，内容包括工程概况，管理人员名单，安全生产计数牌，安全技术措施，防火、卫生须知等。

（5）现场布置安全生产标语和警示牌，做到无违章。

（6）施工区、办公区、生活区挂标志牌，危险区设置安全警示标志。在主要施工道路口设置交通指示牌。

（7）确保周围环境清洁卫生，做到无污水外溢，围栏外无渣土、无废料、无垃圾堆放。

（8）环境整洁，水沟通畅，生活垃圾每天用编织袋袋装外运，生活区域定期喷洒药水，灭菌除害。

3. 临时道路管理

（1）进出车辆门前派专人负责指挥。

（2）现场施工道路畅通。

（3）做好排水设施，场地及道路不积水。

（4）开工前做好临时通道，通道路面要高于自然地面，道路外侧设置排水沟。

4. 材料堆放管理

（1）各种设备、材料尽量远离操作区域，并不许堆放过高，防止倒塌下落伤人。

（2）进场材料严格按场地布置图指定位置进行规范堆放。

（3）现场材料员认真做好材料进场的验收工作（包括数量、质量），并且做好记录（包括车号、车次、运输单位等）。

（4）公示水泥仓库管理规定和制度，水泥堆放 10 包一垛，挂牌管理；水泥发放凭限额领料单限额发放；仓库管理人员认真做好水泥收、发、存等明细账。

（5）材料堆放按场地布置图严格堆放，杜绝乱堆、乱放、混放，特别是杜绝把材料堆靠在围墙、广告牌后面，以防受力造成倒塌等意外事故的发生。

5. 移动登高平台

适用范围：楼层作业和安装作业等。

结构：全部由钢管构件拼装组成，连接采用电焊（满焊）及铰链端连接。

制作特点：钢材采用国家标准材料，制作严格按图施工，尺寸准确，电焊接点牢固，达到安全防护的目的。

产品特点：移动方便，支撑灵活安全；结构简单，安装使用方便、可靠，符合有关安全生产保证体系要求。

安装要求：铰链端固定要求横平竖直，标高准确；支撑脚固定端用撑地螺栓，要求四面整平、固定。

颜色要求：移动登高平台颜色为黄黑相间。

6. 人字梯

适用范围：楼层内模块化构件吊装作业等。

结构：全部由钢管焊接组成，连接端采用铰链固定，并设有防护链。

制作特点：钢材采用国家标准管材，严格按图施工，尺寸正确，电焊接点须满焊，以达到安全防护的目的。

产品特点：构件灵活安全；结构简单、使用方便；支撑安全可靠，符合安全生产保证体系要求；为登高作业人员提供牢固的安全架体。

安装要求：铰链固定端要求焊接牢固，各管件接口处焊接点必须满焊，铰链长度统一，同架体连接点牢固、稳妥；防滑橡皮设置到位。

颜色要求：人字梯颜色为黄黑色相间。

7. 安全文明施工

安全管理是一个系统性、综合性的管理，其管理的内容涉及建筑生产的各个环节，因此建筑模块的运输与吊装、安装等单位除了应具有相应的资质外，还必须坚持"安全第一，预防为主，综合治理"的方针，制定安全政策、计划和措施，完善安全生产组织管理体系和检查体系，加强施工安全管理。

建筑模块的运输与吊装、安装在实施前应有经施工单位技术负责人审批通过的专项施工方案，并按有关规定报总包单位、监理工程师或业主代表审核，由专职安全生产管理人员进行现场监督，为整个施工过程提供指导。根据工程实际情况，装配式结构专项施工方案内容一般包括预制构件生产、预制构件运输与堆放、现场预制构件的安装与连接、与其他有关分项工程的配合、施工质量要求和质量保证措施、施工过程的安全要求和安全保证措施、施工现场管理机构和质量管理措施等。对于重要的或超高、超宽、超重建筑模块的运输与吊装、安装的专项施工方案，应由施工单位组织专家进行认证。以上专项方案的制订及组织专家论证的标准应满足现行行业标准《建筑施工安全检查标准》

（JGJ 59—2011）的相关要求，并注意以下几点。

（1）装配式结构的后浇混凝土部位在浇筑前应进行隐蔽工程验收。验收项目应包括下列内容。

① 钢筋的牌号、规格、数量、位置、间距等。

② 纵向受力钢筋的连接方式、接头位置、接头数量、接头面积百分率、搭接长度等。

③ 纵向受力钢筋的锚固方式及长度。

④ 箍筋、横向钢筋的牌号、规格、数量、位置、间距，箍筋弯钩的弯折角度及平直段长度。

⑤ 预埋件的规格、数量、位置。

⑥ 混凝土粗糙面的质量，建槽的规格、数量、位置。

⑦ 预留管线、线盒等的规格、数量、位置及固定措施。

（2）预制构件、安装用材料及配件等应符合设计要求及国家现行有关标准的规定。吊装用吊具应按国家现行相关标准的规定进行设计、验算或试验检验。吊具应根据预制构件形状、尺寸及质量等参数进行配置，对尺寸较大或形状复杂的预制构件，宜采用有分配梁或分配桁架的吊具。预制构件吊装应及时设置临时固定措施，临时固定措施应按施工方案设置，并在安放稳固后松开吊具。

（3）预制构件的吊点、吊具及吊装设备应符合下列规定。

① 预制构件起吊时的吊点合力宜与构件重心重合，可采用可吊式横吊梁均衡起吊就位。

② 预制构件吊装宜采用标准吊具，吊具可采用预埋吊环或内置式连接钢套筒的方式。

③ 吊装设备应在安全操作状态下进行吊装。

（4）预制构件吊装应符合下列规定。

① 预制构件应按照施工方案的要求吊装，起吊时绳索与构件水平面的夹角不应小于 45°。

② 预制构件吊装应采用慢起、快升、缓放的操作方式。预制墙板就位宜采用由上而下插入式安装方式。

③ 预制构件吊装过程不宜偏斜和摇摆，严禁吊装构件长时间悬挂在空中。

④ 预制构件吊装时，构件上应设置缆风绳控制构件转动，保证构件就位平稳。

（5）对于施工阶段临时设施的布设，应根据施工工况的荷载作用效应对结构构件和连接节点进行强度、刚度和稳定性验算。当工程结构不能满足需要时，应提请原设计单位处理。当临时结构作为设备承载结构时，其应按照相关设备（如滑移轨道、提升牛腿等）的设计标准实施。应根据施工场地情况合理选择和布置塔吊，并规划建筑模块运输通道和临时堆放场地，避免二次移位。对施工阶段塔吊附着在结构上的安全性应进行计算分析，验算附着和支撑体系本身，以及结构的变形和强度。预制装配式模块化建筑施工过程中应采取安全措施，并应符合相关行业标准。

12 广东科学中心巨型钢结构模块施工实例

12.1 项目概况

广东科学中心位于广州市番禺区广州大学城西部，三面环水，建设用地面积为 45.39 万 m^2。其总体布局按功能分为四大部分，即中心展区（科普教育区）、学术活动区、室外展场区和停车场区。建筑物主要由广东科学中心主体建筑和学术交流中心组成。主体建筑位于整个基地的中心位置，宛如一朵盛开的木棉花；立面造型为在航行中的"船"，采用巨型钢框架结构。南面为学术活动中心，作为独立的一组建筑，设在东南角，并有独立出入口。东南面为室外展场，北面为对外停车场。

广东科学中心作为广东省首批"十大工程"之一，已成为广东省"弘扬科学精神，传播科学思想，培养科学方法，普及科学知识"的窗口和阵地。广东科学中心位于小谷围岛西侧的半岛上，两岸视野辽阔，是该区域重要景观[20]。

1. 广东科学中心主体建筑

广东科学中心主体建筑总面积为 11.50 万 m^2，其建筑平面可分为 A 区、B 区、C 区、D 区、E 区、F 区、G 区七个区（图 12-1-1）。其中，A 区、B 区结构为一个整体，仅为图示方便划分为两个区；C 区、D 区、E 区、F 区、G 区各区均为独立的结构体系；A 区、B 区上部的钢屋盖为图示方便，列为 H 区。

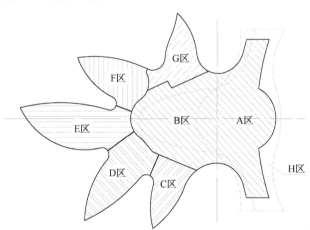

图 12-1-1　广东科学中心主楼建筑平面示意图

A 区有一层"半地下室"，地面以上有 3～6 层；B 区、C 区、D 区、E 区、F 区、G 区地面以上均为 3 层。地下室层高为 5.0m，地面层（开放展厅、餐厅等部分）高为 8.6m，二层、三层展厅为 12.0m；实验室部分为 4.8m，办公区的四层、五层为 3.6m，最高处楼板面标高为 29.00m。

整体工作模型和设计效果图如图 12-1-2 和图 12-1-3 所示。

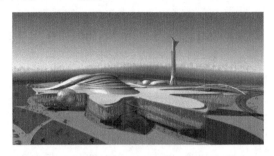

图 12-1-2　整体工作模型　　　　　　　　　图 12-1-3　设计效果图

2. 绿色建筑技术

大型科技场馆作为科技展示与科普教育的重要场所，其绿色建筑节能低碳技术应用尤为重要。我国建设规模最大的科技场馆——广东科学中心的绿色建筑建造，采用了围护结构隔热保温、玻璃幕墙遮阳与安全检测、自然通风与强制通风控制、分区照明与太阳能路灯、太阳能光伏发电等节能低碳技术，为我国大型科技场馆的发展及其绿色建筑节能低碳建造提供了样板。

3. 先进的巨型钢框架结构

建筑平面上的"花瓣"部分为常设展厅区。每个常设展厅区仅靠 4～6 个巨柱支撑，巨柱净间距达 40m 左右，"船头"外挑达 40～50m；使用荷载达 $1.0t/m^2$ 及 $600kg/m^2$。如此多层大跨、超大悬挑、重荷载的巨型钢框架结构，其制造技术在国内及国际均处于先进水平；且设计得较为经济，优于单层轻钢屋盖大跨公共建筑（如广东奥林匹克中心）的用钢量。

4. 复杂体型大跨钢网壳屋盖结构

采用形状复杂的空间大跨钢网壳技术，形成两个方向长度均达 200m 左右，总体面积达 2.2 万 m^2 的超大网壳屋面。入口处网壳跨度达 65m，且从此处外挑达 30m，中厅部分网壳跨度达 70m，部分节点因外观需要或加工制作需要采用铸钢制造。大跨度、大悬挑的钢网壳体现了结构力学应用的新高度，特别是屋盖曲面设计为不规则平移曲面，要求其母线和导线为变曲率不规则的样条曲线，曲面高差达 41m，其形状之复杂在国内史无前例。

5. 预应力单层钢球壳技术

针对正立面入口处高达 35m 的倾斜状半经纬球设计，考虑其承受较大风荷载的实际，同时为满足建筑造型和刚度要求，采用了预应力单层钢球壳技术。这种结构形式在国内处于领先水平。

6. 预应力混凝土结构

鉴于建筑超长、双向、大跨等特点，采用了预应力混凝土结构。通过预压应力可有效减少及限制混凝土构件的裂缝。地下室顶板和地坪板均采用"双向无黏结预应力大板+普通框架梁"体系（普通框架梁内设预应力温度筋）；上部楼盖采用双向预应力大板结构，取消了次梁，可有效缩短施工工期。与钢框架相比，预应力混凝土框架结构每平方米可节约投资人民币660元。

7. 隔震技术

为确保结构在使用过程遭受各种外荷载，尤其是台风、地震等荷载时的整体安全性，保障室内人员、展项和仪器设备的安全，以及推广隔震技术在重大土木工程中特别是钢结构中的实际应用，在广东科学中心主楼常设展馆E区的巨型钢框架结构中应用了新型隔震技术。通过使用隔震技术，可以明显地改善结构的抗震性能和抗扭性能，提高结构的抗震安全性，减轻地震、台风等不良因素的影响。

12.2 绿色建筑技术

12.2.1 巨型钢结构

广东科学中心的展厅采用了绿色环保的巨型钢结构，其优点如下所述。

（1）巨型钢结构便于满足建筑功能的复杂要求。巨型钢结构体系的出现使得高层建筑经常遇到的建筑功能需求与结构布置之间的矛盾迎刃而解。由于两层巨型横梁之间的次结构只是传力结构，所以它的柱子不必竖向连续贯通，建筑物中可以自由布置大小不同的空间或空中台地或大门洞，甚至在巨型横梁下的楼层布置商场、会议厅、餐厅、游泳池及娱乐场所等公用空间，均不必受柱子的妨碍。另外，次结构小的柱子仅承受少数几层楼层的荷载，截面也可以做得比较小，为建筑设计灵活布置房间平面提供了良好条件。从建筑环境的角度看，在巨型钢结构横梁下便于设置横穿建筑的洞口或沿建筑外立面螺旋上升的大开口，让一部分气流通过，这对于高层和超高层建筑减少风力荷载、创造自然采光和通风的环境条件都是有利的。巨型钢结构特别适合有特殊功能要求的高层建筑或有综合功能要求的大型复杂体型的超高层建筑。

（2）巨型钢结构体系整体性能好，传力明确，有利于抗震。在高层建筑结构中，抗侧力体系的抗侧能力强弱是控制结构设计的关键因素，也是衡量结构体系是否经济有效的尺度。由建筑力学可知，构件截面刚度与截面高度的三次方成正比，巨型构件的截面尺寸比常规构件大得多，因此其刚度必然比普通结构构件的刚度大很多，使得整个结构具有良好的整体刚度，可有效控制结构侧移。巨型钢结构是一种新型结构体系，抗侧刚度大，沿高度分布均匀，主结构为主要的抗侧力体系和承重体系，次结构只承担局部的竖向荷载，并将竖向荷载传给主结构，起着辅助作用和大震下的耗能作用。整个结构的传力路线非常明确，同时也可在不规则的建筑中采取适当的结构单元组成规则的巨型钢结构，这些均有利于抗震。

（3）巨型钢结构有更大的稳定性和更高的效能，可节省材料、降低造价。主结构和次结构可以采用不同的材料和体系，如主体结构可采用高强材料，次结构采用普通材料，体系灵活多样可以创造出各种不同的变化和组合。巨型钢结构体系中虽然主结构的截面尺寸大，材料用量大，但材料的利用率也高，而次结构只承受有限几层竖向荷载的作用，梁柱构件截面尺寸可以做得较一般超高层建筑小得多，对材料性能要求也较低，从整体来说，巨型钢结构更有利于充分发挥各种材料的特性，物尽其用，取得节约材料和降低造价的良好效果。例如，香港中国银行大厦的巨型桁架结构体系节省钢材40%。

（4）巨型钢结构体系施工速度快。巨型钢结构体系可先施工其主结构，待主结构完成后分开各个工作面同时施工次结构，可以大大缩短施工的周期。

12.2.2　玻璃幕墙

玻璃幕墙的遮阳是玻璃外墙节能的重要因素。

在玻璃幕墙上设置遮阳系统，可以最大限度地减少阳光的直接照射，从而避免室内过热，是此类建筑防热的主要措施之一。

设置遮阳设施后，会有如下作用及影响。

（1）遮阳设施对太阳辐射的作用。外围护结构的保温隔热性能受许多因素的影响，其中影响最大的指标就是遮阳系数。遮阳系数越小，透过外围护结构的太阳辐射热量越小，防热效果越好。在广州地区进行实测得到的各主要朝向窗口设置遮阳措施后的遮阳系数分别为：西向17%，南向45%，北向60%。由此可见，遮阳对遮挡太阳辐射热的作用是相当大的，玻璃幕墙建筑设置遮阳措施更是效果明显。

（2）遮阳设施对室内温度作用。遮阳对防止室内温度上升有明显作用，在广州某西向房间试验观测表明，在闭窗的情况下，有无遮阳设施的室温最大差值达2℃，平均差值1.4℃。而且有遮阳设施的房间温度波幅值较小，室温出现最大值的时间延迟，室内温度场均匀。因此，遮阳设施对空调房间可减少冷负荷，所以对空调建筑来说，遮阳设施是节约电能的主要措施之一。

（3）遮阳设施对采光的作用。从天然采光的观点来看，遮阳措施会阻挡直射阳光，防止眩光，使室内照度分布比较均匀，有助于视觉的正常工作；对周围环境来说，遮阳设施可分散玻璃幕墙的玻璃（尤其是镀膜玻璃）的反射光，避免了大面积玻璃反光造成光污染。

（4）遮阳设施对建筑外观的作用。一般人都认为玻璃幕墙只能平板化设计而无法设计外遮阳等遮阳设施，但是从国外的许多实例可以发现，能将轻巧的金属板设计成优美的玻璃幕墙遮阳板，并以此成为完善建筑造型的一部分。遮阳设施在玻璃幕墙外观的玻璃墙体上形成光影，体现出现代建筑艺术美学效果。遮阳设施是一种活跃的立面元素，一是其可作为建筑物本身的立面，二是其动态的遮阳状态的立面形式。这种具有"动感"的建筑物形象不是因为建筑立面的时尚需要，而是人类对建筑节能和享受自然需求而产生的一种新的建筑形态。

（5）遮阳设施对房间通风的影响。遮阳设施对房间通风有一定的阻挡作用，在开启窗通风的情况下，室内的风速会减弱22%～47%，具体视遮阳设施的构造情况而定。遮阳设施对玻璃表面上升的热空气有阻挡作用，不利散热，因此在遮阳的构造设计时应加以注意。

12.2.3　太阳能发电

建筑太阳能材料主要包括太阳能光电屋顶、太阳能电力墙和太阳能光电玻璃。这三种材料有很多优点：可以获得更多的阳光，产生更多的能量，不会影响建筑的美观，同时集多种功能于一身，如装饰、保温、发电、采光等，是未来生态建筑复合型材料。

（1）太阳能光电屋顶。这是由太阳能光电瓦板、空气间隔层、屋顶保温层、结构层构成的复合屋顶。太阳能光电瓦板是太阳能光电池与屋顶瓦板相结合形成一体的产品，它由安全玻璃或不锈钢薄板作基层，并用有机聚合物将太阳能电池包起来。这种瓦板既能防水，又能抵御撞击，且有多种规格尺寸，颜色多为黄色或土褐色。在建筑向阳的屋面装上太阳能光电瓦板，既可得到电能，同时也可得到热能。但为了防止屋顶过热，在光电板下自有空气间隔层，并设热回收装置，以产生热水和供暖。美国和日本的许多示范型太阳能住宅的屋顶上都装有太阳能光电瓦板，所产生的电力不仅可以满足住宅自身的需要，而且可将多余的电力送入电网。

（2）太阳能电力墙。太阳能电力墙是将太阳能光电池与建筑材料相结合，构成一种可用来发电的外墙贴面，既具有装饰作用，又可为建筑物提供电力能源，其成本与花岗石一类的贴面材料相当。这种高新技术在建筑中已经开始应用，如在瑞士斯特克波思有一座42m高的钟塔，表面覆盖着光电池组件构成的电力墙，墙面发出的部分电力用来运转巨大的时针，其余电力被送入电网。

（3）太阳能光电玻璃。在建筑中，当今最先进的太阳能技术就是创造透明的太阳能光电池，用以取代窗户和天窗上的玻璃。世界各国的实验室中正在加紧研制和开发这类产品，并已取得可喜的进展。日本的一些商用建筑中，已试验采用半透明的太阳能电池将窗户变为未来生态建筑的主流。

随着现代科技不断发展，太阳能发电系统将在技术上取得突破，从而大大提高太阳能发电的效率，使它拥有无限广阔的前景，成为未来生态建筑不可缺少的一部分。今天的高新技术也许就是未来的普及技术。

12.3　巨型钢结构工程

12.3.1　简述

人类土木工程的三次飞跃发展史表明，钢结构发展的历史要比钢筋混凝土结构发展的历史悠久，而且它的生命力越来越强，世界上的大型桥梁、大型体育场馆、飞机库、高耸构筑物中钢结构占了绝大多数。随着城市建设和社会的发展，人们对建筑外形、建筑功能、建筑空间和建筑环境等提出了更多、更新、更高的要求，使一般的钢结构体系很难适应这些要求。随着建筑技术水平的提高，巨型钢结构体系应运而生。巨型结构的概念产生于20世纪60年代，由梁式转换层结构发展而成。巨型结构尤其是巨型钢结构体系的出现不仅满足了建筑多种功能的需要，并且有效解决了建筑抗侧力的问题，在高层、超高层建筑结构中发挥了极大的优势。

　　世界上最早的巨型结构建筑是 1968 年建成的芝加哥 100 层、344m 高的约翰·汉考克大厦。20 世纪 80 年代，巨型结构，特别是巨型钢结构在亚洲发达地区迅速发展起来，如日本东京 NEC 办公大楼（43 层，180m，巨型钢框架结构）、日本东京市政厅大厦（52 层，243m，巨型钢框架结构）等。在我国，香港的中国银行大厦（72 层，368m，巨型钢桁架结构）、上海的证券大厦（28 层，128m，巨型钢框架-支撑结构）、中国光大银行长春分行（27 层，102m，巨型钢框架结构）等都采用了巨型钢结构体系。

12.3.2　巨型钢结构特点及技术难点

　　巨型钢结构也称作超级结构，是指由不同于通常所谓梁、柱的巨型构件（巨型梁、巨型柱等）组成的主结构与由常规结构构件组成的次结构联合工作而形成的一类结构体系，结构体系形式如图 12-3-1 所示。主结构本身可以成为独立结构，其中巨型柱的尺寸超过一个普通框架的柱距，可以是巨大的实腹钢骨或钢管混凝土柱、空间格构式桁架组合柱或是筒体；巨型梁采用高度在一层以上的平面或空间格构式桁架，一般隔若干层才设置一道。主结构通常为主要抗侧力体系，承受自身和次结构传来的各种荷载；次结构主要承担竖向荷载和少部分作用于其上的风荷载和地震荷载，并负责将力传递给主结构。巨型结构体系从结构角度上看，是一种具有良好抗侧刚度及整体工作性能的大型结构。

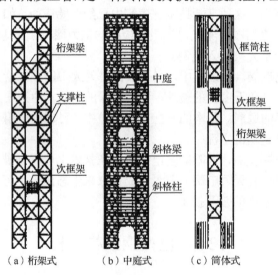

图 12-3-1　结构体系形式

　　巨型钢结构可分为巨型桁架结构、巨型框架结构、巨型悬挂结构和巨型分离结构四种基本类型。其中钢结构建筑中以巨型桁架结构和巨型框架结构最为常见。

　　巨型钢结构具有良好的建筑适应性和高效结构性能，具有一系列不同于普通结构的特点，越来越被国内外工程界所青睐。

　　（1）结构整体刚度大，由于截面刚度（EI）与截面高度的三次方成正比，而主结构构件的截面高度比常规构件的大许多，因此结构的整体刚度必然比普通结构刚度大得多，整体性能好。

　　（2）由于巨型钢结构的次结构只是传力结构，次结构的柱子不必连续，建筑物中可以布置大空间或空中台地或大门洞。次结构中的柱子仅承受巨型梁间的少数几层荷载,截面可以做得很小,给房间布置的灵活性创造了有利条件。

(3)巨型钢结构是一种大型体系,可以在不规则的建筑中采取适当的结构单元组成规则的巨型钢结构,有利于结构的整体抗震。

(4)巨型钢结构体系可先施工其主结构,待主结构完成后分开各个工作面同时施工次结构,大大加快了施工速度。

(5)巨型钢结构有更好的稳定性和更佳的效能,可节省材料,降低造价,使建筑物更加经济实用。

巨型钢结构的技术难点是其节点的连接。

构件连接节点是保证大跨高层钢结构体系安全可靠的关键部位,对结构受力性能有着重要影响,杆件连接处易产生局部变形和应力集中现象,它的性能不能以弹性理论为基础予以解析,只能以塑性设计为依据将接头模型化,寻求与强度准则相符的平衡解。

钢结构的连接节点,如梁柱节点、柱与支撑的连接节点、柱脚节点等,一般都采用高强螺栓或焊缝连接,遵循"强节点弱构件"的设计准则。一般钢结构建筑中的连接节点有三种,即刚性节点、铰接节点和半刚性连接节点。刚性节点是长期以来被认为受力性能、抗震性能都比较理想的一种连接方式。通常精致的焊接连接和可靠的高强螺栓连接可视为刚性,其缺点是现场施工工作量大且质量难以控制。铰接节点构造简单,制造安装方便,但是需要设置支撑或剪力墙等抗侧力构件提供抗侧刚度,常用于弱轴方向的连接。半刚性节点是介于刚性和铰接之间的一种节点形式,它兼有刚性和铰接两者的优点,是更贴近实际的一种节点形式,其常用于构造上外伸端板螺栓连接。

巨型钢结构节点不同于一般节点,其传力途径与构造形式都十分复杂,可能面临不同形式构件、不同材料构件间的复杂连接。对巨型钢结构建筑节点设计应当根据不同情况区别考虑。

巨型钢结构中的次结构之间的连接和一般钢结构建筑节点连接类似,比较常用的有半刚性连接或狗骨式节点连接,允许节点产生一定的塑性变形达到耗能目的。其中狗骨式节点在梁的上、下翼缘靠近节点处进行了截面的削弱,通过削弱梁来保护节点,使塑性铰远离脆性焊缝。

巨型钢结构中的主结构的节点连接要复杂得多。巨型柱与巨型梁、巨型支撑的连接以及柱脚处的连接应采用刚性连接,这样才能保证整个结构的整体性能和提供足够的抗侧力刚度。

广东科学中心 E 区采用了隔振技术,其隔震设计也存在一些技术难点,如无统一的隔震层、采用隔震技术后的抗风设计、隔震层设计独立柱的处理等,这将在下面的技术方案设计中给予详细阐述和解决。

12.3.3 技术方案设计

1)判断结构是否适合用钢结构

钢结构通常用于高层、大跨度、体型复杂、荷载或起重机载重量大、有较大振动、要求能活动或经常装拆的结构,如大厦、体育馆、剧院、大桥、电视塔、雕塑、仓棚、工厂、住宅、山地建筑和临时建筑等。这是与钢结构自身的特点相一致的。

2）结构选型与结构布置

结构选型及布置是对结构的定性，由于其涉及面广泛，应该在经验丰富的工程师指导下进行。此处仅简单介绍，详情可参考相关专业书籍。

在钢结构设计的整个过程中都应该被强调的是"概念设计"，它在结构选型与布置阶段尤其重要。对一些难以作出精确理性分析或有关规范未规定的问题，可依据从整体结构体系与分体系之间的力学关系、破坏机理、震害、试验现象和工程经验所获得的设计思想，从全局的角度来确定控制结构的布置及细部构造措施。在早期迅速、有效地进行构思、比较与选择，所得结构方案往往易于手算，且力学行为清晰、定性正确，可避免结构分析阶段不必要的烦琐运算。同时，它也是判断计算机内力分析输出数据可靠与否的主要依据。

钢结构通常有框架、平面桁架、网架（壳）、索膜、轻钢、塔桅等结构形式。

结构选型时，应考虑不同结构形式的特点。在工业厂房中，当有较大悬挂荷载或大范围移动荷载时，就可考虑放弃门式刚架而采用网架。例如，雪压大的地区，屋面曲线应有利于积雪滑落（切线 50° 外不需考虑雪载），如某水泥厂石灰石仓棚采用三心圆网壳，总雪载与坡屋面相比释放近一半。降雨量大的地区相似考虑。在建筑条件允许时，框架中布置支撑会比简单的节点刚接的框架有更好的经济性。而屋面覆盖跨度较大的建筑中，可选择以构件受拉为主的悬索或索膜结构体系。在高层钢结构设计中，常采用钢混凝土组合结构，在地震烈度高或造型不规则的高层建筑中，不应单纯为了工程造价去选择不利于抗震的核心筒加外框的形式。宜选择周边巨型 SRC 柱、核心为支撑框架的结构体系。我国半数以上的此类高层建筑为前者，对抗震不利。

钢结构的布置要根据体系特征、荷载分布情况及其性质等综合考虑。一般来说，结构要刚度均匀、力学模型清晰；尽可能限制大荷载或移动荷载的影响范围，使其以最直接的线路传递到基础；柱间抗侧支撑的分布应均匀，其形心要尽量靠近侧向力（风、震）的作用线，否则应考虑结构的扭转。结构的抗侧应有多道防线，比如有支撑框架结构，柱子至少应能单独承受 1/4 的总水平力。

框架结构的楼层平面次梁的合理布置，可以调整其荷载传递方向以满足不同的要求。

3）预估截面

钢结构布置结束后，需对构件截面作初步估算，主要是梁柱和支撑等的断面形状与尺寸的假定。

钢梁可选择槽钢、轧制或焊接 H 型钢截面等。根据荷载与支座情况，其截面高度通常在跨度的 1/50～1/20 之间选择。翼缘宽度根据梁间侧向支撑的间距按有关限值确定时，可回避钢梁的整体稳定的复杂计算，这种方法很受欢迎。确定了截面高度和翼缘宽度后，其板件厚度可按相关规范中局部稳定的构造规定预估。

柱截面按长细比 λ 预估，通常为 $50 < \lambda < 150$。根据轴心受压、双向受弯或单向受弯的不同，可选择钢管或 H 型钢截面等。

对应不同的结构，对截面的构造要求有很大的不同。

除此之外，构件截面形式的选择没有固定的要求，结构工程师应该根据构件的受力情况，合理地选择安全、经济、美观的截面。

4）结构分析

目前在钢结构实际设计中，结构分析通常为线弹性分析，条件允许时考虑荷载-位移、应力-挠度关系。

一些有限元软件可以部分考虑几何非线性及钢材的弹塑性能，这为更精确地分析结构提供了条件。

（1）典型结构可查有关力学手册的工具书直接获得内力和变形。

（2）简单结构通过手算进行分析。

（3）复杂结构需要做建模运行程序并进行详细的结构分析。

5）工程判定

要正确使用结构软件，还应对其输出的结果做"工程判定"。例如，评估各向周期、总剪力、变形特征等。根据"工程判定"选择修改模型重新分析，还是修正计算结果。

不同的软件会有不同的适用条件。此外，工程设计中的计算和精确的力学计算本身常有一些差距，为了获得实用的设计方法，有时会用误差较大的假定，但对这种误差，会通过"适用条件、概念及构造"的方式来保证结构的安全。钢结构设计中，"适用条件、概念及构造"是比定量计算更重要的内容。

工程师们过分信任与依赖结构软件有可能带来结构灾难，注重概念设计、工程判定和构造措施有助于避免这种灾难。

6）构件设计

构件设计首先是材料的选择，比较常用的是 Q235 和 Q345。当强度起控制作用时，可选择 Q345；稳定控制时，宜使用 Q235。通常主结构使用单一钢种以便于工程管理，从经济角度考虑，也可以选择不同强度钢材的焊接组合截面（翼缘 Q345，腹板 Q235）。另外，焊接结构宜选择 Q235B 或 Q345B。

当前的结构软件，都提供截面验算的后处理功能。部分软件可以将不通过的构件，从给定的截面库里选择加大一级自动重新验算，直至通过，如 SAP2000 等。这是常说的截面优化设计功能之一，它减少了很多工作量。但是，我们至少应注意以下两点。

（1）软件在做构件（主要是柱）的截面验算时，计算长度系数的取舍有时会不符合有关规范的规定。目前所有的软件程序都不能完全解决这个问题。所以，对节点连接情况复杂或变截面的构件，应该逐个检查。

（2）当原来预估的截面不满足时，加大截面应该按以下两种情况区别对待：

① 当强度不满足时，通常应加大组成截面的板件厚度，其中，抗弯性不满足时应加大翼缘厚度，抗剪性不满足时应加大腹板厚度。

② 当变形超限时，通常不应加大板件厚度而应考虑加大截面的高度，否则得不偿失。

7）节点设计

连接节点的设计是钢结构设计重要的内容之一。在结构分析前，就应该对节点的形式有充分思考与确定，有时出现的一种情况是，最终设计的节点与结构分析模型中使用的形式不完全一致，但其带来的偏差应控制在工程许可范围内（5%）。按传力特性不同，节点分刚接、铰接和半刚接类，宜选择可以简单定量分析的前两者。

连接节点的不同对结构影响很大。比如，有的刚接节点虽然承受弯矩没有问题，但会产生较大转动，不符合结构分析中的假定，会导致实际工程变形大于计算数据等的不利结果。

连接节点具体设计要注意以下几点。

（1）焊接。对焊接焊缝的尺寸及形式等，应严格遵守相关规定。焊条的选用应与被连接金属材质适应，如 E43 对应 Q235，E50 对应 Q345；Q235 与 Q345 连接时，应该选择低强度的 E43，而不是 E50。

焊接设计中不得任意加大焊缝，焊缝的重心应尽量与被连接构件重心接近，其他详细内容可查有关规范关于焊缝构造方面的规定。

（2）螺栓连接。普通螺栓抗剪性能差，可在次要结构部位使用。

高强螺栓使用日益广泛。常用 8.8 级和 10.9 级两个强度等级。根据受力特点分承压型和摩擦型。高强螺栓最小规格 M12，常用 M16～M30；超大规格的螺栓，应慎重使用。

自攻螺丝用于板材与薄壁型钢间的次要连接，在低层墙板式住宅中也常用于主结构的连接，难以解决的是自攻过程中防腐层的破坏问题。

（3）连接板。需验算栓孔削弱处的净截面抗剪性等。连接板厚度可简单取为梁腹板厚度加 4mm。

（4）梁腹板。应验算栓孔处腹板的净截面抗剪，承压型高强螺栓连接还需验算孔壁局部承压。

（5）节点设计必须考虑安装螺栓、现场焊接等的施工空间及构件吊装顺序等，应尽可能让施工人员能方便地进行现场定位与临时固定。

（6）节点设计还应考虑制造厂的工艺水平，比如钢管连接节点的相贯线的切口需要数控机床等设备才能完成。

8）图纸编制

钢结构设计图纸分设计图和施工详图，设计图由设计单位提供，施工详图通常由有关钢结构制造公司根据设计图编制，有时也会由设计单位代为编制。

（1）设计图。提供制造厂编制施工详图的依据。在设计图中，对于设计依据、荷载资料（包括地震作用）、技术数据、材料选用及材质要求、设计要求（包括制造和安装、焊缝质量检验的等级、涂装及运输等）、结构布置、构件截面选用，以及结构的主要节点构造等均应标示清楚，以利于施工详图的顺利编制，并能正确体现设计的意图。主要材料应列表表示。

（2）施工详图。又称加工图或放样图等。该图必须能满足车间直接制造加工，不完全相同的零构件单元必须单独绘制表达，并应附有详尽的材料表。

12.3.4　广东科学中心 E 区巨型钢结构设计

1. E 区上部结构设计介绍

E 区的建筑功能为重要的大型常设展区，建筑面积约 2.0 万 m^2，E 区平面为不规则的花瓣状，总长约 165m，最宽处约 55m，其架空层（底层）层高为 9m，二层为 12m，顶层屋面倾斜，最高处层高约 22m，最低处为 12m。建筑结构的平面、立面、剖面和模型轴测示意图如图 12-3-2 所示；建筑结构立面示意图如图 12-3-3 所示。

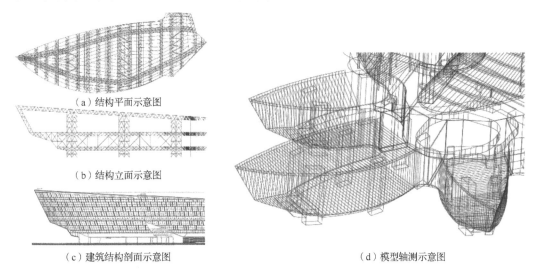

（a）结构平面示意图

（b）结构立面示意图

（c）建筑结构剖面示意图

（d）模型轴测示意图

图 12-3-2　建筑平面、立面、剖面和轴测示意图

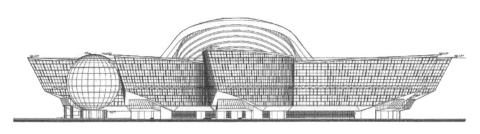

图 12-3-3　建筑结构立面示意图

2. 结构体系和结构布置

广东科学中心主楼建筑平面上呈花瓣状，立面造型为在航行的"船"。为满足建筑造型的要求，"船"仅靠 4～6 个巨柱支撑，以显示出腾飞的效果。另外，"船头"外挑达 40～50m。为满足建筑造型及功能的要求，其结构体系为巨型钢框架结构体系。

在楼梯间、卫生间处设置 6 个格构式钢巨柱（4m×9m），巨柱净间距 40m 左右，沿纵向在一层整层高度设置巨型钢桁架（桁架总高度 15m），巨型桁架外挑承担整个"船头"的质量，二层及三层沿横向设置次桁架（高度 3m，间距 6m）支承在纵向巨型桁架（主桁架）上，主桁架承担两层的质量。顶层屋盖沿巨柱纵向设置 3m 高主桁架（三道平面钢管桁架组成的矩形空间桁架）。每层沿横向在巨柱之间设置格构式"框架梁"。这样纵向巨型桁架与横向桁架与巨柱构成巨型框架结构，形成抗侧力体系及承重体系。

二层、三层和屋面结构平面布置如图 12-3-4～图 12-3-6 所示，纵向主桁架立面布置图如图 12-3-7 所示。

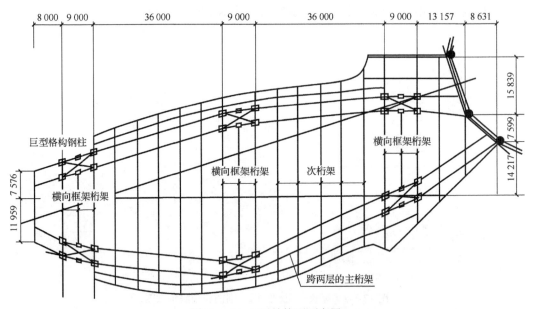

图 12-3-4　二层结构平面布置

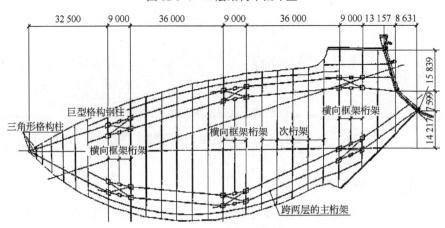

图 12-3-5　三层结构平面布置

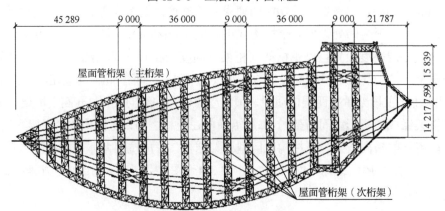

图 12-3-6　屋面结构平面布置

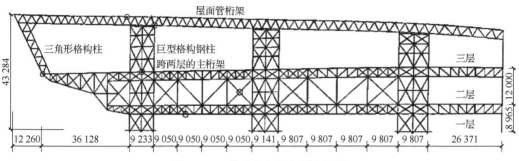

图 12-3-7　纵向主桁架立面布置图

3. 节点设计

1）巨型柱节点

从上述的建筑结构平面布置可以看出，由于建筑功能的要求，主桁架为折线布置，即主桁架与巨型格构式框架柱不在一个平面内，造成巨型柱与主桁架节点多为复杂的异型节点。其设计有多种选择：第一种节点形式为很多工程采用的铸钢节点，其优点是对复杂异型节点的适应性很好，外观视觉观感良好，对于该工程来说，几乎没有相同的节点，但其缺点也非常明显——铸造工作量巨大，造价过于昂贵；第二种所采用的异形箱形钢柱，钢柱随主桁架轴线转折，这样，主桁架与钢柱连接节点处在一个平面内，主桁架的杆件 H 型钢的翼缘与钢柱直接对焊，其优点是尽可能利用钢结构加工设备，将钢板在车间先利用设备加工成设计所需的角度，然后焊接成型，桁架与钢柱连接的节点传力简洁，缺点是外观视觉较差，但对该工程来说，由于格构式巨型柱内均为楼梯间、设备用房，外有墙体包围，对建筑外观影响不大（图 12-3-8 和图 12-3-9）。

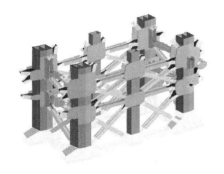

图 12-3-8　底层巨型框架柱节

图 12-3-9　巨型框架柱节点

2）桁架节点

该工程的一层、二层楼盖主桁架及次桁架均采用焊接 H 型钢。一层、二层桁架节点形式如图 12-3-10（a）～（c）所示。以桁架下弦节点为例，H 型钢桁架节点形式常用图 12-3-10（a）、（b）两种形式，图 12-3-10（a）中 H 型钢钢翼缘均直接与节点板全熔透对焊，各杆件轴力均直接在节点板平面内汇交达到平衡，因此，图 12-3-10（a）节点形式比图 12-3-10（b）节点形式的传力更直接、简洁，该工程选用图 12-3-10（a）形式的节点。

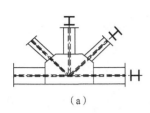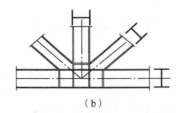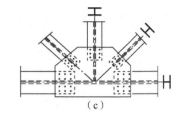

（a）　　　　　　　　　　　（b）　　　　　　　　　　　（c）

图 12-3-10　一层、二层桁架节点形式

H 型钢桁架也可采用高强螺栓连接节点，如图 12-3-10（c）所示。栓接便于现场连接，没有焊接残余应力等优点，但栓接对施工安装精度要求很高，若误差过大将导致螺栓孔偏位；另外，螺栓孔也削弱了钢结构构件的截面（减少 20%左右），直接导致用钢量的增加；栓接节点板将加大，对滑移面的加工处理要求严格。考虑到该工程桁架可整体吊装，高空现场焊接工作量较少，故该工程采用焊接节点，图 12-3-11 和图 12-3-12分别为节点图示例。

图 12-3-11　主桁架节点　　　　　　　　　图 12-3-12　主、次桁架相交节点

顶层屋盖采用钢管桁架，主桁架为沿每个巨柱纵向设置三道平面管桁架组成的矩形空间桁架，高度 3m；横向每隔 9m 设置倒三角形的次桁架，高度 3m；钢管桁架均采用相贯焊节点形式。"船头"处设置由三根钢管作弦杆组成的三角形格构柱，支撑于下部巨型桁架的悬挑端，"船头"三角形格构式钢管立柱节点如图 12-3-13 所示。屋面板为夹保温棉的双层彩色压型钢板，下设钢檩条。

图 12-3-13　"船头"三角形格构式钢管立柱节点

4. 基础设计介绍

该工程基础采用桩基，桩基选用钻孔灌注桩，桩端持力层选用中风化泥质粉砂岩层（4-3层），桩端进入持力层1.5～5m。

由于该工程的E区为大跨度（40～50m）、重荷载（活载10kN/m²）巨型钢结构，单柱最大竖向荷载标准值为51 000kN，柱底水平力为3400kN。如果采用预制预应力ϕ500空心管桩（PHC桩），入强风化岩层（4-2层）3m，单桩有效承载力（扣除淤泥等欠固结土层的负摩阻力，液化土层摩阻力取为0，下同）为1020kN，桩的水平承载力很低，柱下需ϕ500的PHC桩50多根。另外，根据相关地质勘查报告，场地内有部分强风化层缺失，液化土层下即为中风化岩层，PHC桩无法施工。由此可见，PHC桩或其他预制混凝土桩无法满足该工程的需要。

该工程E区设计采用ϕ1000的钻孔灌注桩，单桩有效承载力f_{ak}=5500kN；有效桩长为18～32m。桩布置方式为柱下集中布置，独立承台。该工程场地上部有较厚的淤泥层，淤泥层上部有约2m的吹砂充填层，预计固结沉降达0.5～1.0m。为满足施工时的运输、支模、放线等需要，同时保证桩基的水平承载力，该工程需对上部软弱土层进行地基处理。该工程场地均采用打砂井或插塑料板，采用动力固结法处理。地基处理后可满足桩基水平承载力和承台侧向约束的要求。

因上部的欠固结软弱土层很厚，尽管采取了沙井（塑料板）预压固结及沙井（塑料板）加强夯固结，但在后期还会有较明显的沉降（＞50mm），会影响地面建筑装修及引起底层的墙体开裂，对使用造成影响。因此，在底部地面设钢筋混凝土地坪板，地坪板（包括半地下室底板）支撑在基础梁上，通过基础梁将自重及板上荷载传至桩基。同时，由于地坪板将整个E区的所有工程桩和承台连为一体，使整个E区建筑桩基整体刚度大大增加，对抗水平力有利。地坪板的跨度为9m×9m，采用双向无黏结预应力板，板厚250mm（半地下室底板厚400mm厚）。基础梁为预应力钢筋混凝土梁，架空层基础平面图如图12-3-14所示。

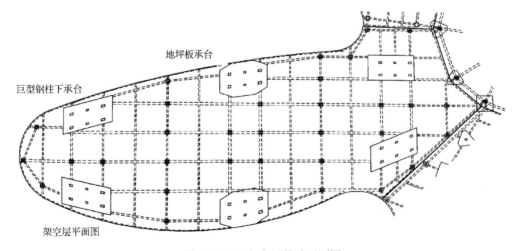

图 12-3-14 架空层基础平面图

12.3.5　广东科学中心巨型钢结构隔震设计

广东科学中心 E 区采用了隔震技术，现将其设计简要说明。

1. 隔震设计概况

E 区设有重要展项、设备，为保证其在大震下的安全，业主要求 E 区采用隔震设计，并把隔震设计作为科学中心的一个科技展示项目。抗震设防目标定为：发生罕遇地震时，结构应不损坏且不影响使用功能，房间内的重要展项、设备不被损坏。采用隔震设计后，E 区的抗震设防目标比其他部分有了显著的提高。

2. 隔震支座的选型、布置及柱脚设计

1）隔震支座的选型

E 区为巨型钢框架结构，除了最端部 3 根独立柱外，其主体结构仅靠 6 个巨型格构柱支撑，且使用荷载很大，达到 $10kN/m^2$ 和 $6kN/m^2$，前端悬挑达 45m。由于上述原因，造成柱底内力很大，为了便于施工且保证隔震支座便于加工，设计时既要考虑支座直径不至于过大，造成制造困难，又要考虑其数量不至于过多，使支座布置无法实现。根据厂商提供的资料，经过大量的分析比较，最终确定了支座参数。

为保证不同规格的隔震支座的变形能力相互适应，并满足项目的实际需要，隔震支座主要有 4 种规格，即 $\phi 1100$、$\phi 1000$、$\phi 800$、$\phi 500$ 的无铅芯的隔震支座全部用于架空层 3 根独立柱的连接平台下，设计时此处考虑为滑动支座，由于本工程尾部结构刚度较小，为减小结构偏心及扭转作用，在尾部设置小直径无铅芯的支座来调整支座刚度中心。

2）隔震支座的布置

根据支座刚接模型计算出的竖向支座反力，选择每个柱下需要的橡胶隔震支座的型号和数量，然后再根据支座的刚度中心与结构质心重合的原则对支座布置进行调整。

（1）隔震支座布置的调整。根据隔震支座的初步布置情况，建立隔震设计的计算模型，然后根据计算结果，在满足竖向承载力和刚度中心与质心重合的原则下对支座布置进行调整。

（2）阻尼器（抗风装置）的布置。首先，根据调整后隔震支座的布置情况，修改计算模型，由计算出的柱底剪力布置阻尼器，满足阻尼器和橡胶隔震支座的刚度中心与质心重合。然后，在计算模型中增加阻尼器，经过验算、调整，达到下列要求：①橡胶隔震支座的竖向承载力、抗剪承载力满足有关规范要求；②阻尼器的抗剪承载力满足有关规范要求；③阻尼器和橡胶隔震支座的刚度中心与质心重合；④结构在风荷载作用下的水平位移满足有关规范要求。这就完成了隔震支座基本布置。

（3）隔震支座布置的优化。为了使隔震效果达到最优，还应对支座的布置进行优化。根据地震计算的结果对橡胶隔震支座和阻尼器的布置进行适当的调整，使隔震效果达到最佳。

3）柱脚节点设计

该工程为了便于将隔震设计作为科技展项和避免对建筑造型的影响，未设整体隔震层，而是利用巨型格构钢柱（简称巨型格构柱）自身的刚度保证橡胶隔震支座共同工作。这就给柱脚设计带来了困难，既要保证巨型格构柱每一肢的柱脚受力满足规范要求，又要保证柱脚的所有节点不能有相对位移。为此对连接各柱肢的钢梁进行了加强设计，并且在柱底加设了一块 300mm 厚的混凝土板，确保了柱脚有足够的刚度来协调下面的橡胶隔震支座和阻尼器共同变形。

3. 隔震层设计

该工程上部结构采用的是巨型钢框架结构，6 个巨型格构柱的间距很大（36m 左右），设置整体隔震层有很大的困难。设置的隔震层厚度应在 1.5m 左右，保持现在的地面标高不变，橡胶隔震支座应在地面以下 2m 左右，而建筑物周围的水面标高仅比地面低 0.4m，橡胶支座将长期浸泡在水中，是不可行的。如果将橡胶隔震支座置于地面以上，整个建筑标高要抬高 2m 才能解决问题，建筑功能无法满足此要求。

经过大量的分析比较，提出了利用巨型格构柱自身的刚度保证橡胶隔震支座共同工作而不设置隔震层的设想。巨型格构柱本身刚度很大，设计时在柱底设有 300mm 厚的钢筋混凝土楼板，可以保证巨型格构柱本身的整体刚度。经过在 SAP2000 中建模并计算分析，发现结构的前 5 个振型都是整体振型，在结构动力分析中高阶振型对结构受力影响很小，可以忽略不计，也就是说，设置利用巨型格构柱自身的刚度保证橡胶隔震支座共同工作而不设置隔震层的设想是成立的。

该工程中 E 区的竖向受力构件中除了 6 个巨型格构柱外还有 3 个独立钢柱，让 3 个独立钢柱与整体结构同步工作是工程面临的又一个技术难题。由于建筑物在架空层最端部有一个局部抬高的架空平台，设计时可利用这一架空平台将这 3 个独立钢柱与相邻的 2 个巨型格构柱通过刚性板连接形成一个局部隔震层。依靠这个局部隔震层，3 个独立钢柱与 6 个巨型格构柱能够很好地共同工作。这是该工程在隔震设计中的一个亮点。

4. 隔震设计难点及特点

1）无统一的隔震层

该工程由于不具备设置整体隔震层的条件，利用巨型格构柱自身刚度大的特点和设置局部隔震层的方法，解决了无整体隔震层的隔震设计这一技术难题。支座设计中必须考虑在竖向荷载作用下的支座剪力，这是与其他常规隔震结构设计完全不同的。

2）抗风设计

该工程的抗风设计也是一个难点。从抗风设计的角度出发，结构的初始刚度越大，风荷载作用下结构的变形就越小；从隔震设计的角度出发，结构在大震作用下的等效刚度越小，隔震效果就越明显。对于常用的橡胶隔震支座，初始刚度与屈服后刚度的比值为 8～10，变化区间很小，采用增加橡胶隔震支座的数量或增大橡胶隔震支座直径的办法解决抗风问题，必然带来严重降低隔震性能的不良后果，且经济指标很差，从技术和经济等多方面考虑，此种方案是不可取的。对于同一个橡胶支座，其他参数不变，屈服应力越大，初始刚度及等效刚度也越大，但是初始刚度变化较快（与一些支座比较后发现：初始刚度增大200%，等效刚度才增加80%左右）。如果将橡胶隔震支座的屈服力提高（加大铅芯）后，改造成阻尼器，将有效解决抗风问题，也可以将对隔震效果的影响降到最低。这一技术在该工程中取得了很好的效果，既保证了抗风规范要求，又最大限度地提高了结构的隔震性能。

3）隔震层设计中独立柱的处理

由于该工程无法设置整体隔震层，如何让3个独立柱下的橡胶隔震支座与整体结构在地震时能够协调变形，可通过设置一个局部隔震层的办法解决这一难题。

12.3.6　钢结构隔震层施工

1. 隔震支座施工

隔震支座的施工过程如图12-3-15所示。

（a）下预埋板预定位

（b）下预埋板下墩台钢筋绑扎

（c）下预埋板锚筋安装

（d）下预埋板安放、调平

（e）模板安装

（f）混凝土浇筑及养护

图12-3-15　隔震支座施工过程

（g）下预埋板上螺栓孔清理

（h）隔震支座安装

（i）柱脚构件安装

（j）柱脚构件安装

（k）上部钢结构安装

（l）上部钢结构安装

图 12-3-15（续）

2. 上部钢结构施工

上部钢结构施工流程：橡胶隔震支座安装→与隔震支座连接的格构式钢群柱柱脚安装→5m 标高层以下的格构式钢群柱、桁架安装→17m 标高层以下的格构式钢群柱、桁架安装→5m 标高至 17m 标高格构式钢群柱、桁架安装→屋面桁架及船头悬挑桁架安装。

柱脚和格构式钢群柱安装图分别如图 12-3-16 和图 12-3-17 所示。

图 12-3-16　柱脚安装图

图 12-3-17　格构式钢群柱安装图

3. 施工过程中遇到的问题与解决方案

隔震支座上安装钢结构不同于传统的在固定基础上安装钢结构，要考虑避免安装过程中对隔震支座的不良影响。

这些不良影响主要有以下三种：①巨型框架柱的安装偏差造成隔震垫偏心受压，随着框架柱的继续向上安装，偏心受压产生的弯矩也会不断增大；②巨型钢框架的吊装对隔震垫是不平衡加载，单边的过多安装可能会对隔震支座群造成一定的偏心影响；③巨型框架梁整体吊装对框架柱产生附加弯矩，此时对隔震支座会产生一些不利的影响。

鉴于上部钢结构的吊装中对隔震支座存在多种不利的影响，因此在安装过程中需要采取措施来减小这些不利因素的影响，以降低其被破坏的可能：①严格控制柱脚构件的安装精度，减小初始偏心和误差累加；②调整框架柱的安装顺序，尽量做到对称、均衡安装；③上部巨型钢构件的吊装安装中避免猛坠、猛撞；④逐层安装钢构件。

广东科学中心的 C 区、D 区、F 区同 E 区一样是巨型钢框架结构，这些区在 E 区的隔震支座安装前均已经施工到一定阶段，采取的施工顺序是，先安装完各个支座的立柱再分别安装横向和纵向框架梁，这种安装顺序有助于腾开工作面，加快施工进度。这几个区是传统的钢结构区，钢立柱固结于基础，这种施工方法没有任何问题，而 E 区是隔震区，为避免出现对隔震支座的不利影响，上部钢结构安装顺序就不能采取同其他区一样的施工顺序，应做适当的调整。也就是说，采用逐层安装钢构件，即在每一层安装完，焊接固定成一个整体后，才继续安装上一层构件。特别是框架柱的安装，一层的框架柱由 3 个构件组成，即柱底构件、柱中构件和柱顶构件，先把柱底构件安装在隔震支座上后，安装柱间支撑，然后再安装柱中构件和柱间斜撑，首层的柱子安装完后，吊装横梁构件，再向上按照相同的顺序安装第二层构件和第三层构件。采用这种安装顺序的目的是，在隔震支座上的每一层构件都形成一个整体后，再向上安装，这样使得隔震支座群整体承受上部的荷载，不至于因偏心受压造成失稳，也可以避免其他的不利因素可能产生的影响。

广东科学中心 E 区施工过程中发现有相当一部分的隔震支座上连接板与柱脚底板间出现程度不一的缝隙，具体情况如下。

（1）缝隙宽度超过 5mm 的支座数量为 9 个；最大缝隙宽度为 7.36mm，在 EMJ-54 内边；平均缝隙宽度 3.73mm。

（2）共有 30 个支座钢板间存在缝隙（支座总数为 96 个，有通长缝隙的支座数量为 14 个，角端起翘的支座数量为 10 个，局部有缝隙的支座数量为 11 个，其中两边都有缝隙的支座数量为 8 个）。

（3）经初步探测，大多数缝隙都是从底板上部的焊缝位置开始往外翘曲。

（4）因钢板间缝隙存在，有些高强螺栓最终无法拧到位。

隔震支座上连接板与柱脚底板间缝隙照片如图 12-3-18 所示。

图 12-3-18 隔震支座上连接板与柱脚底板间缝隙照片

解决缝隙办法如下：首先把有缝隙存在的隔震支座同柱脚底板的缝隙周围焊接封闭，然后用高压灌注环氧树脂入缝隙，通过环氧树脂传递上下钢板间的荷载。

该方案的处理效果需要进行模型试验，以便测试验证加固后的连接板传力效果是否达到设计要求。试验模型示意图如图 12-3-19 所示。

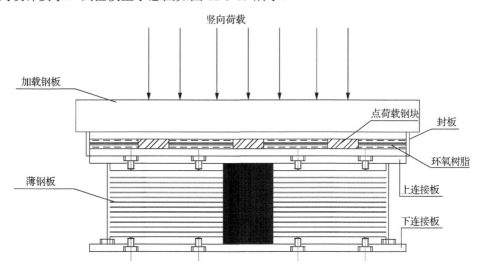

图 12-3-19 试验模型示意图

12.4 大型网壳结构工程

12.4.1 简述

屋盖网壳（H 区）位于 AB 区上部，网壳由两个部分组成：建筑前部（A 区及部分

B区）上部的 H1 区和中庭采光屋盖（B区及部分 A区）上部的 H2 区，两部分连为一个整体，沿 X 轴对称，H 区屋盖平面分布示意图如图 12-4-1 所示。

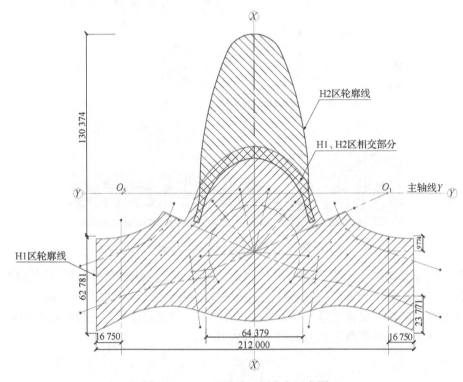

图 12-4-1　H 区屋盖平面分布示意图

H1 区屋盖曲面为不规则平移曲面，其母线和导线均为变曲率不规则的样条曲线，曲面高差达 41m。下部柱网很不规则，门厅处最大跨度约为 64.4m。屋盖周边外挑长度较大。H1 区屋盖为四角锥或三角锥双层网壳，网壳节点为焊接球。网壳采用下弦多点支承。

H2 区中庭屋盖为沿 X 轴对称的直纹曲面，曲率变化较大，中部与水平面夹角约为 18°，逐渐过渡到两端与水平面垂直，最大横向跨度为 70.3m。网壳上部布置有六道弧形遮阳板，横截面为梭形，遮阳板最大厚度为 900mm。遮阳板宽度由中间的 9m 逐步过渡到端部 3m 左右。遮阳板下部中点设置支承与下部网壳上弦连接，尾端直接与下部网壳上弦相连接。H2 区屋盖为双向斜交斜放双层网壳，节点采用相贯焊接节点。网壳支承方式采用上弦周边支承，支座为下部钢筋混凝土上翻框架梁，H 区网壳视图如图 12-4-2 所示。

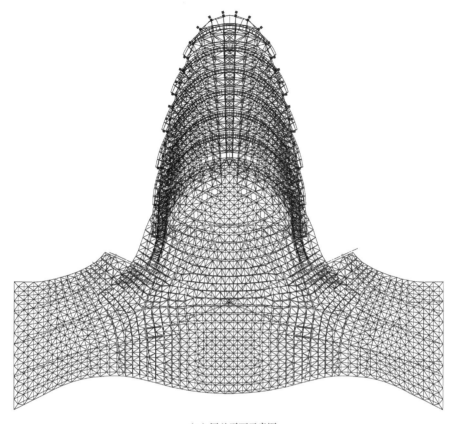

（a）屋盖平面示意图

（b）H区网壳平面示意图

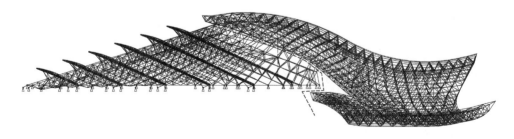

（c）H区网壳前视图

图 12-4-2　H区网壳视图

12.4.2　大型网壳结构特点及技术难点

1. 网壳结构的主要特点

（1）网壳结构是采用大致相同的格子或尺寸较小的单元沿曲面有规律地排列而组成的空间杆系结构。当格子或单元的尺寸与结构整体尺寸相比很小时，该结构大多具有各向同性或各向异性的连续体性质。因此，可以用连续体概念理解其力学特性，比较成熟的连续体钢筋混凝土薄壳的分析方法，为网壳结构的发展起着很大的推动作用。

（2）网壳结构各构件之间没有鲜明的"主次"关系，各构件作为结构整体按照立体的几何特性，几乎能够均衡地承受任何种类的荷载。网壳结构的杆件主要承受轴向力，所有的杆件在荷载作用下随时随地承受各自应承受的作用力，所以内力分布比较均匀，应力峰值较小。也就是说，组成网壳结构的所有杆件在一个整体中协同工作。一般说来，整体作用会大于单个构件作用的总和。因此，网壳结构的轻型化是它的主要特征。这一特征为建造大跨度或超大跨度结构带来了可能性，为运输、安装施工等带来了极大的方便。

（3）网壳结构的杆件可以用普通型钢、薄壁型钢、铝材、木材、钢筋混凝土，以及塑料、玻璃钢等制成，极易做到规格化、标准化，实现建筑构件的工业化大批量生产，从而把力学的合理性与生产的经济性结合起来，促成了大跨度网壳结构的出现。

（4）大跨度空间结构是一种占据巨大空间的"庞然大物"，它具有改变其所在地区景观的影响力。因此，在选择结构方案时，既要重视材料的充分利用和良好的结构工作性能，又必须从设计上通盘考虑。网壳结构在这方面比其他类型的空间结构更具有吸引力，更能使设计师创造优美的"人造环境"。因为网壳结构具有非常丰富的建筑造型，无论是建筑平面或立面形体，都能给设计师以充分的设计自由和想象力；有时钢筋混凝土薄壳不能实现的形态，而网壳结构几乎都可以实现。网壳结构可以设计成外露的，也可以是内含的。由于网格的形式和大小、杆件的粗细、节点的形状等不同的配置，以及结构周边合理的处理，都可以使结构具有明暗对比及韵律性，体现出动态感和静态感，从而把建筑美与结构美有机地结合起来，并与其周围环境协调起来。

（5）在网壳结构中，节点具有特殊的作用和重要性，因为每个节点上连接的杆件很多，各杆件处于空间位置，是多方位的，且通过节点传递三维力流也很复杂。因此，节点构造的合理性与可靠性，同网壳结构的整体工作性能、形体变化、施工安装的简易性与经济性是紧密相连的。目前国内外都已设计、生产出了几十种适用于网壳结构的节点，为网壳结构的应用与发展开辟了广阔的用途。

2. 技术难点

（1）施工面积大、工程量大。整个网壳施工面积达到 2.2 万 m^2，如此大面积的网壳施工，如何安排好施工顺序是非常重要的。

（2）屋盖曲面形状复杂。H1 区屋盖曲面为不规则平移曲面，其母线和导线均为变曲率不规则的样条曲线，曲面高差达 41m；H2 区中庭屋盖为沿 X 轴对称的直纹曲面，曲率变化较大，中部与水平面夹角约为 18°，逐渐过渡到两端与水平面垂直。屋盖安装较困难。

（3）下部结构复杂。屋盖结构位于钢筋混凝土楼层上方，各层楼面平面形状复杂，变化大，楼面的标高相差较大，且下部某些部位为中空结构，屋盖与地面的高差达到 50m 以上，屋盖结构进行安装时，需要从地面或楼面搭设操作平台，操作平台的搭设需要进行重点设计。

（4）焊接工程量大。屋盖为双层网壳，网壳节点为焊接球节点和相贯焊接节点，因此网壳在安装过程中，焊接量非常大。同时在焊接过程中，质量控制和防火控制的要求较高。

（5）温度变形影响大。屋盖网壳结构全部采用焊接连接形式，气温、焊接热变形影响大，易导致构件安装无法对接或对接错位，因此结构的变形控制要求高。

（6）杆件和节点制作精度要求高。工厂应严格按照设计要求进行加工，确保所有出厂构件的加工精度满足设计要求及在国家有关规范要求之内。

（7）H 区网壳曲面复杂，安装定位难度大。

12.4.3　技术方案设计

由于建筑造型独特，广东科学中心建筑结构出现了大量的复杂空间相贯圆钢管节点。这些节点受力复杂，现行钢结构设计规范对之没有明确的计算方法，在设计时对计算做了一些简化，并采取在其中内置加强板的构造加强措施；但如何评价该措施对改善空间复杂交汇节点的受力性能还没有合理明确的依据，所以对其进行了试验研究。

暗支撑作为一种新型的节点加强措施，已经大规模地应用到大跨度屋面钢结构中，但是由于缺乏相关的理论与试验研究，无法对其受力性能及破坏机理作出评价，设计时只是将其作为一种构造加强措施来看待。本试验对空间相贯节点在空间受力情况下的破坏形式及极限承载能力进行研究，揭示内置加强板对空间相贯节点受力性能的影响，并对此措施作出全面评价。

1）试件设计

节点模型是由 1 根主杆（由于主杆轴线发生偏折，为表达方便，将其拆为两根杆件表示）、6 根支杆焊接而成，各管轴线相交于一点，没有偏心。试件制作时，采用数控相贯线切割机床加工各管的相贯线和坡口，经准确定位后由专业焊工焊接而成。试件材料均为 Q235B 钢材。杆件长度一般取其管径的 3 倍以上，同时考虑实际试验场地、试验条件等因素。试件几何尺寸图如图 12-4-3 所示，节点试件 XXJD 几何参数如表 12-4-1 所示。

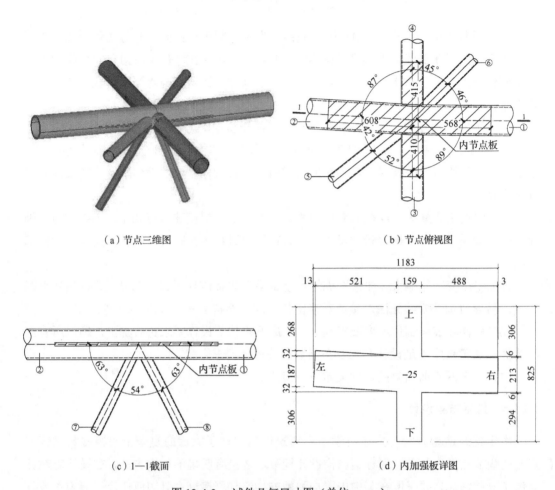

（a）节点三维图　　　　　　　　　　　　（b）节点俯视图

（c）1—1截面　　　　　　　　　　　　（d）内加强板详图

图 12-4-3　　试件几何尺寸图（单位：mm）

表 12-4-1　节点试件 XXJD 几何参数

杆件编号	直径/mm	壁厚/mm	长度/mm	材质
XG1	219	12	1200	20#
XG2	219	12	800	20#
ZG3	159	6	890	Q235B
ZG4	159	6	890	Q235B
ZG5	114	5	500	Q235B
ZG6	89	4	400	Q235B
FG7	76	4	880	Q235B
FG8	76	4	880	Q235B
内加强板				Q235B

2）材料强度试验

节点试件的主杆钢材为 20#，其余支杆（含内加强板）均为 Q235B，对这些钢管按要求加工材料试验试件，试件尺寸如表 12-4-2 所示；试件尺寸示意图如图 12-4-4 所示。对每个试件贴 4 个应变计，采用拉力试验测量材料的屈服强度、抗拉强度、伸长率、弹性模量和泊松比。试件尺寸由现行国家标准《金属材料　室温拉伸试验方法》（GB/T

228—2002）确定。

表 12-4-2 试件尺寸

编号	管材规格	试件数量/个	试件尺寸/mm				
			宽度 b_0	厚度 a_0	R	l	总长度 L
1	$\phi114\times5$	3	20	5	30	100	304
2	$\phi219\times12$	3	20	12	30	100	304

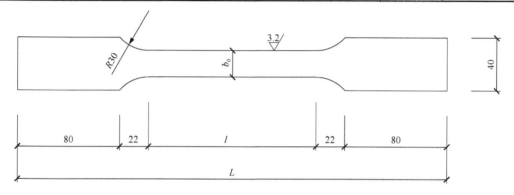

图 12-4-4 材料试验试件尺寸示意图

材料强度试验的结果为：Q235B 钢材的弹性模量 $E=2.189\times10^5\text{N/mm}^2$，屈服强度 $f_y=350\text{N/mm}^2$，泊松比为 0.273；$20^{\#}$ 钢的弹性模量 $E=2.404\times10^5\text{N/mm}^2$，屈服强度 $f_y=262\text{N/mm}^2$，泊松比为 0.268。

3）加载方案

由于该上弦节点以受轴力为主，杆段剪力和弯矩均很小，只提供节点各杆件的轴力，节点试验工况下的设计值如表 12-4-3 所示。

表 12-4-3 节点试验工况下的设计值　　　　　　　　　（单位：kN）

编号	XG1	XG2	ZG3	ZG4	ZG5	ZG6	FG7	FG8
杆端轴力	-6.4	-20.2	-22.9	-16.3	-0.7	-10.3	6.6	-8.4

鉴于支杆 ZG5 的轴力很小，故忽略其受力。另外，由于受实验室条件所限，试验时只能满足 1 个平面内、3 个方向（竖向和一个水平向）的加载要求，而本试验对象空间尺寸分布在两个平面上，为空间受力状态。根据力的分解组合原理，在弹性范围内钢结构的空间受力可以分解为两个独立的平面受力，即空间平衡力系=平面 1 平衡力系+平面 2 平衡力系，节点试验空间设计力系分解如表 12-4-4 所示。

表 12-4-4 节点试验空间设计力系分解　　　　　　　（单位：kN）

加载平面	XG1	XG2	ZG3	ZG4	ZG5	ZG6	FG7	FG8
空间受力	-7.5	-20	-23	-16.5	-12	-8	7.5	-7.5
平面 1 受力	-7.5	-14.5					7.5	-7.5
平面 2 受力		-5.5	-22.5	-16.5		-8		

最终加载方案拟采用两阶段加载法，即分别在 2 个平面内进行弹性加载，根据结果进行叠加，间接了解试件在弹性空间受力下的情形。

4）加载制度

本试验加载过程分为两个阶段，具体加载历程如表 12-4-5 和表 12-4-6 所示。

表 12-4-5　第一阶段设计荷载加载历程

级别	荷载比例/%	累计荷载/%	荷载/kN			
			G1（固定）	G2	G7	G8
1	20	20	−6	−12	6	−6
2	20	40	−12	−23	12	−12
3	20	60	−18	−35	18	−18
4	20	80	−24	−46	24	−24
5	10	90	−27	−52	27	−27
6	10	100	−30	−58	30	−30

表 12-4-6　第二阶段设计荷载加载历程

级别	荷载比例/%	累计荷载比例/%	荷载/kN			
			G2	G3	G4（固定）	G6
1	20	20	−4	−18	−14	−06
2	20	40	−9	−36	−26	−13
3	20	60	−13	−54	−40	−19
4	20	80	−18	−72	−52	−26
5	10	90	−20	−81	−60	−29
6	10	100	−22	−90	−66	−32

第一阶段：采用单调分级加载制度。采用前两级荷载进行预载，卸载 5min 后开始正式加载。加载 80%的设计荷载值之前，按照 20%设计荷载加载，至 80%设计荷载时降低加载级别，减少至每级 10%加载，各级荷载稳载 5min。第一阶段试验实景图如图 12-4-5 所示。卸载按 20%级距进行。

第二阶段：加载过程同第一阶段，第二阶段试验实景图如图 12-4-6 所示。

图 12-4-5　第一阶段试验实景图　　　　图 12-4-6　第二阶段试验实景图

5）应变测试

（1）单向应变计的布置。在试件主管及支管上布置单向应变计，根据采集到的应变数并结合油压表和压力传感得到的值对千斤顶的加载情况进行监控，同时监测各管局部进入塑性状态的时间及发展历程，保证加载全过程的顺利和所得数据的准确性。试验时，考虑到杆件在连接板两端的差异较大，因此在试件有加强板的主管及支管上布置两道180°间隔的单向应变计，其余支杆的中部布置一道 180° 间隔的单向应变计。应变计布置图如图12-4-7所示（图中①～⑧为与节点相连的杆件编号，S1～S22 为单向应变计编号）。

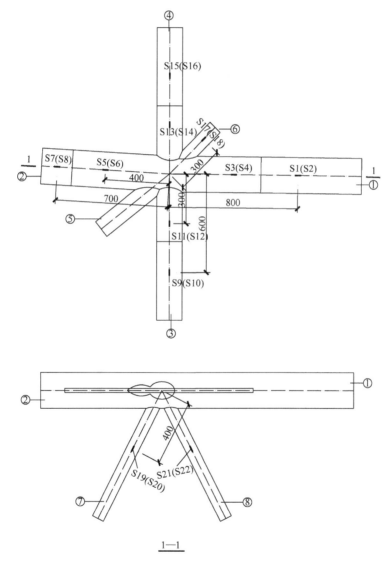

图 12-4-7　节点单向应变计布置图

（2）三向应变花的布置。主支管交汇区是复杂应力区，通常是非加强型节点的塑性始发区以及破坏区，也是加强型节点研究的重点区域。为了掌握其应力分布及应力发展情况，在主管管壁距支管根部 10mm 处围绕支管周围布置了三向应变花。应变花布置图如图 12-4-8 所示（图中①～⑧为与节点相连的杆件编号，T1～T31 为杆件上粘贴的应变花编号）。

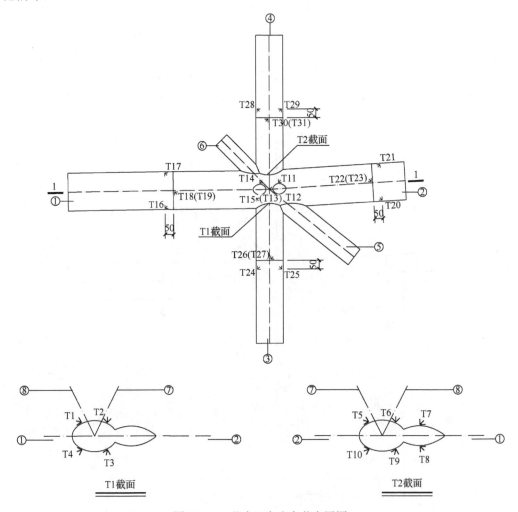

图 12-4-8　节点三向应变花布置图

6）试验结果分析

（1）管壁应力发展过程。通过管壁上的单向应变计测得的应变数据和材料试验得到的材料参数，可以掌握弹性阶段各管的应力及各管进入塑性状态的时间。本试件管壁总计 22 个单向应变计，试验分为两个阶段（弹性、塑性）进行，由于各阶段测试目的不同，将分开阐述。

① 第一阶段（工况 1）实测分析。试验时，记录了受力杆件 XG1、XG2、FG7、FG8 上的单向应变计（S1～S8，S19～S22），共计 12 个。由图 12-4-9 可知，由于施加力较小，本阶段下测点尚处在受力初期（最大应力值小于 30MPa），XG1、XG2 部分数据波动相对较大，但基本反映了受力特点，非加强段的测点应力比加强段的大，而非加强段同一侧的应力值不等，反映出加载的偏心。对于 FG7、FG8 来说，随着荷载的增加，应力基本上呈线性增加。

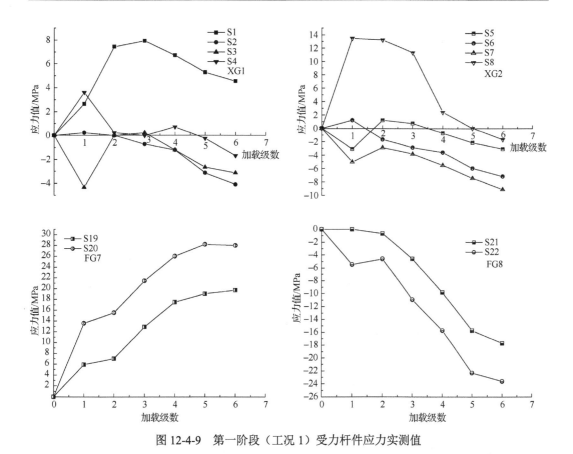

图 12-4-9　第一阶段（工况 1）受力杆件应力实测值

② 第一阶段（工况 2）实测分析。试验时，记录了受力杆件 XG2、ZG3、ZG4、ZG6 上的单向应变计（S5~S18），共计 14 个。各测点受力杆件应力实测值如图 12-4-10 所示。除在受力初期部分测点有所波动外，ZG4 的下端被固定，受力较复杂，部分测点也会不可避免地出现波动，但其余多数测点的应力随荷载的增加基本呈线性变化，最大应力值小于 35MPa。同样，有加强板的受力构件 XG2、ZG3、ZG4 中非加强段的应力值高于加强段的，同一截面的应力值不等说明也存在加载偏心。

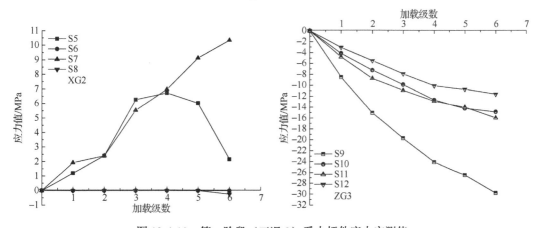

图 12-4-10　第一阶段（工况 2）受力杆件应力实测值

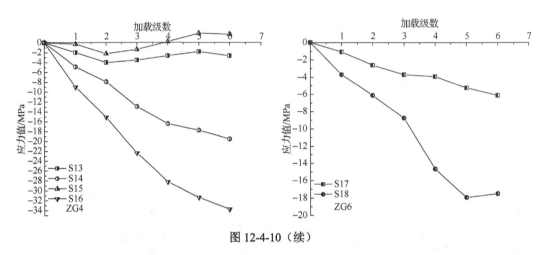

图 12-4-10（续）

③ 第二阶段实测分析。在本工况下，记录测点同工况 2，应力实测值曲线如图 12-4-11 所示。根据测点的应变值结果可知，在前 10 级，竖向荷载达到 65t 前，各测点应力值随荷载级数的增加呈线性升高。整个过程中杆件 ZG3 应力也较大，杆件 ZG4、ZG6 的应力值次之，而 XG2 的应力值较小。由于加载时是先保证竖向杆件 ZG3 受力，为保持试件稳定（保证加载过程整个力系是平衡力系），XG2 与 ZG6 的力是协调加载的，XG2 中的部分测点应力值在此过程中变化不太均匀，而 ZG3 和 ZG4 的应力变化曲线则较好地反映了整个加载过程的应力变化趋势。荷载加到第 11 级时，竖向荷载为 70t 时，ZG3 上的 S9 测点率先达到屈服点（＞350MPa）；荷载继续增加，到达 14 级时，竖向荷载为 86.5t，ZG4 有测点达到屈服点，ZG3 全截面屈服，之后竖向力无法继续施加，节点破坏。

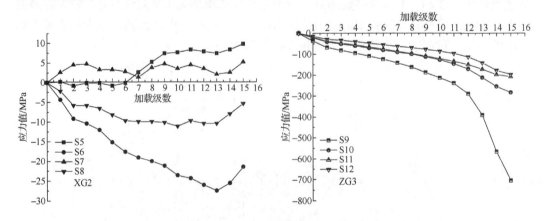

图 12-4-11　第二阶段（工况 2）受力杆件应力实测值曲线

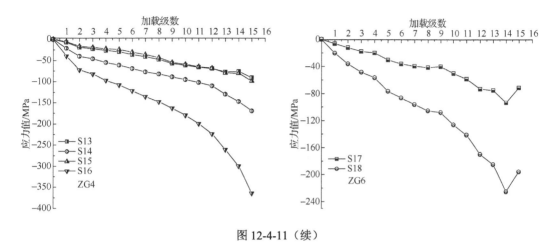

图 12-4-11（续）

（2）节点核心区管壁的应力分布。

① 第一阶段（工况 1）实测分析。试验时，记录了受力杆件 XG1、XG2 和节点核心区内的三向应变花（T1～T23），共计 23 个。经换算得到了三向应变花测点位置的等效 Mises（米塞斯）应力，每级荷载下的 Mises 应力-加载级数变化曲线如图 12-4-12 所示。测点最大应力值为 24MPa，位于 FG7、FG8 与主管相贯线附近。各测点应力值远小于材料的屈服强度，因此，整个节点处于弹性阶段，节点有较大的安全储备。

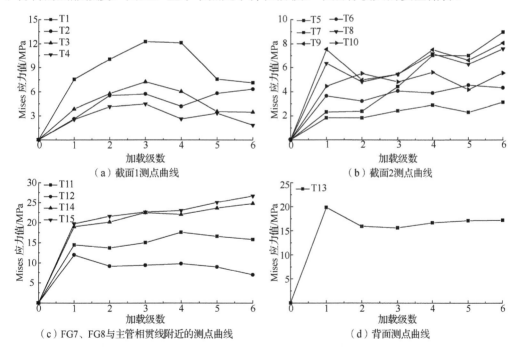

图 12-4-12　第一阶段（工况 1）受力杆件应力-加载级数变化曲线

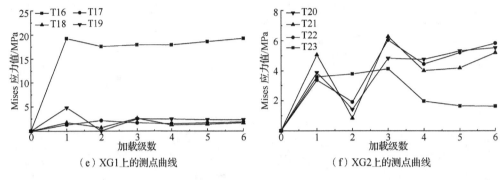

（e）XG1上的测点曲线　　　　　　　（f）XG2上的测点曲线

图 12-4-12（续）

② 第一阶段（工况 2）实测分析。试验时，记录了受力杆件 XG2、ZG3、ZG4 和节点核心区内的三向应变花（T1～T14，T20～T31，略去记录中出现异常的测点 T25），共计 25 个。每级荷载下的 Mises 应力-加载级数变化曲线如图 12-4-13 所示。最大测点应力 26MPa 出现在竖向支杆 ZG3 非加强段与加强板相交处周围，整个节点也处于弹性状态。

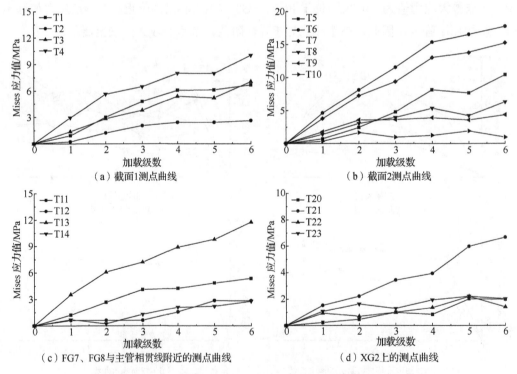

（a）截面1测点曲线　　　　　　　　（b）截面2测点曲线

（c）FG7、FG8与主管相贯线附近的测点曲线　　　（d）XG2上的测点曲线

图 12-4-13　第一阶段（工况 2）受力杆件应力-加载级数变化曲线

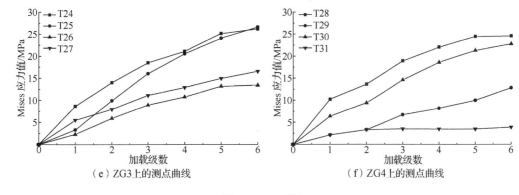

（e）ZG3上的测点曲线　　　　　　　（f）ZG4上的测点曲线

图12-4-13（续）

③ 第二阶段实测分析。从图12-4-14中可以看出，最大测点应力值发生在支杆ZG3上。达到第12级时，支杆上有测点开始屈服，第14级时，支杆上又有测点屈服，这

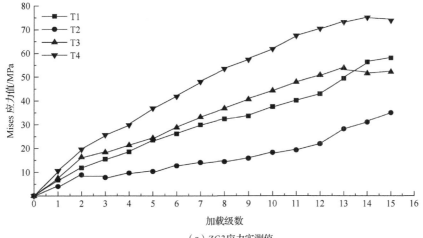

（a）ZG3应力实测值

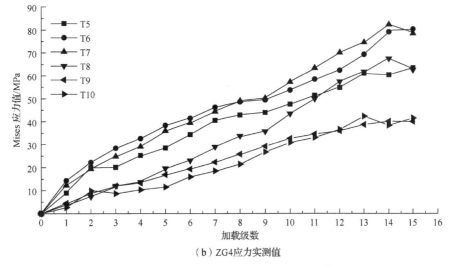

（b）ZG4应力实测值

图12-4-14　第二阶段三向应力测点实测值

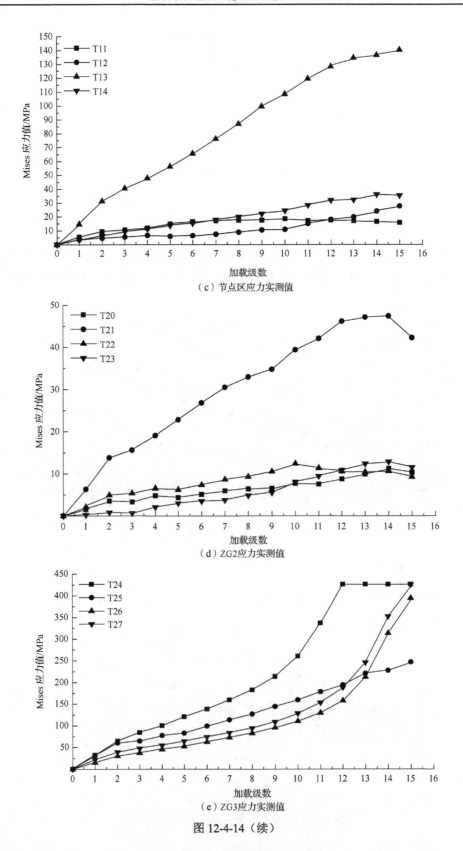

（c）节点区应力实测值

（d）ZG2应力实测值

（e）ZG3应力实测值

图 12-4-14（续）

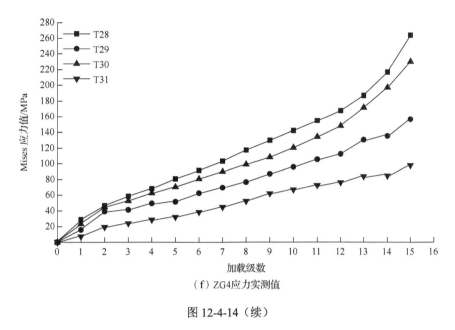

（f）ZG4应力实测值

图 12-4-14（续）

与试验时观察到的一道屈服带相一致。支杆 ZG4 的应力也较大，但直到破坏都没有测点屈服；整个加载过程中节点核心部位的测点应力值都较小，除一个测点应力达到 140MPa 外，其余测点的应力都保持在 80MPa 以内，说明加强板有效阻止了应力向核心区内的传播。

12.4.4 计算机辅助设计及有限元分析

1. 有限元分析的力学模型

为使计算较精确，模型为实体建模。划分网格时，为使单元数量合理，在节点内置加强板核心区外使用映射网格划分，在核心区内则采用智能网格划分（图 12-4-15），并控制核心区内单元的最大尺寸不超过弦杆厚度。材料主杆为 20# 钢，材质参数取材料试验结果（E=2.404× 105N/mm^2，f_y=262N/mm^2，泊松比取 0.268）；其余杆件为 Q235B 钢，材质参数取材料试验结果（E= 2.189×105N/mm^2，f_y=350N/mm^2，泊松比取 0.273），材料假定为理想弹塑性，服从 Mises 屈服准则，塑性区采用随动强化模型。求解使用非线性求解器，同时以力和位移为收敛准则，并打开自动时间步长和线性搜索等以加快收敛。加载工况根据分析目的不同而分为多种情况。相贯节点力学模型如图 12-4-15 所示。

图 12-4-15 相贯节点力学模型

2. 有限元分析结果

正式试验分为两个阶段。第一阶段为弹性状态，节点内力和位移均较小，受力特征不明显，重点分析第二阶段，即塑性破坏。

1）破坏模式

常规非加强型节点，一般由于核心区相贯线复杂，主管径向刚度与轴向刚度相差较大，应力沿主管的轴向和环向分布很不均匀，相贯线处会发生局部变形和局部应力集中，鞍点或冠点首先屈服，接着扩展成塑性区，节点核心区主管局部变形过大而破坏。然而，对于加强型节点，由于内置了加强板，使节点核心区的刚度大大加强，最终计算结果表明，节点支杆 G3 非加强段受压屈曲破坏，节点失效，其他部位完好，节点支杆压曲破坏如图 12-4-16 所示。

图 12-4-16　节点支杆压曲破坏

图 12-4-17 展示了加载过程中节点和内加强板的应力发展水平。受荷初期，主要应力由支杆的受力端部向节点核心区内扩展。荷载加载到第 7 级时，节点开始出现屈服（达到 350MPa），屈服点出现在支杆 ZG3 与内置加强板相交处，这时加强板应力为 262MPa。节点继续承载，应力重分布，ZG3 的塑性区在屈服点附近发展，尤其是向非加强段方向快速扩展。第 9 级时，ZG6 在靠近 XG2 的相贯线附近进入塑性，之后塑性区由相贯区快速沿杆扩展。加强板在第 13 级时开始出现屈服。荷载加载到第 16 级时，节点承受最大荷载，这时支杆 ZG3 非加强段出现大片的塑性区，并且全截面屈服，随后被受压屈曲。加强板此时只有局部进入塑性区，没有出现较大变形。ZG6 管壁也出现塑性区，但未贯穿截面，尚未达到破坏。XG2 在整个过程中处于低应力状态，情况良好。

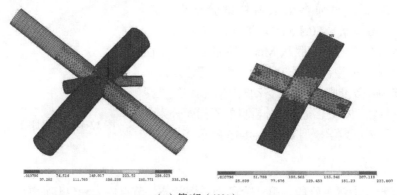

（a）第6级（40%）

图 12-4-17　节点加载过程中的单元等效应力图

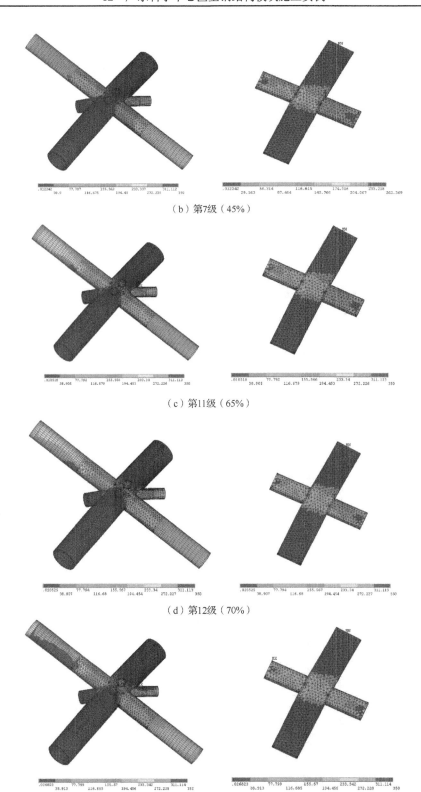

（b）第7级（45%）

（c）第11级（65%）

（d）第12级（70%）

（e）第15级（85%）

图 12-4-17（续）

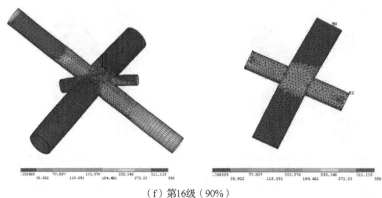

（f）第16级（90%）

图 12-4-17（续）

2）测点应力全过程分析

单向应变计沿管壁对称布置，基于理论分析结果相差不大，故对称位置只列出一个应变计的结果，节点加载过程中的单元等效应力图如图 12-4-18 所示。从图 12-4-18 中可以看出，在荷载加载到 12 级前，各单向应变计应力值基本随级数的增加呈线性变化，加载到第 13 级时，出现突变，说明此时测点开始出现屈服。

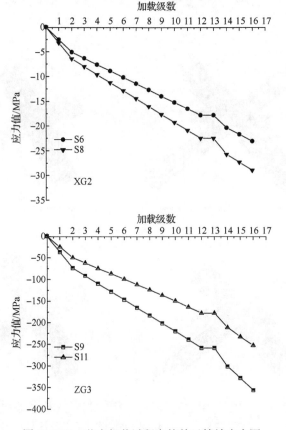

图 12-4-18　节点加载过程中的单元等效应力图

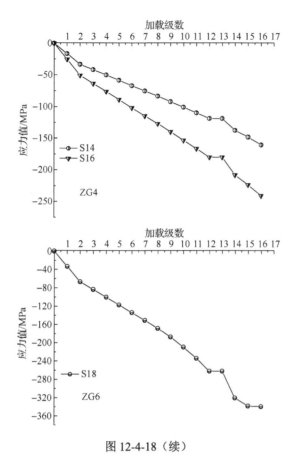

图 12-4-18（续）

三向应变花测点的等效 Mises 应力值随加载级数的变化曲线如图 12-4-19 所示。同单向应变计的变化规律一样，在荷载加载到第 13 级时，各测点应力值出现突变，开始出现屈服现象。

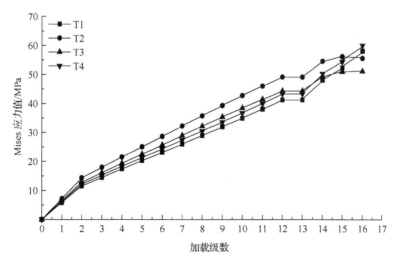

图 12-4-19　三向应力测点变化曲线

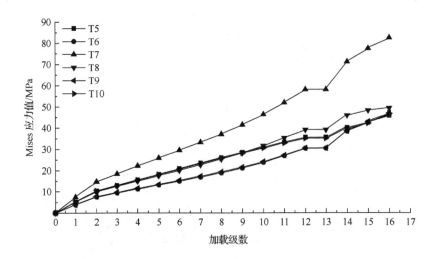

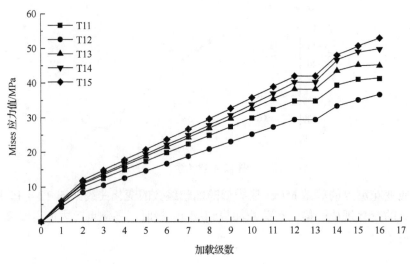

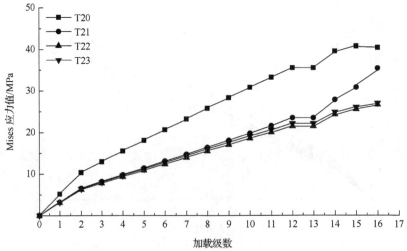

图 12-4-19（续）

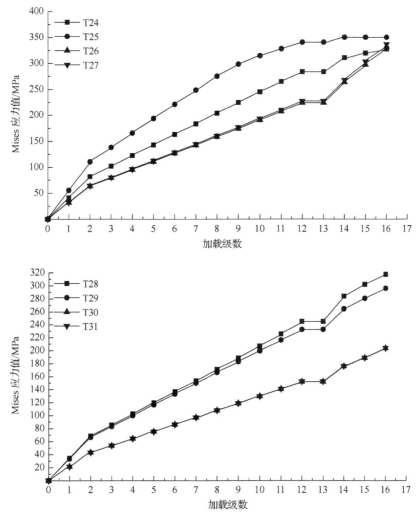

图 12-4-19（续）

12.4.5 大型网壳结构施工

1. 网壳安装方案

H 区网壳的平面尺寸为 194.8m×212m，网壳下部柱网分布不均匀，同时在网壳投影下部有大量建筑物，楼层面标高不一。吊装机械无法进入下部施工，因此网壳的安装主要采取在网壳下部搭设施工工作平台，进行网壳高空安装，根据土建施工进度计划，先安装 H1 区，再安装 H2 区。

（1）网壳安装顺序及安装路线。网壳安装总体顺序如图 12-4-20 所示；网壳安装单元划分示意图如图 12-4-21 所示。

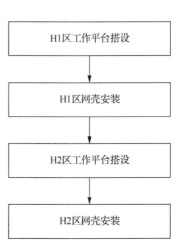

图 12-4-20 网壳安装总体顺序

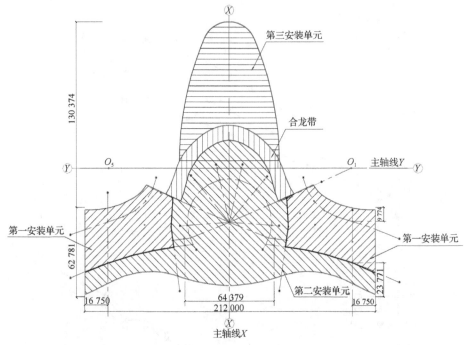

图 12-4-21　网壳安装单元划分示意图

（2）网壳安装步骤。

① 先搭设第一安装单元网壳下部的脚手架操作平台，然后安装第一单元网壳，由两侧向门厅方向推进，第一单元安装路线图如图 12-4-22 所示。

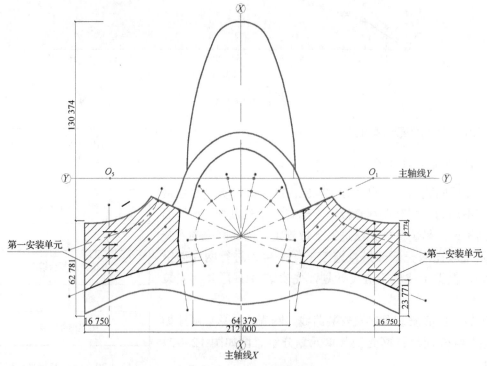

图 12-4-22　第一单元安装路线图

② 第一单元网壳安装的同时，开始搭设第二单元的脚手架操作平台；第一单元安装完成后，由于网壳下部有独立柱支撑和网壳支座，因此可以将第一单元下部部分脚手架拆除，转运到第二单元下部搭设此部分的操作平台。

第二单元的安装分为两步，首先由两侧向门厅中部安装第二单元第一部分，由于此部分为拱形，在安装过程中可以由两边向中间调节网壳，同时网壳产生的水平推力也可以传递到第一单元，随后传递到下部支座和独立支撑柱。

在安装第二单元余下部分时，将其划分为第二～五部分。同时安装此四部分网壳。第二单元安装路线示意图如图 12-4-23 所示。

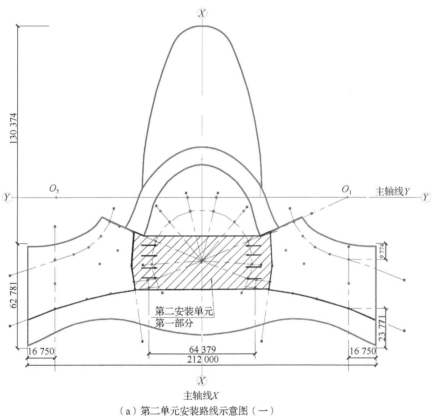

（a）第二单元安装路线示意图（一）

图 12-4-23　第二单元安装路线图

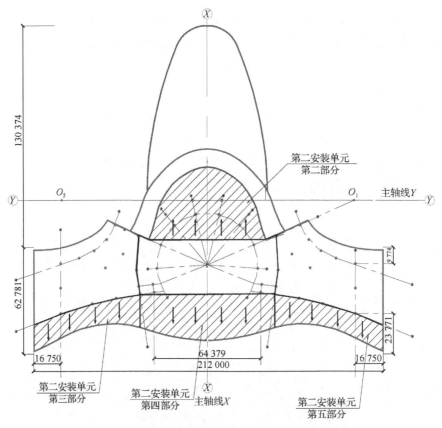

（b）第二单元安装路线示意图（二）

图 12-4-23（续）

③ 在安装第三单元时，第一单元、第二单元下部的操作脚手架大部分可拆除转运到第三单元，搭设第三单元下部的操作平台，在操作平台搭设完成后，由周边支座位置向中间合龙开始安装第三单元网壳，同时将网壳向前部推进，网壳产生的水平推力可由网壳支座承担。网壳安装路线如图 12-4-24 所示。

④ 安装合龙带单元网壳。由于 H1 区网壳有部分覆盖在 H2 区上部，H1 与 H2 区网壳在此处连为整体，这部分网壳为四层，同时此部分节点构造比较复杂，在安装此部分网壳时，先要安装好下部 H2 区网壳，然后安装上部 H1 区网壳，网壳在此部位合龙，形成整体。

2. 网壳安装工艺

1）网壳安装流程

网壳安装流程如图 12-4-25 所示。

2）网壳安装方法和检验要求

（1）测量定位和支座安装。先对预埋件上支座中心点（高差、轴线偏移）进行测量定位，确保满足要求后划出中心轴线位置，然后根据定位轴线用汽车吊装或人工把支座布置在柱顶预埋件上，最后再一次用全站仪准确测定支座位置后即可对支座用螺栓进行临时定位固定。

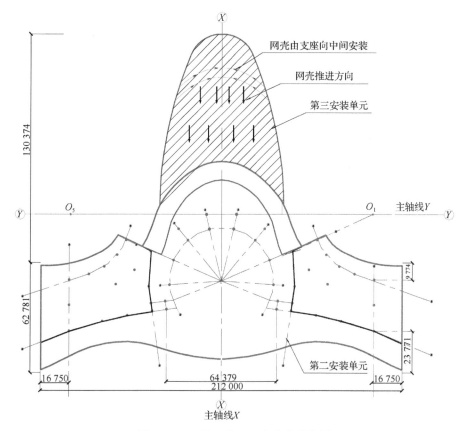

图 12-4-24 第三单元网壳安装路线图

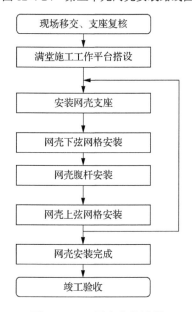

图 12-4-25 网壳安装流程

（2）在网壳安装前，先把所需要安装用的网壳零部件运输到工作平台上，并适当放置，应特别防止零部件沿坡下滚下滑；同时要求零部件在工作平台面上不准集中堆放，其可采用塔吊和卷扬机集中提升。

（3）网壳要先安装支座，然后安装下弦网格，再依次为腹杆和上弦杆，边安装边测量定位，如中间有杆件放入困难时，可用千斤顶微顶网壳下弦节点调节后放入。安装时应垫实下弦节点，确保下弦节点不位移，同时边安装边用全站仪对各控制节点进行测量定位，具体安装要求如下。

① 下弦杆与球的组装。根据安装图的编号，垫平垫实下弦球的安装平面，焊接球节点先把杆件与焊接球点焊定位，然后进行施工全焊接。

② 腹杆与上弦球的组装。腹杆与上弦球应形成一个向下的三角锥，腹杆与上弦球的连接必须一次拧紧到位或安装到位，腹杆与下弦球的连接不能一次拧紧到位或焊死（应先点焊定位），主要是为安装上弦杆起到松口作用。

③ 上弦杆的组装。上弦杆安装顺序应由内向外安装到位。

④ 与支座安装定位是网壳控制点之一，必须用全站仪准确定位。

在整个网壳安装过程中，要特别注意下弦节点的垫实、轴线的准确、挠度及几何尺寸的控制。安装过程中检验员应随时检查其杆件编号、损伤、几何尺寸、杆件与球的焊接质量、挠度等。

待网壳安装检验合格后，即可进行油漆涂装。

3）网壳合龙施工

在网壳大面积施工时，由于安装误差、温度变形、焊接变形等可能导致最后按设计图纸下料加工的杆件无法安装上去，在合龙施工时主要采取以下措施和施工步骤。

（1）合龙顺序。本屋盖的合龙带安装时，先要安装好下部 H2 区网壳杆件，然后安装上部 H1 区网壳杆件，其示意图如图 12-4-26 所示。

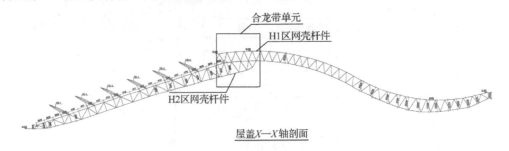

图 12-4-26　H 区网壳杆件示意图

（2）合龙温度。网壳结构是由很多杆件组成格构式结构，对合龙的温度要求不是非常严格。因此，本工程合龙的温度主要结合施工时的气候温度，在网壳设计的平均使用温度下进行合龙施工。同时，合龙施工时要尽量避免阳光、温差等带来的温度变形，所以合龙施工需安排在早上太阳没有出来的时候，或者中午屋顶网壳温度均匀后，以避免由于阳光带来的温差影响。设计要求的合龙温度为建筑物的平均温度，网壳的合龙温度宜为 15～20℃。

（3）合龙施工技术措施。

① 合龙前测量。整个屋顶安装完后，根据设计计算的温度，在此温度下，利用全站仪对合龙线上的每个球进行重新测量，确定出每个球安装的 X、Y、Z 三维坐标。

② 矫正施工（标高调整、水平误差调整）。将实际测量的合龙线上每个球节点的三

维坐标与设计的三维标进行核对，利用千斤顶等进行标高矫正施工，保证两边网壳挠度一致；同时也可采用倒链对个别节点的水平 X、Y 位置进行调整。

③ 矫正后测量。网壳各球节点根据测量数据矫正后，再利用全站仪在计算合龙施工温度下对合龙线上每个球进行测量，测出每个球节点的三维坐标值。

④ 合龙线上杆件下料加工。根据矫正后测量出的各球节点的三维坐标值与设计值进行对比；计算出每个杆件的合龙施工时的长度，对于个别杆件误差，在不影响杆件质量的前提下，可在现场根据合龙时的杆件所需长度进行杆件加工。

⑤ 合龙施工。由多名焊工在规定的时间和温度下同时焊接，将全部网壳在整条合龙线上同时合龙。

合龙时，从中间向两边进行焊接，安装焊接杆件时先焊一端再焊另一端，不能两端同时焊接，以消除由焊接产生的装配应力。

（4）网壳安装的质量控制。焊接球节点的杆件与球的焊接必须全部焊透、无裂纹，焊缝应按有关规定进行无损探伤，焊接质量必须达到设计及国家有关规范要求。

① 杆件不允许存在超过规定的弯曲。

② 已安装网壳零部件表面应清洁、完整，无损伤、凹陷，无错装，对号准确，发现错装及时更换。

③ 钢网壳结构及屋面安装完成后，分别测量其挠度值，且所测得的挠度值不应超过设计值。

④ 油漆厚度和质量要求必须达到有关设计规范的规定。

（5）网壳安装完成后的允许偏差。网壳安装完成后依据相关规定进行验收，所有验收数据按有关规范取值，验收数据及检验方法如表 12-4-7 所示。

表 12-4-7 验收数据及检验方法

项目	允许偏差	检验方法
网壳节点中心偏移/m	≤1.0	用全站仪和经纬仪实测
纵向、横向长度偏差/mm	$L/2000$，且不应大于 30.0 $-L/2000$，且不应小于 -30.0	用卷尺实测
支座中心偏差/mm	$L/3000$，且不应大于 30.0	用卷尺和经纬仪实测
支座最大高差/mm	±20.0	用钢尺和水准仪实测

注：1. L 为纵向、横向长度；
2. 网壳安装完成后其挠度值不应超过相应设计值的 1.15 倍。

12.4.6 施工过程中遇到的难点与解决方案

难点 1：结构及施工安装工艺复杂、难度大。

解决方案：根据不同区域、不同结构形式采用不同的大型履带吊机进行钢结构构件的安装。加强总包单位、监理单位、施工单位配合，最大限度地减少交叉施工带来的影响。

难点 2：工程量大、工期短。

解决方案：投入 4 台 50～150t 的履带吊机、8 台 16～30t 的汽车吊，投入超过 100 台的各类型电焊机进行现场焊接，并派遣 3 支专业施工队伍进行安装，确保在要求的工期内完工。

难点 3：采用大量非标准构件，加工精度要求高。

解决方案：对于非标准的折弯钢柱，将根据本工程的实际情况制定专用胎架和模具，并制定专门的生产工艺，在箱型构件生产线上进行加工。对于 AB 区大屋盖的铸钢节点构件，将由专业铸钢加工厂家采用模具进行铸造以保证构件的精度和质量。

难点 4：AB 区大屋盖下部结构复杂、安装难度大。

解决方案：AB 区大屋盖的安装将采取在下部楼层上搭设满堂施工平台进行网架结构的安装。满堂施工平台搭设时，将根据下部的结构情况搭设高、低台阶状的工作平台。AB 区大屋盖网架结构采取双曲面结构、网架节点定位安装。

难点 5：H 区网壳曲面复杂，安装定位难度大。

解决方案：工厂严格按照设计要求进行加工，确保所有出厂构件的加工精度满足设计要求；可调节点定位托架进行球节点定位，同时全过程采用全站仪、经纬仪等进行测量控制。

难点 6：焊接工作量及难度大。

解决方案：对于本工程的焊接分项工程，必要时安排一名焊接高级工程师在现场指导熟练的电焊工进行焊接施工；同时制定科学、合理的焊接工艺，所有的焊接工艺都必须经评定合格后才可实施。

难点 7：温度变化影响大。

解决方案：采取合理的施工分段、安装顺序、焊接顺序，在温度变化大时，尽量在相同温度下进行相关部位的构件安装，同时对无法避免温度变化大导致的变形施工，应在严谨、科学的计算基础上，制定合理的施工工艺。

网壳结构具有优美的建筑造型，不论是建筑平面、立面或形体都能给设计师以充分的创作自由，薄壳与网架结构不能实现的形态，网壳结构几乎都可以实现，既能表现静态美，又可通过平面和立面切割及网格、支承与杆件等变化表现动态美。网壳结构可以用细小的构件组成很大的空间，这些构件可以在工厂预制，实现工业化生产，综合经济指标较好。网壳结构是典型的三维结构，合理的曲面可使结构受力均匀、节约钢材，具有较大的刚度，结构变形小，稳定性高。其施工简便、速度快，可适用于各种条件下的施工工艺。在网壳结构中，节点具有特殊的作用和重要性，因为每个节点上连接的杆件很多，各杆件处于空间位置，是多方位的；通过节点传递三维力系也很复杂。因此，节点构造的合理性与可靠性，同网壳结构的整体工作性能、形体变化、施工安装的简易性与经济性是紧密相关的。

12.5　复杂巨型钢框架结构关键施工技术

广东科学中心巨型钢框架结构具有大跨度、高低悬殊大、曲率变化大、造型特殊的特点。与传统、普通的结构相比，其受力性能、破坏机理力学分析及结构设计等都要复杂得多（图 12-5-1）。其工程特点和难点包括以下几点。

（1）工程结构形式包含巨型钢框架、钢管桁架结构形式，其中巨型钢框架结构含有大量带折线的"日"字形、"目"字形钢柱，其钢板厚度最厚达 90mm，采用 Q345C-Z25钢材，具有很大的加工难度。

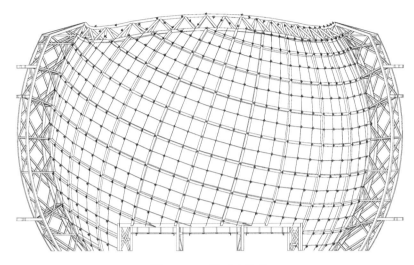

图 12-5-1　钢球壳结构

（2）结构布置复杂，特别是在 H 形巨型钢桁架结构中，腹杆与上下弦的连接节点，以及巨型钢格构箱型柱与柱间支撑连接节点相当复杂，各节点部位的节点板均突出在构件边缘，组装就位后的焊接工作面小，导致焊接难度加大。

（3）巨型钢框架为大跨度悬挑钢结构，"船头"部位悬挑长度大，特别是 E 区"船头"部位最大的悬挑长度达 45.289m，给施工带来很大的难度。

（4）施工工期压力大。主楼 C 区～F 区作为展厅区，其中的布展项目要求与其他区建筑工程同时完成，否则将直接影响整个广东科学中心的开馆日期，工期压力大。

在广东科学中心施工过程中，以主楼 C 区～F 区复杂巨型钢框架结构施工为背景，对复杂巨型钢框架结构的关键技术开展了研究，建立了以数字化空间三维实体建模详图设计技术、施工全过程模拟分析技术、实时监控技术为核心数字化应用及实时监控的成套技术，以厚钢板折弯成型技术、折弯"日"字形和"目"字形钢柱成型技术、复杂节点成型技术、厚壁窄坡口埋弧焊焊接技术为核心的复杂巨型钢框架的复杂构件与节点成型的成套技术，以及以大悬挑安装技术、安装焊接变形和焊接应力控制技术为核心的巨型复杂钢框架安装的成套技术，涵盖了巨型钢结构工程的设计制作和安装技术，为巨型钢结构工程积累了施工经验，提供了施工技术理论，具有良好的借鉴意义和指导作用。

12.5.1　复杂巨型钢框架的复杂构件与节点成型成套新技术

1. 厚钢板折弯成型技术

1）技术难点

该工程巨型钢框架结构中含有大量带折线的"日"字形、"目"字形钢柱，带折线钢柱上、下翼缘板厚为 50～90mm；折弯成型后夹角为 169°～179°，采用 Q345C-Z25 钢材，加工具有很大难度。

2）技术措施

经过对各种加工方法的加工质量、工作效率，特别是加工过程对材料损伤等各种因素综合分析，带折线钢柱上下翼缘板折弯应采取厚钢板热弯成型技术。

（1）成型工艺原理。将毛坯进行控温加热至一定温度后，在控温下锻压至符合设计要求形状。

（2）制作工艺流程：深化设计→下料→加热→锻压→检测→削口→验收。

（3）质量控制要点。

深化设计：展开面应按折弯时的中性截面进行展开，同时，板的订货厚度应比设计厚度增加 2.5mm。

加热温度：加热温度控制在 950～1050℃。

锻压温度：当温度低于 800℃时应停止锻压。

冷却方法：室温下自然冷却，严格禁止采用洒水冷却的方法。

加压速度：加压速度应缓慢，一般应小于 100mm/min。

（4）成型质量检查。钢板折弯成形后的尺寸需检验，同时还需对折弯处的钢板进行超声波探伤，检验折弯后是否有裂纹等缺陷。

最后结果表明：厚钢板折弯成形成功，板内侧呈菱角形，外侧有圆弧过渡，圆弧区域为 $2～3t$（其中 t 为钢板厚度）。这不仅有效地减少了焊接，而且在国内也是首次应用成功。

2. 折弯 "日" 字形、"目" 字形钢柱的成型技术

1）技术难点

该工程所使用的折弯 "日" 字形、"目" 字形钢柱均为异形构件，外形尺寸大且不规则，很难在箱型自动生产线上组装。

2）技术措施

（1）成型工艺原理。钢柱组装以下端面为胎模正造面。首先在胎模设置前，在承重钢平台上画出钢柱翼缘板的平面位置线、中间立板位置线、横隔板位置线的投影线和胎架位置线等，然后以此为基准设置胎模。胎模精度必须能够满足钢柱组装要求，胎模与钢柱接触面采用机械加工。

（2）制作工艺与流程。首先将折弯的钢柱下翼缘板用行车吊放到胎模上，对准端面企口位置线、中心线的投影线后固定在胎模上，按投影线位置分别吊放 "日""目" 字形钢柱中间立板和隔板，然后吊上折弯的上翼缘板并加以固定形成折弯的 "工" 字形，最后通过两边的液压系统把两侧腹板封闭，"日""目" 字形钢柱组装成型。

（3）质量控制要点。折弯 "日" 字形、"目" 字形钢柱的组装时，应在中间立板与上下翼缘板焊缝处焊接，采取 CO_2 气体保护焊；正面焊、反面清根，焊接时要求对称施焊。

（4）成型质量检查。焊接完成 24h 后进行超声波探伤检查焊缝质量。

3. 复杂节点成型技术

1）技术难点

巨型格构折弯 "日" 字形、"目" 字形钢柱与柱间支撑连接节点相当复杂，各节点部位均突出在构件边缘，且方向各异、组装难度大。

2）技术措施

首先将制作好的 "日" 字形、"目" 字形钢柱，以及节点的实际数据输入计算机（此时要考虑厚钢板折弯成型和钢柱的成型所产生的误差），通过三维建模形成构件邻接关

系,从而精确定位出节点成型的控制线和控制点,然后采用厚壁窄坡口埋弧焊焊接技术,使复杂节点成型后的误差控制在允许范围内。

(1)成型工艺原理。首先以轴线截面中点和关键点作为复杂节点成型的控制线和控制点;然后将控制线或控制点转换为二维平面坐标和面外相对标高,实施时先定二维平面控制点;最后从平面控制点向面外垂直引出三维空间控制点,用三维空间控制点来控制各部件的空间位置。

(2)制作工艺与工艺流程。钢柱节点采取卧式法在胎架上组装,即:首先在刚性平台上划出钢柱中心线和各节点中心线的投影线,端部位置线;然后以此为基准向两边布置胎架,胎架标高按组装节点的要求设置。

(3)质量控制及质量检查。用全站仪测量各节点的端面尺寸,检验各节点组装后的中心线的投影线与钢柱中心线夹角是否正确。

节点与钢柱的组装采取 CO_2 气体保护焊,焊接原则是先腹板后翼板,同时对称施焊。焊前检验焊接部位的组装质量,焊接过程应连续,但应控制好层间温度,焊后保温缓冷并进行 UT 探伤;节点组装后还需整体检测,对局部超差部位实施矫正。

最后结果表明:厚壁窄坡口埋弧焊焊接技术,不仅提高了焊接速度,降低了焊缝返修率,而且焊缝质量得到了保证,达到了事半功倍的效果。

4. 技术难点和工程应用研究

巨型复杂钢框架的复杂构件与节点成型、成套技术包括厚钢板折弯成型技术,折弯"日"字形、"目"字形钢柱的成型技术,复杂节点成型技术及厚壁窄坡口埋弧焊焊接技术。此四项技术在工程中的运用尚不多见,而以"提高单件精度、保证整体精度"为原则综合运用此四项技术所建立的成套技术,确保了巨型复杂钢框架的制作质量,加快了制作进度,为现场安装一步到位打下了坚实的基础。

1)技术难点

巨型钢结构的技术难点是其节点的连接。巨型钢结构节点不同于一般节点,其传力途径与构造形式都十分复杂,同时面临不同形式构件、不同材料构件间的复杂连接。构件连接节点是保证钢结构体系安全可靠的关键部位,对结构受力性能有着重要影响,杆件连接处易产生局部变形和应力集中现象,结构的连接节点,如梁柱节点柱与支撑的连接节点、柱脚节点等,一般都采用高强螺栓或者是焊缝连接,遵循"强节点弱构件"的设计准则,而巨型钢结构主结构的节点连接则要复杂得多。巨型柱与巨型梁、巨型支撑的连接,以及柱脚处的连接必须保证有足够的刚度,这样才能保证整个结构的整体性能,并提供足够的抗侧力刚度,因此必须保证巨型钢结构节点之间连接组装的质量。

该工程巨型格构折弯"日"字形、"目"字形钢柱与柱间支撑连接节点复杂,各节点部位均突出在构件边缘,方向各异,而且厚板用量非常大,厚板厚度达到 90mm,材质为 Q345C-Z25,不仅组装难度大,而且组装质量尚需重点考虑现场安装时焊接变形小、焊接残余应力小、操作可行、易于保证质量等因素。

2)技术措施

在复杂节点成型前,首先将制作好的"日"字形、"目"字形钢柱,节点的实际数据输入计算机(此时要考虑厚钢板折弯成型和钢柱的成型所产生的误差),通过三维建模形成构件连接关系,从而精确定位出节点成型的控制线和控制点,然后采用厚壁窄坡口埋弧焊焊接技术，使复杂节点成型后的误差控制在允许范围内。该项技术是以三维建模技术和厚壁窄坡口埋弧焊焊接技术为核心而建立的，可称之为节点的再造型技术。

3）实施效果

节点再造型技术是针对巨型钢框架结构，从结构设计、制作和安装等多个角度对复杂节点成型进行分析和研究，并在实践中摸索和总结出来的。节点再造型技术的运用，避免了巨型钢结构复杂节点放样出错，保证了巨型钢结构节点之间组装的质量，使复杂节点的成型更为有效、经济、合理，使后期结构的安装更为简单和有效。

4）工程实例

复杂节点成型前，将制作好的异型钢柱、节点的实际尺寸数据输入计算机（此时要考虑厚钢板折弯成型和钢柱的成型所产生的误差），通过三维建模形成构件邻接关系，并要充分考虑复杂节点焊接过程中所产生的误差，在复杂节点成型后误差的允许范围内，对前期制作过程中所产生的误差进行校正，并将节点成型的控制线和控制点打在钢柱上，然后采用厚壁窄坡口埋弧焊焊接技术，对复杂节点进行焊接组装，确保复杂节点成型后的误差控制在允许范围内。

12.5.2 复杂巨型钢框架安装技术

1. 工程特点与难点

该工程的 C 区～F 区均为大跨度悬挑钢结构，其中 C 区船头部位最大悬挑长度约 39m，D 区船头部位的最大悬挑长度约 41m，E 区船头部位的最大悬挑长度约 45m，F 区船头部位的最大悬挑长度约 40m。各区钢柱由巨型格构箱型柱和单个箱型柱组成，巨型格构型柱由 6 个不同截面的四边形，以及"日"字形、"日"字折弯型钢柱组成，巨型格构箱型柱间的空间，设计成连接上、下层间的钢梯通道。该工程的 C 区～F 区钢结构具有以下特点。

1）工程特点

（1）施工工期短。主楼 C 区～F 区作为展厅区，其中的布展项目要求与其他区建筑工程同时完成，否则将直接影响整个广东科学中心的开馆日期，工期压力大。

（2）结构布置复杂，特别是 H 型桁架结构中，腹杆与弦的连接节点和巨型格构箱型柱与柱间支撑连接点相当复杂，各节点的节点板均突出构件边缘。节点板对腹杆和支撑的组装产生阻挡，就位困难。组装就位后的焊接工作面小，焊接难度大。

（3）焊接工作量大，质量要求高，有大量的一级焊缝。

（4）从整个施工现场看，施工作业面很大，等到进行各区吊装作业时，则显得施工作业场地狭小，不能满足多台机械吊装。

（5）船头部位悬挑长度超过以往钢结构工程，特别是 E 区船头部位的悬挑长度超过 45m，给施工带来很大的难度。

2）工程难点

基于以上工程特点，其 C 区～F 区大跨度悬挑钢结构安装具有以下难点。

（1）工程包含钢构件类型繁多，全部用焊接连接，且所有安装焊接节点都在高空组对焊接，焊接难度大。

（2）焊接质量要求高，焊口组对形状复杂，施焊工作量大。

（3）巨型钢框架为大跨度悬挑钢结构，船头部位悬挑长度超过以往钢结构工程实例，安装变形及安装完成后结构的空间几何尺寸的精确度难以控制。

2．施工方案

在通过施工模拟仿真分析后，确定进行该部分钢结构的安装时，钢柱采用直接吊装就位的方法；钢桁架采用在地面拼装、吊机吊装就位的方法；屋面管桁架采用部分吊装、部分散装的方法进行安装。其施工安排如下。

1）施工阶段划分

根据 C 区～F 区的结构形式及施工模拟仿真分析所确定的整体先施工主框架、后次框架的方法，分两个阶段进行安装。

第一施工阶段：以三层楼面为界，一次安装完成，包括一层、二层、三层钢柱和二层 H 形桁架结构，即形成完整、稳定的巨型钢框架。

第二施工阶段：屋面管桁架和斜立柱的安装。

2）施工安装顺序

根据施工模拟仿真分析所采用的整体先施工主框架、后次框架的方法，确定如下安装原则：先钢柱、后桁架；先下层、后上层，先主桁架、后次桁架，最后是悬挑及船头桁架。

安装方向：由接近 B 区部位往船头方向进行。

3）吊装方案选择

根据工程结构特点和结构的布置形状，C 区～F 区采用 150t 履带吊跨内外相结合的方法进行吊装。

4）屋面桁架的安装方法

屋面桁架采用胎架工作平台散装法和跨外吊装相结合的方法进行安装，即两个区的"花瓣"连接处的开始点到 B 区距离内的屋面桁架采用三层楼面搭设工作平台散装就位，其余部位屋面桁架采用在三层楼面拼装，两侧双机抬吊吊装就位。根据施工模拟仿真分析确定安装顺序，待钢柱内侧桁架吊装就位完毕后，再进行船头和悬挑桁架的吊装就位。

屋面桁架的安装以 DWZH1/2/3 的主桁架为例说明如下。

（1）吊点位置布置轴测示意图如图 12-5-2 和图 12-5-3 所示。吊点采用直接用钢丝绳绑扎在节点的形式。

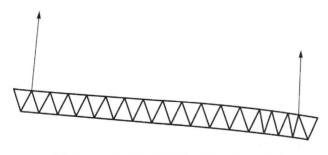

图 12-5-2　吊点位置布置轴测示意图（一）

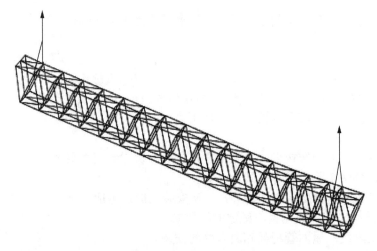

图 12-5-3 吊点位置布置轴测示意图（二）

（2）屋面主桁架吊装工况。屋面主桁架的质量相差不大，选取以 DWZH1/2/3 为典型桁架，进行吊装工况分析。

（3）吊装工况。吊装桁架长度约 45m；吊装桁架 DWZH1/2/3 的质量约 30t；桁架起吊高度约 38.0m；吊装方式为双机抬吊；吊机为 2 台 100t 履带吊；吊机参数为吊臂长47.75m，吊装半径为 14m，起重量为 19.8t。

5）船头悬挑桁架的安装

根据施工模拟仿真分析所采用的整体先施工主框架、后次框架的方法，确定如下安装顺序：二层船头主桁架→三层船头主桁架→屋面船头主桁架。

屋面主桁架吊装示意图如图 12-5-4 和图 12-5-5 所示。

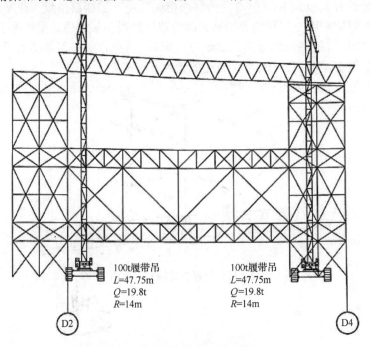

图 12-5-4 屋面主桁架吊装示意图（一）

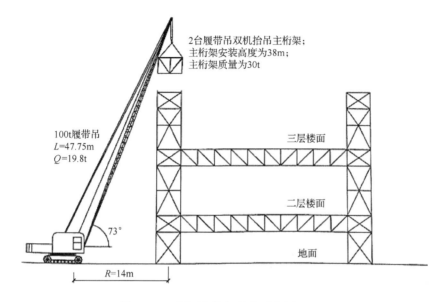

图 12-5-5　屋面主桁架吊装示意图（二）

船头桁架的安装以二层船头桁架为例说明如下。

二层船头桁架直接支撑在格构柱上，二层船头桁架平面布置如图 12-5-6 所示。

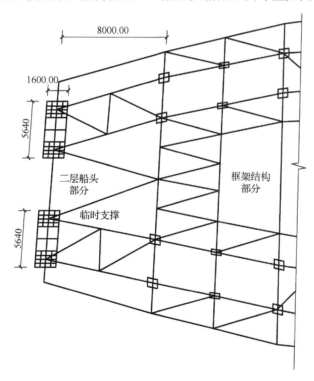

图 12-5-6　二层船头桁架平面布置

从图 12-5-6 中可以看出，船头桁架是两榀主桁架的外伸部分，其悬挑长度为 8m。由于两榀主桁架之间的支撑连接为较弱的连接，船头桁架不能一次整体吊装，需要分为两部分进行吊装。

船头桁架总重约 20t，分成两个主桁架部分后，每部分的吊装质量约 10t，采用 100t 履带吊进行吊装。

二层船头桁架吊装采用四点绑扎。

当二层船头部分主桁架吊装完后，用 25t 吊机吊装二层船头剩余的杆件，复核所有构件尺寸，确认无误后进行焊接。

3. 安装焊接变形和焊接应力控制技术

钢材的焊接通常采用熔化焊方法，即在接头处局部加热，使被焊接材料与添加的焊接材料熔化成液态金属，形成熔池，随后冷却凝固成固态金属，使原来分开的钢材连接成整体。由于焊接加热，熔合线以外的母材产生膨胀，接着冷却，熔池金属和熔合线附近母材产生收缩，因加热、冷却这种热变化在局部范围急速进行，膨胀和收缩变形均受到拘束而产生塑性变形。这样，在焊接完成并冷却至常温后，就容易产生残余变形和残余应力。

该工程规模庞大，C 区～F 区为全钢框架结构，巨型格构式钢柱及桁架组成巨型框架体系屋盖采用管桁架。如何保证焊后空间几何尺寸精确度，减少焊接输入热量对结构尺寸的影响，是焊接工艺要考虑的重点。

1）操作工艺与焊接工艺流程

（1）焊接方法的确定：该工程现场焊接以全方位焊缝为主，部分接头为仰焊，钢板材料最厚达到 90mm。传统单一的手工电弧焊，敲渣剔瘤工作量大，影响工期，而且手工电弧焊的热量输入大，焊接变形和焊接应力难以控制。因此，必须打破传统单一的焊接方法，确定选用手工电弧焊打底、盖面，CO_2 气体保护焊中间填充结合的混合焊接技术。

（2）焊接材料。焊条 E5015，直径 2～5mm，焊丝 TWE71，直径 1.2mm；保护气体为 CO_2，气体纯度指标≥99.5%，含水率＜0.005%。

（3）焊接工艺。焊接前的准备：采用锉刀和纱布等将对接坡口 20～25mm 处的锈蚀、污物等清除干净；组对错边现象必须控制在 2mm 以内，衬垫板必须紧密贴合牢固。

根据钢板厚度选择预热温度，当焊接环境温度低于 10℃且空气湿度大于 80%时，采用氧、乙炔中性焰对坡口进行加热除湿处理，使对接口两侧 100mm 范围环境温度均匀达到 100℃左右。在进行对接焊接时，采用左右两焊口同时施焊的方式，操作者采用外侧起弧逐渐移动到内侧施焊，每层焊缝均按此顺序实施，直至节点组对焊接完毕。施焊完毕后进行后热处理，加热至 200～250℃，保温后缓冷至室温。

2) 质量控制要点

安装焊接过程中的质量控制主要是控制焊接变形和焊接应力。

影响焊接变形和焊接应力的主要因素如下。

（1）焊接方法。钢材的焊接连接通常采用手工弧焊、CO_2 气体保护焊、埋弧自动焊等焊接方法（包括针对不同焊接接头形式选用的施焊工艺参数）。因这些焊接方法输入的热量不同，引起的焊接残余变形量也不同。

（2）接头形式。钢材接头通常有对接接头、T 形接头、十字形接头、角接头、搭接接头和拼装板接头，且一般采用对接焊缝的角焊缝。构成焊缝断面积及影响散热（冷却速度）的各项因素包括板厚、焊缝尺寸、坡口形式及其根部间隙、熔透或不熔透等。

（3）焊接条件。预热和回火处理，以及环境温度等对钢材冷却时温度梯度的影响因素。

（4）焊接顺序及拘束条件。对于一个立体的结构，先焊的部件对后焊的部件将产生不同程度的拘束，其焊接变形也不相同。为防止扭曲变形，应采用对称施焊顺序。

3) 焊缝质量检查

（1）所有焊缝均需进行目视检查，并记录成表。

（2）焊缝表面严禁有裂纹、焊瘤等缺陷。一、二级焊缝不得有表面气孔、夹渣、弧坑裂纹、电弧擦伤等，且一级焊缝不得有咬边、未满焊、根部收缩等缺陷。

（3）三级焊缝外观质量标准应符合《钢结构工程施工质量验收标准》（GB 50205—2020）附录 A 的规定。

（4）焊缝应达到外形均匀、成形较好，焊道与焊道、焊道与基本金属间过渡较平滑，焊渣和飞溅物基本清除干净。

（5）探伤人员必须具有二级探伤资格证，出具报告者必须是三级探伤资质人员。

（6）探伤不合格处必须返修，在探伤确定缺陷位置两端各加 50mm 清除范围，用碳弧气刨进行清除，在深度上也应保证缺陷清理干净，然后再按焊接工艺进行补焊。

（7）同一部位返修不得超过两次。

4. 效果分析

1) 复杂巨型钢框架安装技术

复杂巨型钢框架安装技术包括大悬挑安装技术、安装焊接变形和焊接应力控制技术，保证了 C 区~F 区钢框架结构施工高质量、安全、高效顺利地完成。

该技术根据施工模拟仿真分析，确定了整体先施工主框架、后次框架的方法，较分层法施工速度要快，完成施工后结构更能体现巨型框架两级受力体系的特性，而且在 C 区~F 区钢框架结构施工期间，其与其他工序按计划实施了交叉，保证了施工总体部署的实现。随着施工方法和技术装备的进步，现在越来越多的巨型框架施工采用这种先施工主框架、后次框架的方法。

2）结构再造型技术

（1）技术难点。巨型钢结构安装过程中因悬挑、自重、现场环境、温度变化等因素会产生变形，安装变形及安装完成后结构的空间几何尺寸的精度极难控制。

巨型钢结构的结构布置复杂，特别是在 H 型巨型钢桁架结构中，腹杆与上、下弦的连接节点和巨型格构箱型柱与柱间支撑连接节点相当复杂，各节点部位的节点板均突出构件边缘。节点板对腹杆和支撑的组装产生阻挡，就位困难。组装就位后的焊接工作面小，焊接难度大。

（2）技术措施。在巨型钢框架结构的桁架安装前，首先将制作好的桁架实际数据输入计算机（考虑前期制作产生的误差），通过三维建模形成桁架与已安装结构的邻接关系，从而精确定位出桁架安装的控制线和控制点，以保证顺利对位；然后采用安装焊接变形和焊接应力控制技术，使结构成型后的空间几何尺寸误差控制在允许范围内。此项技术是以三维建模技术、安装焊接变形和焊接应力控制技术为核心而建立的，也可称之为结构的再造型技术。

（3）实施效果。结构再造型技术是针对巨型钢框架结构，从桁架安装成型的角度进行分析和研究，并在实践中摸索和总结出来的。结构再造型技术的运用，避免了巨型钢结构桁架安装对位出错，提高了巨型钢结构桁架安装就位效率，保证了巨型钢结构安装质量，确保了结构成型后的空间几何尺寸的精确度，使得结构的安装闭合更加简单、合理。

5. 工程实施效果

通过上述合理、科学的施工，工程质量达到国家有关标准和设计要求。施工过程中，对钢结构构件和节点全部做了超声波检测，检测结果全部符合相关规范要求。另外，在施工过程中，对钢框架进行动态监测，其结果显示，各区钢结构中最大拉应力为 65.5MPa，仅为设计屈服荷载的 20.8%；最大压应力为 45.8MPa，仅为设计屈服荷载的 14.5%；最大挠度为 14.6mm，未超出相关规范的规定和要求；因此，在施工过程中荷载以结构自重为主，应力仍维持在较低水平，结构在施工过程中是非常安全可靠的。

巨型复杂钢框架结构关键施工技术的成功应用，为后续土建工程、幕墙工程乃至展项的提前插入交叉施工创造了条件，大大缩短了整体建设工期，有力保证了广东科学中心工程"国内领先、国际一流"建设目标的实现。

6. 结语

复杂巨型钢框架结构在关键施工技术中的研究与应用，解决了施工过程中的诸多难题，保证了广东科学中心安全顺利地建造成型并投入正常使用，其具有以下重要的意义。

（1）以厚钢板折弯成型技术、折弯"日"字形和"目"字形钢柱成型技术、复杂节点成型技术、厚壁窄坡口埋弧焊焊接技术为核心的复杂巨型钢框架的复杂构件与节点成型成套技术的应用，避免了巨型钢结构复杂节点放样出错，解决了巨型钢框架结构制作时复杂节点成型后的误差控制问题，使得复杂节点的成型更为有效、经济、合理，同时也解决了带折线异形钢柱制作中的厚钢板弯折成形的难题。

（2）以大悬挑安装技术、安装焊接变形和焊接应力控制技术为核心的巨型复杂钢框架安装成套技术的应用，避免了巨型钢结构桁架安装对位出错，提高了桁架安装就位效率，解决了结构安装成型后的空间几何尺寸误差控制问题，确保了结构成型后的空间几何尺寸的精确度，使结构的安装闭合更加简单、合理。

12.5.3 巨型钢结构施工

1. C 区～F 区钢结构特点

（1）施工工期紧，结构布置复杂，特别是 H 形桁架结构中的腹杆与弦的连接节点和巨型格构箱型柱与柱间支撑连接点相当复杂，各节点的节点板均突出构件边缘。节点板对腹杆和支撑的组装产生阻挡，就位困难。组装就位后的焊接工作面小，焊接难度大。

（2）焊接工作量大，质量要求高，有大量的一级焊缝。

（3）从整个施工现场看，施工作业面很大，等到进行各区吊装作业时显得施工场地狭小，不能满足多台机械吊装。

（4）船头部位悬挑长度超过以往钢结构工程，特别是 E 区船头部位的悬挑长度达44.289m，给施工带来很大的难度。

2. C 区～F 区施工部署

（1）根据 C 区～F 区的结构形式，施工安装分三个阶段进行。

① 第一施工阶段：以三层楼面为界，安装一层、二层、三层钢柱，二层、三层主次桁架结构和屋顶管桁架以下的三层钢柱。

② 第二施工阶段：二层、三层船头部分悬挑桁架吊装。

③ 第三施工阶段：屋面管桁架和斜立柱的安装。

综上所述，首先进行第一、二施工阶段安装，然后进行第三阶段的屋面管桁架和斜立柱的安装。

（2）施工安装程序。

安装原则：先钢柱后桁架，先下层后上层，先内后外，先主桁架后次桁架，再悬挑桁架。

安装方向：由接近 B 区部位往船头方向进行。

① 第一施工阶段的施工顺序如图 12-5-7 所示。

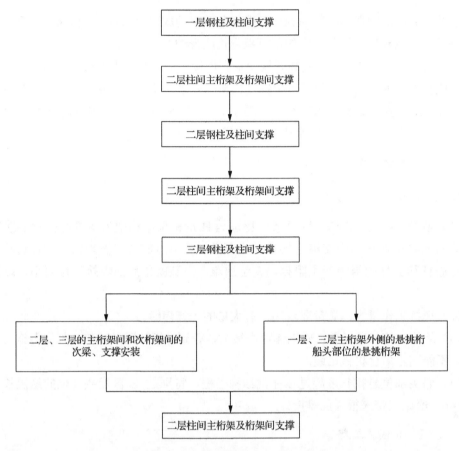

图 12-5-7　第一施工阶段的施工顺序

② 第二施工阶段的施工顺序如图 12-5-8 所示。

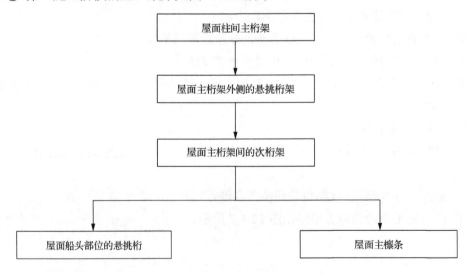

图 12-5-8　第二施工阶段的施工顺序

3. C区～F区施工技术

1）钢柱吊装

钢柱吊装原则：先内后外，先下后上。

钢柱安装主要由跨外100t履带吊进行吊装，采用两点绑扎，绑扎点设在钢柱上端部两侧耳板上，进行吊升旋转就位。

钢柱安装程序：钢柱吊升就位→钢柱临时固定（采用缆风绳）→钢柱校正→钢柱固定（焊接劲板）。

（1）钢柱吊装参数选择。

① 一层、二层单个钢柱最大自重为30t，吊装高度为21m，采用100t履带吊，选择臂长为39.65m，回转半径为10m，最大起重量31.4t为钢柱吊装参数。

② 三层单个钢柱最大自重为13t，最大吊装高度为33.5m，选择100t履带吊，臂长为39.65m，回转半径为16m，最大起重量为15.7t。

（2）巨型格构柱的安装工况。

① 将巨型格构柱以单一钢柱的形式，分别进行单独就位，就位完成一个，要求校正固定一个。

② 巨型格构柱的吊装顺序，先中间钢柱后两侧钢柱，便于进行轴线控制。

③ 就位前提前复测下层柱的柱顶标高。如标高误差偏大应及时修改钢柱长度，将标高误差控制在规定范围内，标注好柱子中心线便于轴线控制。

④ 巨型格构柱就位校正，固定完毕后，搭设巨型格构钢柱外围脚手架，为巨型格构柱间的支撑安装做准备。

⑤ 钢柱临时固定采用在箱型柱周围侧面焊接连接劲板，每侧焊接焊块。

⑥ 脚手架搭设完毕后，进行柱间支撑就位，就位时直接由柱顶吊入巨型格构钢柱内，调整就位标高，水平向外侧推进就位，就位完毕采用焊接劲板与钢柱牛腿，将它们连成整体。就位过程中，必须避免其与钢柱相碰撞，控制落下的速度。

（3）单个钢柱的安装。当跨外履带吊因回转半径、吊臂幅度影响而无法进行钢柱就位时，将由跨内轮式汽车吊进行对单个钢柱就位，吊装固定的方法可参照巨型格构钢柱单个钢柱吊装的方法进行。

（4）单个箱形钢柱的焊接。单个箱形钢柱的焊接应在钢柱两侧同时对称焊接，焊接时用火焰在焊缝两侧100mm范围内进行预热清洁焊道。焊接过程中的焊缝高度为整体高级的40%时，必须转换到另一侧对称施焊，余下的焊缝高度，应焊接一道转换一次，直到焊接完成。

（5）巨型格构柱的对称焊接。

① 焊接顺序：应先支撑就位后焊接钢柱；先中间钢柱后两侧钢柱。

② 巨型格构柱的焊接原则：钢柱两侧同时对称进行，相对称的钢柱必须同步跟进。

③ 巨型格构柱焊接平面示意图如图12-5-9所示（依据编号的先后，同时对称焊接、转换）。

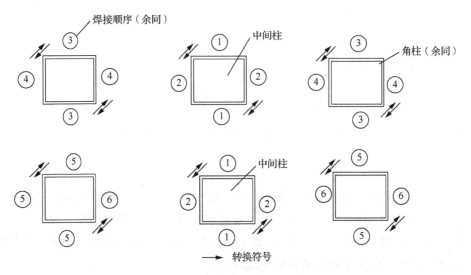

图 12-5-9　巨型格构柱焊接平面示意图

④ 巨型格构柱的焊接过程可参照单根钢柱的焊接方法进行施焊。

2）主、次桁架拼装

（1）主桁架的拼装。主桁架的拼装分为两种，即立式拼装和卧式拼装，常以卧式拼装为主。

① 主桁架的立式拼装。立式拼装为跨下不分段整体拼装，拼装位置选择在其投影下部侧向部位，拼装不分段，拼装完成后直接起吊。

a. 组合拼装前测量巨型格构柱间的长度及主桁架间上、下弦两端与格构柱桁架形成的角度，完成搭设胎架工作平台。

b. 搭设完成拼装胎架，胎架位置选择在主桁架投影下方外侧位置，要求架的立柱可靠，立柱侧向用钢管脚手架进行固定，保持其侧向稳定。产生过大的应力会导致桁架杆件变形。

c. 测量完成上、下弦高度和桁架中心线，要求下弦的搁置高度不小于 400mm，下部配置一定数量的千斤顶，作为桁架立式拼装过程中因自重下挠时顶升。

d. 上、下弦杆的对接组合：将弦杆在胎架上对接，上、下弦杆对接完成后，分别进行桁架上、下弦杆就位，调平，调整桁架上、下弦垂直度和平整度，以及上、下弦间距离。

e. 标注主桁架腹杆的节点位置中心点，放样时节点由中间向两侧进行。

f. 腹杆组装的顺序按设计要求进行。

g. 腹杆组装完毕后，报监理公司和第三方检测单位进行验收。

② 主桁架的卧式拼装。卧式拼装为跨外分段拼装、跨内下组装拼装，完成后起吊安装。

a. 卧式拼装的拼装场地布置在起吊桁架投影部位附近，以减少二次搬运的距离。

b. 卧式拼装时，对胎架的要求及桁架拼装要求同立式拼装。

c. 卧式拼装时拼装桁架的分段不宜过长，以免桁架起吊翻身时产生过大的应力导致桁架杆件变形。

（2）次桁架的拼装。

① 次桁架组合、拼装、运输。次桁架的就位位置在跨内主桁架之间，采用跨外卧式组合。拼接长度为12m时，平均分成两段进行拼装，由平板车运送到吊装部位，跨外履带吊运到跨内，再将分段桁架在跨内对接，由跨内轮式汽车吊进行吊装就位。榀桁架小于12m时，组装拼接时不分段，拼装完成后由平板车运送到吊装位，由跨外履带吊转运到跨内，然后由跨内轮式汽车吊进行吊装就位。

② 次桁架的卧式组合拼装。

a．组合拼装前准备工作。测量主桁架间各个单榀桁架上、下弦两端边缘距离，以及与主桁架形成的角度，完成搭设胎架工作平台。

b．桁架组合拼装。首先在胎架工作平台上组装对接分段的桁架下弦，上、下弦对接完成进行校正，并控制桁架与主桁架间形成的尺寸关系和起拱尺寸标注腹杆节点的定位。然后将定位板焊接在桁架上下弦外侧和端部，阻挡桁架的自由移动，完毕后再次复测桁架的尺寸轴线和水平度标注的腹杆安装定位中心点，准确无误后进行下道工序腹杆的安装。

c．腹杆组装的顺序是由桁架中心往两侧进行，安装过程要消除腹杆节点的累积长度误差，组装完成后，在桁架两端将桁架上、下弦通过附加钢管焊接连成一个整体。

d．为了确保能够顺利组装，桁架上弦加工时，上弦的一侧节板不在工厂内焊接，须待桁架腹杆组装就位后再进行焊接。

e．腹杆组装完成后，再次复测桁架的水平度及腹杆的节点位，准确无误后，进入下道工序进行焊接。

f．腹杆的焊接顺序，宜由中心往两侧进行，焊接时上、下弦对称进行，目的是减少焊接过程中出现单方向变形。

g．焊接完成后进行焊缝检测，并矫正焊接过程中产生的局部变形。

h．采用火焰矫正法矫正变形部位的桁架。

i．验收合格后，运送到就位点，等待吊装就位。

桁架卧式拼装图如图12-5-10所示。

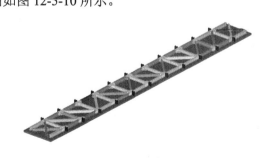

图12-5-10　桁架卧式拼装图

3）主、次桁架吊装

桁架安装就位顺序：桁架吊升→水平调整→到达预定标高→水平推进就位→临时固定→校正→桁架固定。

（1）主桁架的安装工艺。

① 主桁架的吊装原则：先二层桁架后三层桁架，先标高调整后水平推进就位校正。

② 主桁架吊装就位由跨外一台 100t 履带吊进行单机起吊，随后绑扎桁架。

③ 吊点位置选择在主桁架上弦，离桁架中间最近的两边的腹杆与上弦连接的节点部位。

④ 吊装前预先在桁架与钢柱连接处，标注出桁架的中心线和上弦标高位置及桁架边缘的位置，便于桁架起吊后的就位、调整。同时拆除架的组合胎架，做好胎架拆除时桁架的稳定工作。

⑤ 桁架吊升离地悬空后，应暂时停止上升，此时地面工作人员必须进行桁架两侧上弦水平调整，水平调整完毕，方能进行吊升。

⑥ 桁架吊升过程中，吊机应保持匀速向上提升。

⑦ 桁架提升到预定的标高后，由外侧水平向内推进就位，同时调整好上、下弦尺寸的位置、标高，然后用预先准备好的劲板固定桁架上、下弦（采用焊接固定）。

⑧ 待桁架焊接完毕后，吊机方能卸钩。

（2）次桁架的吊装。

① 次桁架的安装总体方法。次桁架的安装程序与主桁架安装相同，由架空层内的轮式汽车吊进行吊装就位，桁架吊装就位顺序从接近 B 区往船头方向进行，在推进的过程中，二层、三层桁架以一次机械停置，完成桁架吊装就位为宜，以此类推，直到跨内桁架及桁架间的次梁、支撑完成为止。其吊装就位的方法可参照主桁架。

② 次桁架吊装的吊点布置。次桁架吊装采用两台 25t 汽车吊双机抬吊，两点绑扎。

双机抬吊吊点位置布置原则：桁架上弦，距离桁架端部最近的一个腹杆与上弦连接的节点部位。

单榀桁架采用双机抬吊吊装。以 DCHJ206 型桁架为例说明。

桁架长约 27m，吊点位置布置立面图如图 12-5-11 所示。

图 12-5-11　吊点位置布置立面图

吊点形式：采用在弦杆上安放吊装用护角，直接用钢丝绳绑扎的形式。

其余单榀次桁架的吊装同 DCHJ206 的吊装，吊点位置、形式相同，吊点均布置在桁架上弦，距离桁架端部最近的一个腹杆与上弦连接的节点部位。

③ 次桁架吊装工况分析。次桁架的吊装过程中，由于相同轴线位置处二层、三层的桁架的相差不大，但三层桁架的安装高度比二层桁架安装高度高许多，故选层取最重、最长的桁架进行典型桁架吊装工况分析即可。选取 DKHT305 型桁架进行分析。

吊装工况如下所述。

吊装桁架长度：约 26m。

吊装桁架重量：DKHT305 重约 13t。

桁架起吊高度：21m。

吊装参数选择如下所述。

吊装方式：双机抬吊。

吊机型号：2 台 25t 汽车吊。

吊机参数：吊臂长 L 为 26m，吊装半径 R 为 7.5m，起重量 Q 为 7.7t。

次桁架吊装示意图如图 12-5-12 所示。

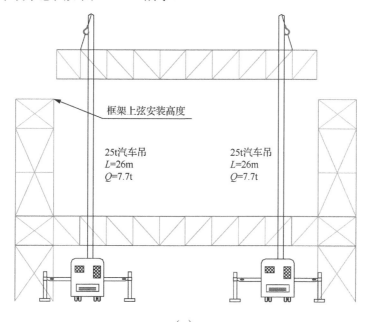

框架上弦安装高度

25t汽车吊
L=26m
Q=7.7t

25t汽车吊
L=26m
Q=7.7t

（a）

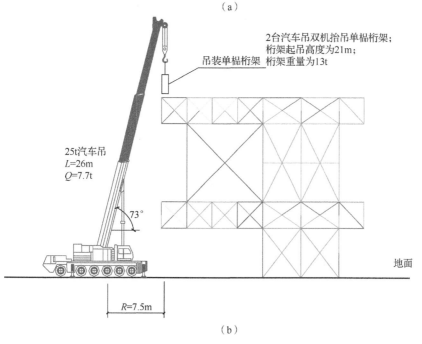

2台汽车吊双机抬吊单榀桁架；
桁架起吊高度为21m；
桁架重量为13t

吊装单榀桁架

25t汽车吊
L=26m
Q=7.7t

73°

地面

R=7.5m

（b）

图 12-5-12　次桁架吊装示意图

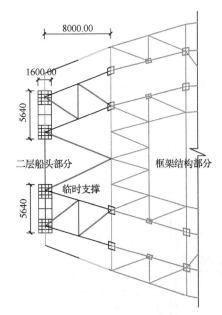

图 12-5-13　二层船头桁架平面布置
及临时支撑平面布置

（3）船头桁架的吊装。船头部位为悬挑结构，其中 C 区船头部位最大悬挑部位长度为 36·48m，D 区船头部位最大悬挑部位长度为 40.709m，E 区船头部位最大悬挑部位长度为 44.289m，F 区船头部位最大悬挑部位长度为 39.542m。

① 组装。船头桁架在专用胎架上进行拼装。

② 二层桁架吊装。二层船头桁架直接支撑在格构柱上，二层船头桁架平面布置及临时支撑平面布置如图 12-5-13 所示。

从图 12-5-13 中可以看出，船头桁架是两榀主桁架的外伸部分，其悬挑长度约为 6m。由于两榀主桁架之间的支撑连接较弱，船头桁架不能一次整体吊装，需要分为两部分进行吊装。

船头桁架总重约 20t，分成两个主桁架部分后，每部分的吊装重量约 10t，采用 100t 履带吊进行吊装（图 12-5-14）。

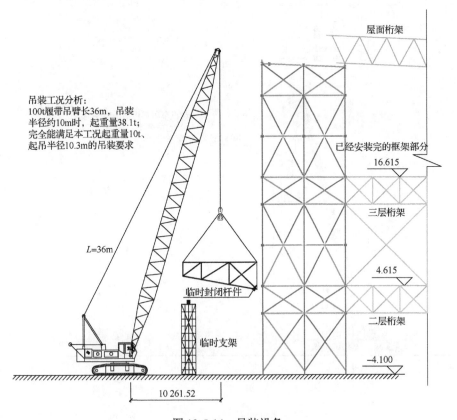

图 12-5-14　吊装设备

二层船头桁架吊装采用四点绑扎，吊装示意图如图 12-5-15 所示。

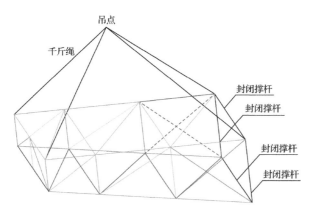

图 12-5-15　吊装示意图

当二层船头部分主桁架吊装完后，用 25t 吊机吊装二层船头剩余杆件，复核所有构件尺寸，确认无误后进行焊接。

③　三层桁架吊装。三层船头桁架平面布置及临时支撑布置图如图 12-5-16 所示。

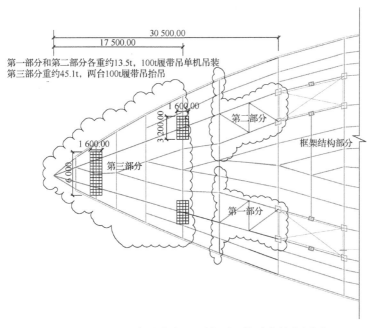

图 12-5-16　三层船头桁架平面布置及临时支撑布置图

a．三层船头桁架悬挑总长度为 30.5m，悬挑部分总重量约为 72.1t，根据其结构形式及与二层悬挑部分的关系，显然一次性吊装存在很大的困难，因此需要将其分成三部分进行吊装（图 12-5-16）。

b．先安装二层和三层船头部分之间的垂直支撑（图 12-5-17），然后开始吊装三层船头桁架。

c．三层船头桁架首先用两台 100t 履带吊采用单机起吊的形式同时吊装第一部分桁架和第二部分桁架；然后等第一部分和第二部分桁架间的联系桁架相互连接好后才可以松钩，以形成稳定的空间结构，防止第一部分和第二部分的桁架扭曲。

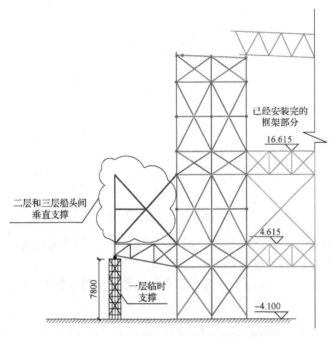

图 12-5-17　二层和三层之间的垂直支撑

　　本施工过程需严格保证其施工精度，第三部分悬挑船头需要以预先吊装好的悬挑部分为基准进行吊装。

　　d. 三层悬挑桁架的第一部分和第二部分吊装立面和平面示意图如图 12-5-18 和图 12-5-19 所示。

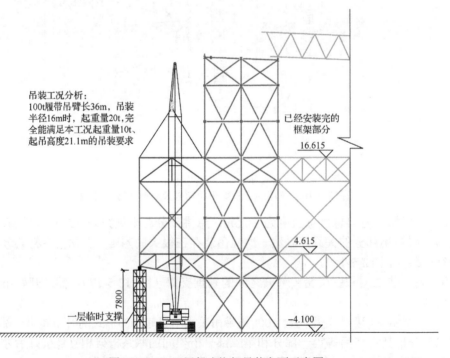

图 12-5-18　三层船头桁架吊装立面示意图

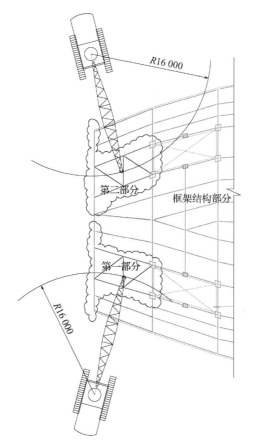

图 12-5-19 三层船头桁架吊装平面示意图

三层船头桁架吊装采用四点绑扎，吊装示意图如图 12-5-20 所示。

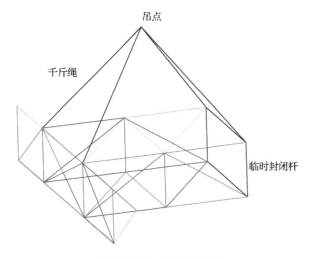

图 12-5-20 吊装示意图

三层船头桁架第一部分和第二部分吊装完成后，随后立即安装船头边桁架屋面梁，增加船头桁架的整体稳定性。

e. 船头第三部分较重，吊装重量达到 45.1t，且吊装高度较高，用两台 100t 履带吊进行双机抬吊。此时吊机乘 0.85 的折减系数。

f. 第三部分桁架（船头端部）吊装，采用两台 100t 履带吊双机吊，两台吊机对称布置在吊装构件的两侧，起吊前需准确定位吊机停机位置，吊点需绑扎在主桁架的上弦节点上。

吊装前需精确计算中心位置，并设置微调装置。

船头端部桁架的吊装工况分析及吊点布置详图如图 12-5-21 所示。

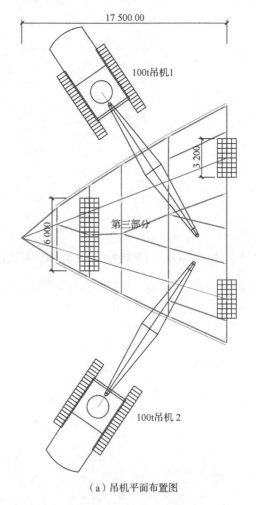

（a）吊机平面布置图

图 12-5-21　吊装工况分析及吊点布置详图

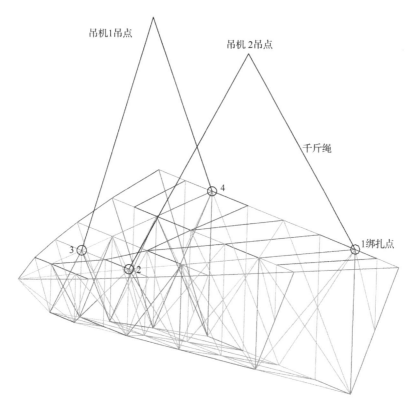

（b）船头端部桁架吊点布置

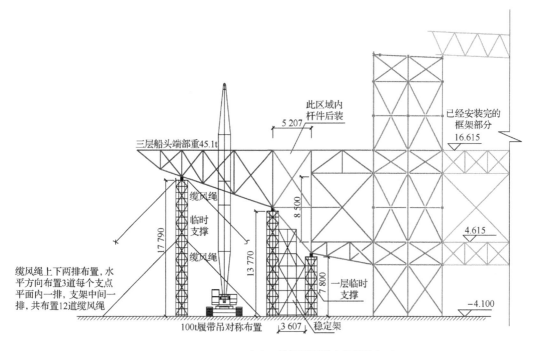

（c）三层船头端部桁架吊装图（一）

图 12-5-21（续）

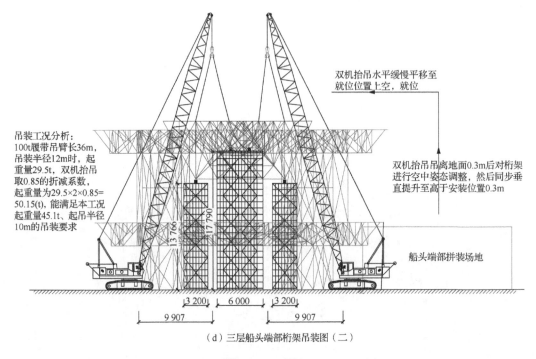

（d）三层船头端部桁架吊装图（二）

图 12-5-21（续）

④ 屋面桁架吊装。屋面船头第一部分和第二部分桁架吊装布置如图 12-5-22 所示。

根据屋面桁架的结构形式及主次桁架的布置，确定进行分部分进行吊装。其部分吊装原则如下：各部分吊装质量不能太大，能利用现场的 100t 履带吊进行双机抬吊；各部分桁架在高空对接的杆件最小，并尽量减少高空拼接量；尽量少设置甚至不设置临时支撑。

屋面桁架分为三部分进行吊装，首先安排两台 150t 履带吊（KH850 型）、两台 100t 履带吊采用双机抬吊的形式同时吊装第一部分桁架和第二部分桁架，其吊点布置示意图如图 12-5-22（a）所示；并且等第一部分和第二部分桁架相互临时连接好后才可以松钩，以形成稳定的空间结构，防止由于第一部分和第二部分桁架端部的悬挑桁架的侧主桁架倾覆。

第三部分桁架吊装时，船头端部的斜立柱与屋面桁架一起吊装就位。

屋面船头第一部分和第二部分桁架吊装过程如图 12-5-22（b）所示。

屋面船头第三部分桁架的吊装。在进行屋面桁架吊装的时候，二层和三层楼面混凝土已经浇注完成。屋面端部桁架的吊装中，斜立柱与屋面桁架一起进行拼装，屋面桁架就在三层楼面搭设拼装胎架。斜立柱的拼装平台由地面搭起。

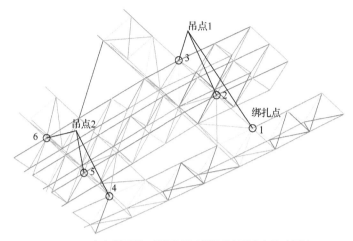

（a）屋面第一部分和第二部分桁架吊点布置示意图

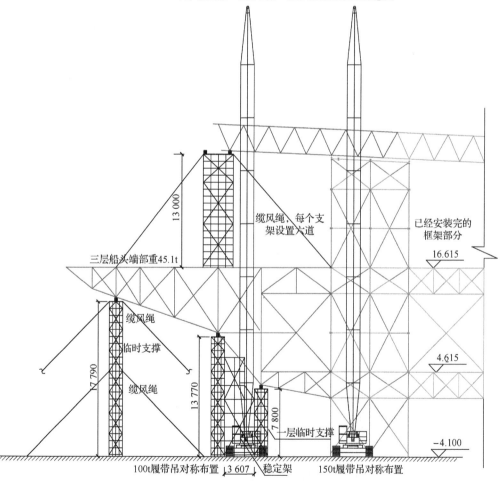

（b）屋面第一部分和第二部分桁架吊装图（一）

图 12-5-22　屋面船头第一部分和第二部分桁架吊装布置

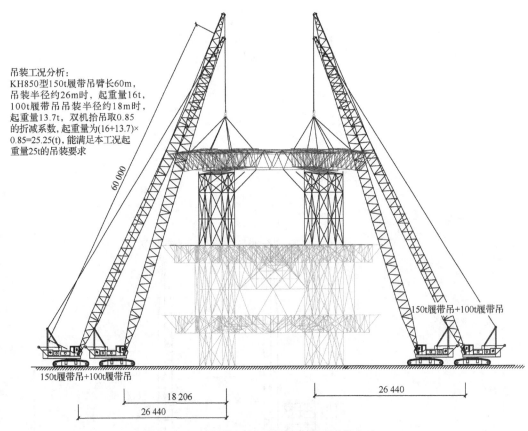

吊装工况分析：
KH850型150t履带吊臂长60m，
吊装半径约26m时，起重量16t，
100t履带吊装半径约18m时，
起重量13.7t，双机抬吊取0.85
的折减系数，起重量为(16+13.7)×
0.85=25.25(t)，能满足本工况起
重量25t的吊装要求

（c）屋面第一部分和第二部分桁架吊装图（二）

图 12-5-22（续）

斜立柱拼装平台搭设立面示意图如图 12-5-23 所示。

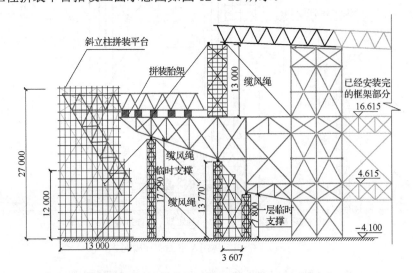

图 12-5-23　斜立柱拼装平台搭设立面示意图

屋面端部船头桁架拼装平台平面布置如图 12-5-24 所示。

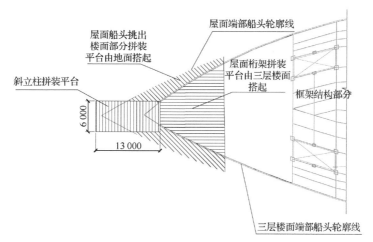

图 12-5-24　屋面端部船头桁架拼装平台平面布置

船头第三部分桁架的吊装采用两台 150t 履带吊双机抬吊。其吊装过程、吊装措施、吊装工况分析如下。

a. 将斜立柱的拼装平台拆除，以便桁架起吊。

b. 由于屋面船头端部桁架在拼装时会穿过三层支撑的缆风绳，在桁架起吊过程中，采用缆风置换的方法解决。

c. 在桁架起吊过程中，在斜立柱和屋面端部的船头之间，采用 5t 葫芦将斜立柱和屋面端部船头桁架张紧，防止斜立柱因自重下垂。

d. 150t 吊机将吊装构件吊至安装高度，然后移动吊机至桁架就位位置。桁架落位，第三部分桁架吊装如图 12-5-25 所示。

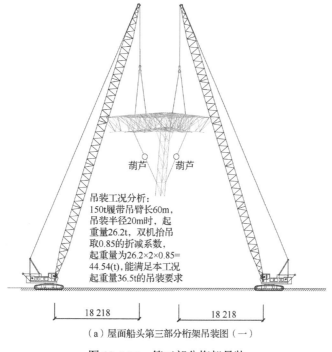

（a）屋面船头第三部分桁架吊装图（一）

图 12-5-25　第三部分桁架吊装

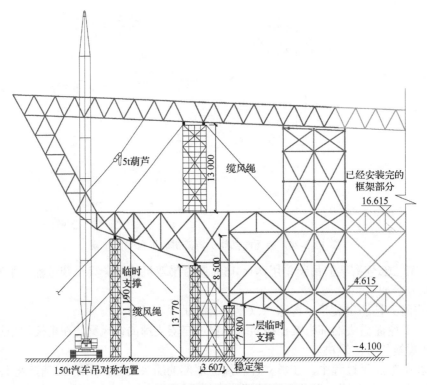

（b）屋面船头第三部分桁架吊装图（二）

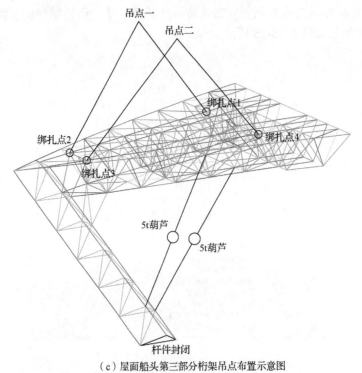

（c）屋面船头第三部分桁架吊点布置示意图

图 12-5-25（续）

（4）桁架就位的节点焊接。

① 桁架就位节点焊接在桁架两端同时对称焊接。

② 先下弦焊接，后上弦焊接；先焊接 H 型的翼缘板，再焊接腹板。

③ 节点焊缝一次焊接成形，不做转换停息施焊。

④ 就位固定后，如出现局部对接错位现象，应先焊接对接符合要求的节点，后进行矫正。

⑤ 节点对接错位的矫正方法：

一种方法是矫正错位较小的节点，可直接用烤枪烘烤节点牛腿，使其牛腿位移与桁架端口吻合。

另一种方法是矫正错位较大的节点，可用千斤顶进行矫正。

⑥ 矫正完毕后再进行焊接，矫正的节点应平缓过渡。

4）其他构件吊装

（1）次梁、支撑的安装。

① 次梁设置在二层和三层次桁架之间，次梁面与桁架上弦平齐，用高强螺栓连接。次梁的高强螺栓连接要求如下：

a. 次梁腹板与桁架上弦连接的准备工作。根据桁架间次梁的平面布置图，施工现场预先在桁架上弦焊接与次梁连接的带孔竖向劲板。竖向劲板焊接在桁架未就位前进行，根据次梁的平面位置尺寸，在桁架上弦杆标注相应尺寸，然后进行竖向劲板焊接。

b. 次梁安装在相邻两榀桁架就位完成后进行，依据次梁不同位置的编号，分别进行就位，就位过程中用锥形钢钎插入竖向劲板与次梁腹板的栓孔，然后用高强螺栓穿入进行连接。

c. 高强螺栓施拧前必须进行高强螺栓扭矩系数复检和抗滑系数试验，合格后方能进行安装。

d. 高强螺栓连接副的要求，一套高强螺栓连接副为一个螺栓、两个垫片、一个螺母，安装时两个垫片应分开，45°倒角的一侧分别朝向螺栓根部和螺母，螺母的45°倒角朝向外侧，这样就符合一套高强螺栓的连接要求。

e. 高强螺栓的初拧扭矩和终拧扭矩计算。根据试验扭矩系数，计算高强螺栓的施工初拧扭矩和终拧扭矩。

f. 高强螺栓的施拧采用可控声响型的扭矩扳手（扭矩扳手必须持有有效的检验合格证书），并将初拧扭矩、终拧扭矩标注在扭矩扳手上，做好扭矩扳手班前校正、班后检查记录。

g. 根据本工程栓接的高强螺栓排列，可采用由下部往上部进行施拧。施拧时，应固定螺栓，转动螺母，不得转动螺栓，转动过程中待扭矩扳手发出"嗒"的清脆声响后，表示高强螺栓终拧到位，此时应停止施拧，进行下一个螺栓施拧。

h. 高强螺栓连接副的检验。在终拧完成 1h 后，48h 内进行终拧扭矩检验。检查时，在螺栓的端头和螺母的相对位置划线，将螺母退回 60°左右，用扭矩扳手测定拧回到原来位置的扭矩值，该扭矩值与施工扭矩值偏差在 10%以内为合格。

　　i. 当高强螺栓穿孔出现困难时，不得采用气割扩孔，使用铰刀进行扩孔。扩孔时，首先拧紧其他高强螺栓，然后再进行扩孔。

　　② 支撑，即桁架间的下弦水平支撑，通过节点板，将桁架下弦连成整体，节点板焊接在桁架下弦两侧翼缘板中心。次梁支撑由跨内机械在吊装次桁架完成后，机械未移位前将次梁和支撑同步吊装完毕。

　　（2）压型楼层板的安装。

　　① 压型楼层板的安装要在二层和三层桁架完成后进行，为了压缩施工周期，安装时可根据二层和三层桁架安装完成的先后，提前介入，楼层安装顺序由接近 B 区部位往船头方向进行。

　　② 楼层板垂直于次梁安装，注意安装过程中板的顺序、直度和翘曲，因结构边缘和桁架处板的收口不规则，在铺设过程中用机械进行切割收口。

　　③ 楼层板的安装程序为铺设就位，与次梁电焊焊接固定，目的是防止楼层板起翘或被大风吹走。

　　④ 楼层板由吊装机械垂直输送到楼层，在起吊绑扎时，应在绑扎点左右两侧上、下附加角铁衬垫，增加吊索与楼面边缘的接触面，避免因吊索勒紧，出现楼层板褶皱现象，影响美观。

　　5）桁架安装

　　（1）桁架安装顺序。首先安装柱间主桁架，然后安装主桁架间的次桁架、悬挑小桁架、环形桁架、船头悬挑桁架。

　　（2）主桁架在地面组合拼装，拼装位置选择在巨型格构钢柱外侧，待拼装完成后，采用双机抬吊，由下部向上提升，就位至巨型格构钢柱。

　　（3）主桁架间的次桁架在三层楼面组合拼装，拼装位置选择在桁架投影下方，待主桁架就位完毕后，进行次桁架吊装，次桁架吊装采用跨外双机抬吊，机械停置在次桁架两端外侧。

　　（4）胎架的设置要求立柱间距不大于 5m，对称设置，立柱牛腿外挑大于等于 0.3m。立柱设纵横连接杆，胎架净宽 2.1m。

　　（5）桁架的组装。

　　① 桁架的组装流程。首先进行桁架上下弦对接，对接完成后，进行桁架上下弦标高控制和上弦杆的水平度控制，同时控制桁架端部的进出位置；然后在胎架立柱牛腿上焊接阻挡桁架上下弦左右移动的阻挡板，用以控制桁架的几何尺寸；最后复核上弦的标高水平度，符合要求后，进行腹杆组装。

　　② 腹杆组装前，标注腹杆与桁架上下弦的相贯节点中心点，节点中心点标注从桁架中间往两侧进行。

　　③ 腹杆的组装。首先组装上弦间的腹杆，然后组装桁架上下弦间的腹杆。

　　④ 桁架节点焊接应从中间向两侧扩展，焊接时尽量做到对称施焊。

　　（6）桁架的质量控制。允许偏差及检验方法符合表 12-5-1 规定。

表 12-5-1　允许偏差及检验方法

项目		允许偏差	检验方法
跨中垂直度		$L/1000$ 且不大于 10mm	拉线钢尺检查
侧向弯曲	$L≤30m$	$L/1000$ 且不大于 9.0mm	拉线钢尺检查
	$30m<L≤60m$	$L/1000$ 且不大于 30.0mm	拉线钢尺检查
	$L>60m$	$L/1000$ 且不大于 50.0mm	拉线钢尺检查
同一根梁的两端顶面高差		$L/1000$ 且不大于 9.0mm	水准仪检查
主梁与次梁表面的高差		±2.0mm	水准仪检查
对口错边		$t/10$ 且不大于 2.0mm	钢尺检查
桁架跨中拱度（设计要求起拱）		±$L/5000$	水准仪检查

注：1. L 为构件（杆件）长度。

2. t 为连接板厚度，mm。

（7）桁架的焊接可分弦杆对接和腹杆与弦杆的相贯连接。弦杆对接示意图如图 12-5-26 所示。

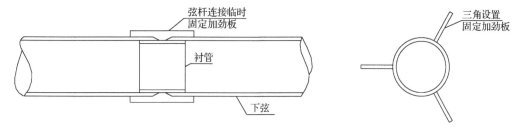

图 12-5-26　弦杆对接示意图

弦杆对接前，首先在一根弦杆的端口放置衬管，并与弦杆电焊固定，然后就位另一根弦杆；就位完成后，应调整弦杆对接口的水平度和弦杆的直线度。

12.5.4　钢球壳施工

1. 工程概况

G 区（影视区）主体结构为现浇钢筋混凝土框架结构（大跨梁为预应力梁），局部采用钢骨混凝土及钢结构；G 区钢结构主要用于球幕影院，该球幕影院为半径 18m 的单层钢球壳结构，采用 H 型钢结构，节点为鼓形节点。该球幕影院外球结构为单层钢球壳，球壳直径 36m 轴交 G2 轴处，球心标高 17.2m。钢材采用 Q345B，杆件采用焊接 H 型钢，节点采用焊接鼓形节点。杆件截面有如下 6 种形式：H250×100×6×10、H250×100×10×14、H250×200×6×10、H250×200×8×12、H250×200×10×14、H250×200×12×16。鼓形节点采用 ϕ351×16 和 ϕ600×16 两种规格。在钢球壳内部有一同竖向轴心的混凝土球壳。混凝土球壳半径约为 24.4m。混凝土球心标高 9.7m。

钢球壳被不对称地支撑在 G 区混凝土环梁上，其中靠混凝土结构一侧的支座较多，而球体临空的一侧则没有支座。

2. G 区钢球壳施工部署

G 区钢球壳施工部署如图 12-5-27 所示。

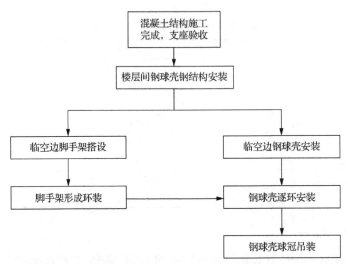

图 12-5-27　G 区钢球壳施工部署

3. G 区钢球壳安装

1）楼层之间的钢球壳安装

（1）楼层之间的钢球壳安装示意图如图 12-5-28 所示。

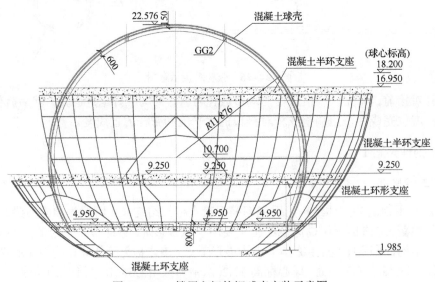

图 12-5-28　楼层之间的钢球壳安装示意图

（2）根据设计图纸，显然上述部分的钢结构在楼层内部，采用吊机在场外根本无法进行吊装。对上述部分的安装只能采用土法进行散装，并根据具体情况设置部分支撑。

（3）楼层间球体的典型土法吊装方法如下。

第一步（图 12-5-29），将要吊装的小单元在场外标准胎架上拼装好（或在楼面上拼装），运至就位位置的限位点处，调整好位置，并挂好起吊的滑轮（也可用滑轮组），滑轮或滑轮组锚定于上层楼面，由于起吊重量并不大，锚定点可根据楼层起吊部位处实际情况确定。牵引点设置在下层楼面上，可用卷扬机牵引，也可以用手拉葫芦牵引。牵引时应注意吊件的速度不能过快，以 4～5m/min 为宜，以免冲击荷载过大引起变形。

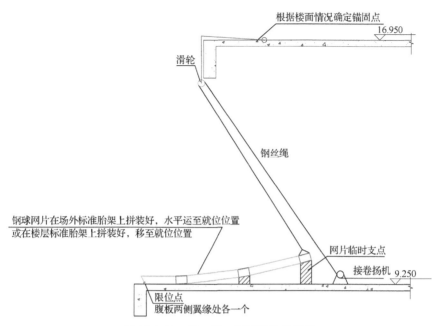

图 12-5-29　第一步：钢球网片的就位

由于钢球为肋环形球面网壳，其径向杆的弦长及半径均相同，在拼装时可以根据吊装的需要制作两组标准胎架，同时在拼装的鼓形节点处实现精确定位。

第二步，在卷扬机的牵引下，钢球网片围绕其下端的限位点旋转到位（图 12-5-30）。由于在吊装过程中产生的水平推力并不大，且设置的限位点又较多，限位点用 $\phi20$ 圆钢焊接于预埋钢板上即可，圆钢长度不小于 8cm。考虑到此部分钢结构上下端均连接于预埋支座上，最后留出上面的一段在操作架上散装，以免在旋转过程中钢球网片被卡住。

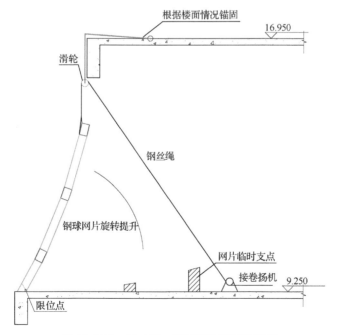

图 12-5-30　第二步：钢球网片的旋转提升

　　第三步，在钢球网片吊装到位后，在网片上层的鼓形节点处搭设操作架，操作架的搭设如图 12-5-31 所示。其作用有两个：一是稳定安装好的球面网片，防止其在外荷载作用下产生抖动，二是作为最上层径向杆安装的操作平台。

　　支架的搭设要求同本工程其余部分的支架。

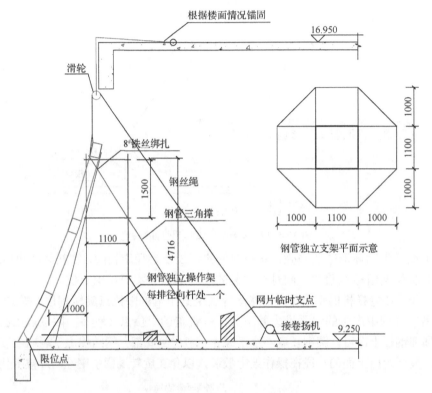

图 12-5-31　第三步：操作架的搭设

楼层处钢球安装立面分片如图 12-5-32 所示。

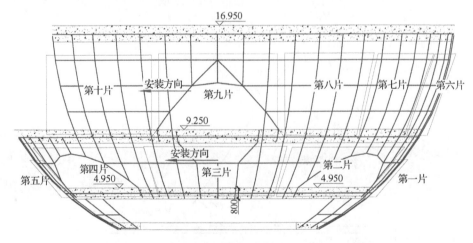

图 12-5-32　钢球安装立面分片

钢球在楼层间的部分分片安装，安装顺序如图 12-5-32 所示，即第一片→第二片→…→第五片；第六片→第七片→…→第十片。每分片钢结构安装就位后马上安装其顶部的那段径向杆。

吊装采用的滑轮需要在分片的钢结构与上下支座安装完成后才能拆除。

2）楼层支座以上钢球壳安装

楼层支座以上钢球壳安装是钢球壳安装的重点和难点。按其结构设计的支撑条件，可以根据 AA' 轴进行分界，在 AA' 轴靠近混凝土主体结构的一侧有五根混凝土柱贯通球体，而临空的半球的支撑点则设在标高 3.95m 处。钢球投影平面如图 12-5-33 所示。

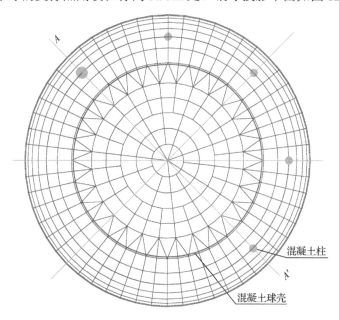

图 12-5-33　钢球投影平面

（1）钢球壳的安装思路。

① 采用环形脚手架作为球壳安装过程的稳定架，球壳在安装过程中，自身的重量可以通过其径杆传递到支座，脚手架主要承受球壳安装过程中最上层的结构自重荷载；脚手架也可作为操作架（图 12-5-34）。

② 环形脚手架在靠结构的一侧与混凝土柱相连，作为构造措施，从而增加其侧向稳定性。

（2）球壳的安装步骤。

第一步，球体临空一侧的部分结构安装需从地面处开始搭设，要求钢管处基础的处理达到 JGJ130 的要求。另一侧的球体由于在楼层的标高达到 15.95m，因此不需要搭设操作架。钢球的安装步骤和安装方向如图 12-5-35 所示，即 AA' 轴从两边往中间对称进行安装。

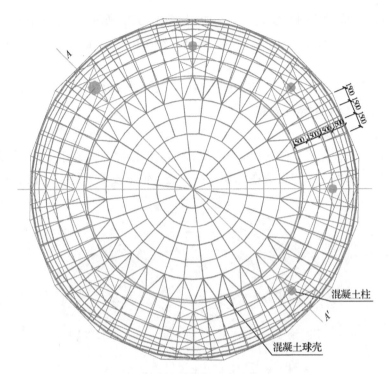

图 12-5-34　操作架搭设平面图

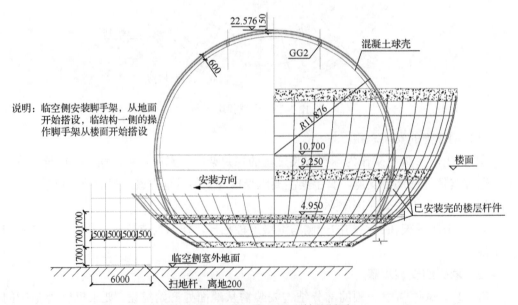

图 12-5-35　第一步：*AA*′轴处断面

　　第二步，根据结构特点，在临空的一侧搭设的半环支架上逐层安装钢球，使球体标高达到 15.25m，形成碗状结构，此时结构形成封闭的环形，为稳定的空间结构。可以拆除结构在脚手架上的支撑。其自重由结构自身承受。这样对架子是有利的。下一步的安装将以此为标准面逐环往上安装（图 12-5-36）。

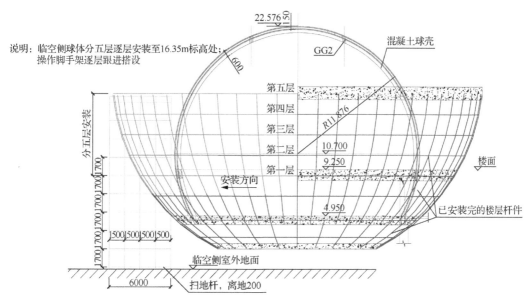

图 12-5-36 第二步：球体形成碗状结构

第三步，在第二步的过程中，球壳已经形成了碗状结构，因此在本步骤施工过程中，应该是施工一个整环，施工顺序应该是从 *AA'* 轴靠混凝土主体结构一侧的中点处往临边侧对称进行安装。

如图 12-5-37 所示，当一环层安装到位（点焊），并经精调到位后，即可以焊接完成整圈。同时可以开始上一环钢结构的安装。焊接时应注意安排多名焊工对称焊接，防止钢环产生过大的焊接变形。

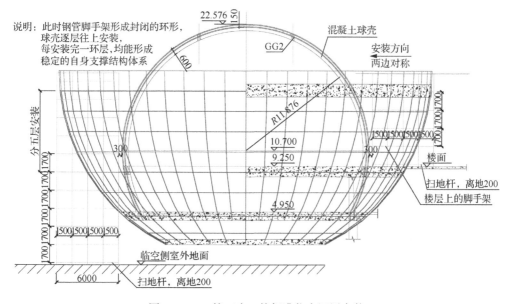

图 12-5-37 第三步：按标准往上逐层安装

第四步，按第三步的方法逐环安装钢球，球壳安装至标高 31.535m 处形成封闭的大球冠（图 12-5-38）。此时存在混凝土球壳顶正上方的部分球冠没有安装。因为不考虑在混凝土球壳上搭设脚手架，因此顶部球冠的吊装需要采用带吊进行（见第五步分析）。

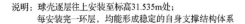
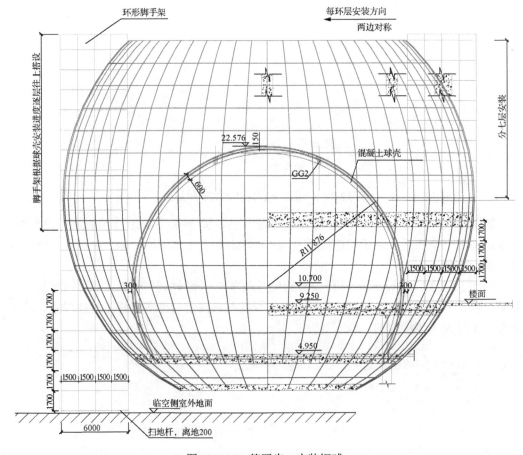

图 12-5-38　第四步：安装钢球

第五步，顶部球冠重 14.0t，如图 12-5-39 所示，采用 KH850 型 150t 履带吊 90° 塔式工况吊装。吊装半径 20m 时起重量 15.6t，吊装半径 22m 时起重量 14.1t，能满足本工况的吊装要求。球冠与下部已安装好的球体在吊装过程中采用径杆七点连接（此七根杆件为通过球冠顶部的七根径向杆件）的方法，防止太多杆件对接产生较大偏差。标高 31.535～32.440m 的斜杆及径杆在高空进行连接。

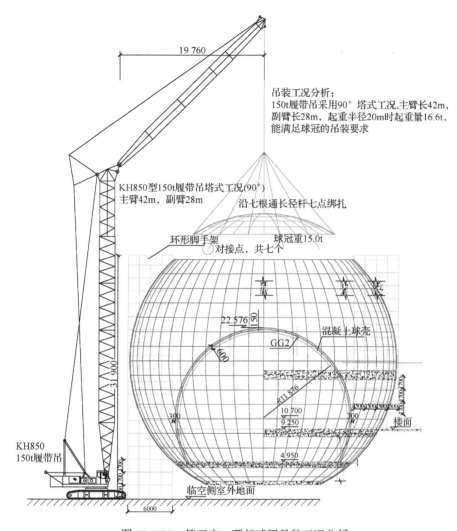

吊装工况分析：
150t履带吊采用90°塔式工况,主臂长42m,
副臂长28m,起重半径20m时起重量16.6t,
能满足球冠的吊装要求

KH850型150t履带吊塔式工况(90°)
主臂42m, 副臂28m

沿七根通长径杆七点绑扎

环形脚手架　　　　球冠重15.0t
对接点, 共七个

混凝土球壳

GG2

楼面

KH850
150t履带吊

临空侧室外地面

图 12-5-39　第五步：顶部球冠吊装工况分析

3）保证钢球壳安装精度的措施

（1）测量精度的保证措施。G 区钢球壳为球体结构，其节点为鼓形节点，节点数量多，测量及定位点数量多，为保证施工质量达到设计要求，采取如下措施。

① 采用全站仪进行节点定位。在钢球壳内的混凝土球壳上设置仪对钢球壳节点进行定位控制。

② 操作架搭设过程中根据钢球壳的安装顺序逐环往上安装，每一环先进行定位，然后焊接牢固。这样在安装过程中每次测量和调整点及赶件数量较少，容易定位。

（2）球冠吊装时保证与下部结构相吻合的措施。根据钢球壳的施工方案，钢球壳下部采用整体吊装的方案，为保证与下部结构相吻合，采取如下措施。

首先，必须保证球冠部分的拼装精度；其次，球冠与下部结构对接的杆件只有 7 根，减少了对接杆件的数量，其余对接杆件在高空进行拼装，为保证钢球壳的圆滑，高空拼装件可局部进行调整。

4）球冠吊装验算

球冠吊装验算数据如表 12-5-2 所示。

表 12-5-2　球冠吊装验算数据

桁架自重/kN	最大挠度/m	最大应力/MPa
150	0.009	31.9

由表 12-5-2 可见，桁架吊装时构件的内力及挠度很小，挠度为 9mm≤L/1000=19 090/1000=19.09mm，满足网壳吊装要求。

12.5.5　大跨度复杂空间结构施工安全监控

1. 监测内容

根据广东科学中心主楼工程的结构特点和施工方案，该监控项目主要进行了施工仿真模拟分析和现场监测两方面的工作。按照施工单位提出的施工方法和施工组织设计方案，预先将施工过程进行模拟，提前发现施工管理中质量、安全等方面存在的隐患，便于及时采取有效的预防和强化措施，提高工程施工质量和施工现场管理效果。

2. 施工过程现场监测

现场监测主要包括巨型钢桁架结构和网壳结构中复杂节点空间位置监测、重要杆件应力-应变监测。

1）复杂节点空间位置监测

对部分钢桁架与格构柱之间的节点、网壳及钢桁架在混凝土框架柱上的支撑点、部分网壳下弦节点、巨型钢桁架变形控制节点等进行监测，确保其空间变形在设计允许误差之内。

2）重要杆件应力-应变监测

主要对巨型框架钢结构和钢网壳结构重要杆件的应力-应变进行监测，确保其应力值在设计允许范围之内。

3）钢球壳动测

在钢球壳布设了加速度传感器测试结构的振动加速度与振动频率，掌握结构的动力特性，实时有效地监控结构的健康状态。

3. 施工仿真分析

该次监测工作在进行方案设计及选择方法时，充分考虑了施工方案，力求监测结果能够贴近实际施工过程，以保证为工程提供有益的帮助和指导。首先介绍一下施工方案。

根据广东科学中心 C 区、D 区、E 区、F 区的结构形式，施工安装分两个阶段进行。

（1）第一施工阶段：以三层楼面为界，一次安装完成一层、二层钢柱，二层、三层 H 型桁架结构和屋顶管桁架以下的三层钢柱。

（2）第二施工阶段：屋面管桁架的安装。

首先进行第一施工阶段安装，然后完成二层、三层楼混凝土浇捣后，进行第二阶段的屋面管桁架安装。

第一施工阶段的施工顺序如图 12-5-40 所示。

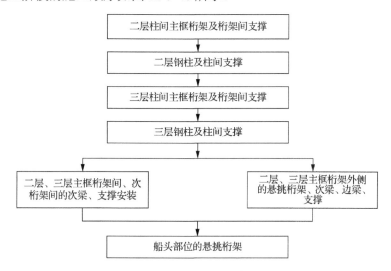

图 12-5-40　第一施工阶段的施工顺序

第二施工阶段的施工顺序如图 12-5-41 所示。

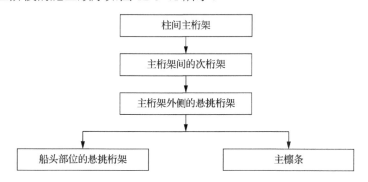

图 12-5-41　第二施工阶段的施工顺序

4. 施工仿真方法及原理

在施工仿真分析中有两种常用的方法,一种是静态法,一种是动态法。按静力工况分析,静态法即把每一个施工工况下的分析模型单独模拟,分析时无法考虑施工中的结构、荷载的变化过程,整个模拟过程是一个静态过程。但在实际的施工过程中,新增结构在当前阶段并不是与原有结构共同受力的,它仅仅是作为一种荷载对原有结构发生作用,新增结构只是到下一个施工阶段才承担荷载。因此,按静态法分析与实际施工情况有本质的区别。在模拟施工过程分析时,即使没有出现大变形,也必须考虑按动态法分析。

下面对动态法从以下两个方面进行说明。

1）从所参照的力学方法来分析

动态法是根据施工力学方法,按施工过程进行模拟,后一个施工工况的分析是在前一个阶段的受力特性的基础上进行的,即在当前工况分析时考虑前面的已经完成结构的应力和变形，结构特性参数逐层变化，刚度逐层形成，整个模拟过程是一个动态过程。

2）从加载的过程来分析

为了说明方便，以一个三层的框架结构为例。

当施工第一层时，重力作用（含施工荷载）会使首层结构产生变形。当施工第二层时，二层结构柱浇注在已经变形的首层结构上，这样首层荷载不会对二层结构产生效应，而二层荷载则对本层和首层共同产生效应。以上各层依次类推如图 12-5-42 所示。

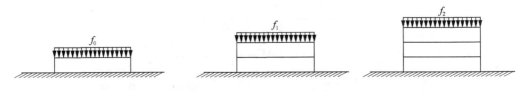

图 12-5-42 动态法加载示意图

广东科学中心的复杂空间钢结构采用了巨型钢框架这种结构形式，其所采用的构件大多细长，受力情况符合梁式构件的受力特点。因此，在本次施工仿真分析中，采用大型通用有限元软件 ANSYS 中的 Beam188 单元进行建模，并且使用单元技术来实现施工过程的动态模拟。

5. 分析模型与工况模拟

在该次仿真分析中，按照施工顺序将计算模型分解为 6 个分析模型，配以各种荷载工况组成 11 个整体工况。由于各展厅区钢结构施工过程基本类似，下面只列举最大的 E 区的分析模型，其他区略去。

该次施工仿真分析在建立分析模型时对施工方案进行了充分的研究，所建立的仿真模型基本上能反映实际的施工过程。此外，由于施工过程的复杂性，在仿真分析中，不可能对施工过程进行实时模拟，只能对其主要阶段和关键工序进行仿真分析。事实上，主要阶段和关键工序的分析结果已经基本可以完整地反映其应力、挠度在施工过程中的变化曲线，满足工程实践的需求。

模型 1：如图 12-5-43 所示，该模型是在第一层柱及柱间支撑、二层柱间主框桁架及桁架间支撑和第二层柱及柱间支撑安装完毕后的模型。这一模型与第一施工阶段的第一道、第二道和第三道工序相对应。

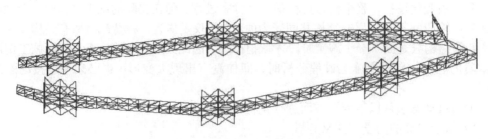

图 12-5-43 第 1 个分析模型

模型 2：如图 12-5-44 所示，该模型是在第二层柱间桁架和第三层柱安装完毕后的模型。这一模型是在上一模型的基础上增加了第一施工阶段的第四道和第五道工序。

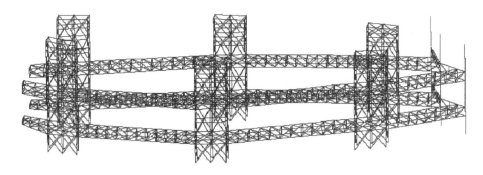

图 12-5-44　第 2 个分析模型

模型 3：如图 12-5-45 所示，该模型在模型 2 的基础上安装了二层、三层次桁架，水平支撑和竖向支撑。这一模型在上一模型的基础上增加了第一施工阶段第六道工序的两个部分。

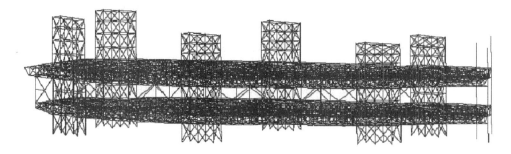

图 12-5-45　第 3 个分析模型

模型 4：如图 12-5-46 所示，该模型在模型 3 的基础上增加了船头部分悬挑桁架。这一模型在上一模型的基础上增加了第一施工阶段第七道工序的两个部分。

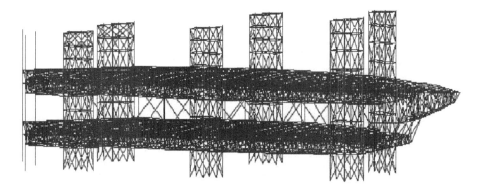

图 12-5-46　第 4 个分析模型

模型 5：如图 12-5-47 所示，该模型在模型 4 的基础上增加了屋面桁架的柱间部分，也就是整个 E 区完整模型缺少悬挑部分屋面桁架及连接三层、屋面的斜柱部分。这一模型在上一模型的基础上增加了第二施工阶段的前三道工序。

图 12-5-47　第 5 个分析模型

模型 6：如图 12-5-48 所示，该模型是 E 区整个桁架安装完毕后的模型。这一模型在上一模型的基础上增加了第二施工阶段的最后一道工序，即安装船头部位的桁架和主檩条。

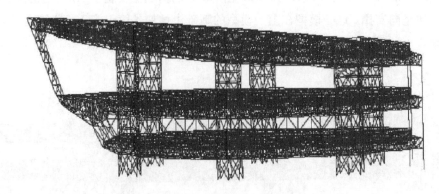

图 12-5-48　第 6 个分析模型

展厅区的工况分析主要是针对其巨型钢框架的施工过程进行模拟的，而 G 区、H 区为网壳结构，施工时，其下面布设有众多支撑，结构本身的应力并不会太大，因此，对于 G 区、H 区网壳结构的工况分析与模拟将主要放在对支撑拆卸的模拟。由于 C 区、D 区、E 区、F 区各展厅区工况分析基本相同，下面只列举出 E 区的工况分析表，如表 12-5-3～表 12-5-5 所示，其他区略去。

表 12-5-3　E 区工况分析

工况号	荷载	工况	采用的模型
1		一层、二层柱，二层主桁架吊装前	
2	计算第一层柱、第一层柱间桁架和第二层柱安装完毕后在重力荷载下的变形及应力	一层、二层柱，二层主桁架吊装后	采用模型 1
3	计算工况 2 楼面施工活荷载（2kN/m²）下的变形及应力	三层主桁架吊装前	采用模型 1
4	计算第一层、二层、三层柱和第一层、二层柱间桁架安装完毕后在重力荷载下的变形及应力	三层主桁架吊装后	采用模型 2
5	计算在工况 4 的基础上，安装了二层、三层次桁架水平支撑和竖向支撑后在重力荷载下的变形及应力	二层、三层次桁架吊装后	采用模型 3

工况号	荷载	工况	采用的模型
6	计算在工况 5 的基础上安装二层、三层次桁架间支撑后在重力荷载下的变形及应力	二层、三层桁架间支撑安装后	采用模型 3
7	计算在工况 6 的基础上安装船头部分后的变形及应力	船头吊装前	采用模型 4
8	计算在工况 7 的基础上二层、三层楼面恒荷载（3.5kN/m²），以及二层、三层楼面施工活荷载（2kN/m²）下的变形及应力	二层、三层混凝土浇筑完	采用模型 5
9	计算在工况 8 的基础上安装船头部分后的重力荷载	船头吊装后	采用模型 5
10	计算在工况 9 基础上在屋顶施加 1kN/m² 施工恒荷载+0.5kN/m² 施工活荷载后的变形及应力	安装好全部屋顶结构后	采用模型 6
11	计算整个结构在设计荷载（二层、三层楼面恒荷载设计值为 5 kN/m²，屋面不变；二层楼面活荷载设计值为 10 kN/m²，三层楼面活荷载设计为 6kN/m²，屋面不变）下的变形及应力	安装好屋面板，整个结构全部完成	采用模型 6

注：表中所表示的荷载值均为标准值。

表 12-5-4　E 区球壳工况分析

工况号	工况	拆模范围/mm
1	计算在重力荷载、施工恒荷载（1.0kN/m²）和施工活荷载（0.5kN/m²）作用下的变形和应力	
2	计算在重力荷载、施工恒荷载（1.0kN/m²）和施工活荷载（0.5kN/m²）作用下的变形和应力	标高 24.200 以上
3	计算在重力荷载、施工恒荷载（1.0kN/m²）和施工活荷载（0.5kN/m²）作用下的变形和应力	标高 18.200 以上
4	计算在重力荷载、施工恒荷载（1.0kN/m²）和施工活荷载（0.5kN/m²）作用下的变形和应力	标高 12.200 以上
5	计算在重力荷载、施工恒荷载（1.0kN/m²）和施工活荷载（0.5kN/m²）作用下的变形和应力	标高 6.200 以上
6	计算在重力荷载、施工恒荷载（1.0kN/m²）和施工活荷载（0.5kN/m²）作用下的变形和应力	全部
7	计算在设计恒荷载（1.0kN/m² 及自重）和设计活荷载（0.5kN/m²）基本组合作用下的变形和应力	全部

注：表中所表示的荷载值均为标准值。

表 12-5-5　E 区网壳屋顶工况分析

工况号	工况	拆模范围/mm
1	计算在重力荷载、施工恒荷载（1.0kN/m²）和施工活荷载（0.5kN/m²）作用下的变形和应力	主轴线 $X=-10\,000\sim10\,000$
2	计算在重力荷载、施工恒荷载（1.0kN/m²）和施工活荷载（0.5kN/m²）作用下的变形和应力	主轴线 $X=-20\,000\sim20\,000$
3	计算在重力荷载、施工恒荷载（1.0kN/m²）和施工活荷载（0.5kN/m²）作用下的变形和应力	主轴线 $X=-30\,000\sim30\,000$
4	计算在重力荷载、施工恒荷载（1.0kN/m²）和施工活荷载（0.5kN/m²）作用下的变形和应力	主轴线 $X=-40\,000\sim40\,000$
5	计算在重力荷载、施工恒荷载（1.0kN/m²）和施工活荷载（0.5kN/m²）作用下的变形和应力	主轴线 $X=-50\,000\sim50\,000$

工况号	工况	拆模范围/mm
6	计算在重力荷载、施工恒荷载（1.0kN/m^2）和施工活荷载（0.5kN/m^2）作用下的变形和应力	主轴线 X=−60 000～60 000
7	计算在重力荷载、施工恒荷载（1.0kN/m^2）和施工活荷载（0.5kN/m^2）作用下的变形和应力	主轴线 X=−70 000～70 000
8	计算在重力荷载、施工恒荷载（1.0kN/m^2）和施工活荷载（0.5kN/m^2）作用下的变形和应力	主轴线 X=−80 000～80 000
9	计算在重力荷载、施工恒荷载（1.0kN/m^2）和施工活荷载（0.5kN/m^2）作用下的变形和应力	主轴线 X=−90 000～90 000
10	计算在重力荷载、施工恒荷载（1.0kN/m^2）和施工活荷载（0.5kN/m^2）作用下的变形和应力	主轴线 X=−100 000～100 000
11	计算在重力荷载、施工恒荷载（1.0kN/m^2）和施工活荷载（0.5kN/m^2）作用下的变形和应力	全部

注：表中所表示的荷载值均为标准值。

6. 计算结果简述

对于 C 区、D 区、E 区、F 区各区的各工况，第 8 工况是二层、三层混凝土浇筑完毕的工况，此时，结构空间传力体系尚未完全成形，荷载突然比原来增加许多，因此，这是监测的关键工况；第 10 工况为结构完全成形，施工荷载全部加上的工况，此时如果结构应力水平仍然在安全线以下的话，说明整个结构在施工过程中是基本安全的，由此可以看出，第 10 工况是另一个关键工况。对于 G 区和 H 区，结构最不利工况为最后一个工况，此时全部荷载都施加完毕。

7. 施工过程现场监测

1）监测方法简介

为了保证监测数据的准确、合理、有效，本次监测采用先进的测试仪器，对复杂节点空间位置进行多方位的监测，并且采用无线传感监测技术等先进的测试技术和方法对结构变形和应力-应变状态进行多层次的测试，确保测试数据能够在最大程度上真实地反映结构在受力过程中的内力变化与变形过程。

（1）杆件的应力-应变监测。空间结构杆件的受力状态是衡量结构是否处于正常运行状态的一个重要指标。通过对杆件的受力监测，不仅能为从总体上评估结构的安全性和耐久性提供依据，同时也能检测杆件焊接系统和支撑系统是否完好、杆件是否锈蚀等。

本次监测采用了电阻应变计、振弦应变计、光纤传感器三种不同类型的测量仪器对杆件进行受力的测量或监测，确保检测的可靠性。

（2）节点空间位置监测。对于结构关键节点的空间位置及其他主要承力构件线形（竖向、横向、纵向的位移）的监测，采用激光测距仪和全站仪进行监测。激光测距仪的工作原理主要是通过布置在杆件上的棱镜，与测量用的全站仪配合使用，形成光载波通信系统，利用全站仪的红外激光探测功能，对棱镜进行连续监测，测量每个棱镜与全站仪的相对角度和距离,以确定空间结构的外形和移动情况,其精度可达 1mm。

(3)结构动力特性监测。空间结构受损和安全性的降低主要是由于结构主要构件疲劳损伤累积的结果,而空间结构疲劳损伤主要是由于动荷载作用下的交变应力作用的结果。结构的整体性能改变时,其动力指纹也会发生相应的变化。通过对空间结构的振动特性的连续监测,可以考察结构疲劳响应,进而考察结构的安全可靠性。

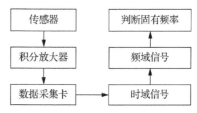

图 12-5-49 结构振动测试流程

H 区网壳结构振动测试流程如图 12-5-49 所示。

振动测试主要设备包括:

① 激振设备,即信号发生器、功率放大器及激振器。

② 测试设备,即传感器、积分放大器、数据采集卡、计算机等。

(4)无线传感测试技术。在广东科学中心的施工监控项目中,尝试性地引入了无线传感测试技术,并取得了良好效果,为该技术的发展与创新积累了宝贵的经验。

无线传感系统由数据采集模块(传感器、A/D 模块、升压模块)、控制模块(处理器、储存器)、通信模块(GPRS 模块)及电源组成(图 12-5-50)。无线传感器是利用现有的基于 MEMS 技术和嵌入技术的微型电子器件集成的智能装置,该系统中的无线采集装置可以放到应变片较近位置共同组成无线应变传感器,应变信号经过无线应变传感器放大滤波后,利用其所嵌入的微处理器对信号进行采集处理,然后再以无线的方式可靠地传输出去。无线应变传感器结构如图 12-5-51 所示。

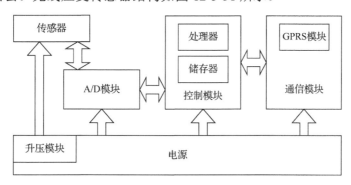

图 12-5-50 无线传感系统结构图

图 12-5-51 无线应变传感器结构

2）监测方案的应力测点布置

现将 E 区、G 区、H 区监测方案的应力-应变平面测点布置图和 H 区网壳的动力特性平面测点布置图列举出来，其他区略去。

（1）E 区应力-应变平面测点布置图如图 12-5-52～图 12-5-54 所示。

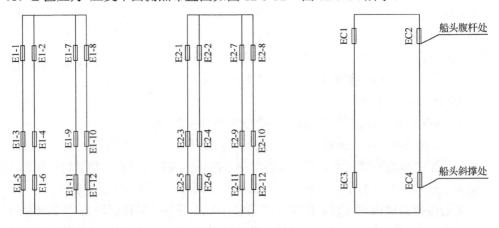

（a）E区二层下弦测点平面布置图　　　（b）E区三层下弦测点平面布置图　　　（c）E区船头测点平面布置图

图 12-5-52　E 区各层下弦及船头平面测点布置图

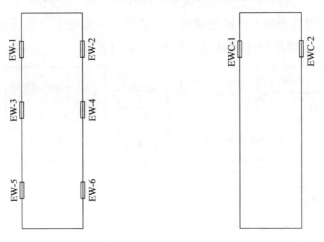

（a）E区屋面测点平面布置图　　　　　　　（b）E区屋面斜撑测点平面布置图

图 12-5-53　E 区屋面及屋面斜撑平面测点布置图

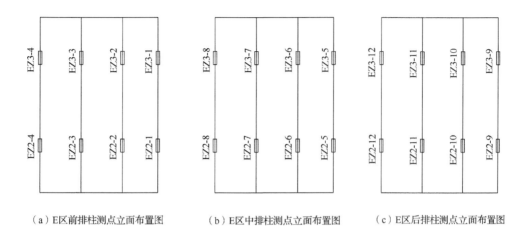

（a）E区前排柱测点立面布置图　　（b）E区中排柱测点立面布置图　　（c）E区后排柱测点立面布置图

图 12-5-54　E 区柱子平面测点布置图

（2）G 区应力-应变平面测点布置图如图 12-5-55 所示。

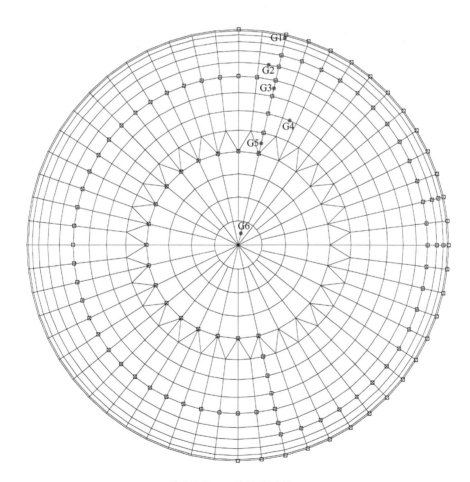

● 测点位置；　□ 柱或圈梁支承

图 12-5-55　G 区平面测点布置图

（3）H区应力-应变平面测点布置图如图 12-5-56 所示。

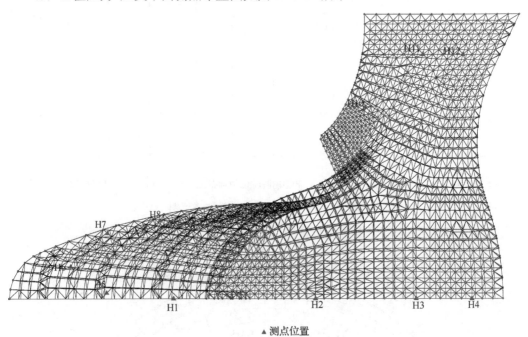

▲ 测点位置

图 12-5-56　H 区平面测点布置图

（4）H 区网壳动力特性平面测点布置图如图 12-5-57 所示。

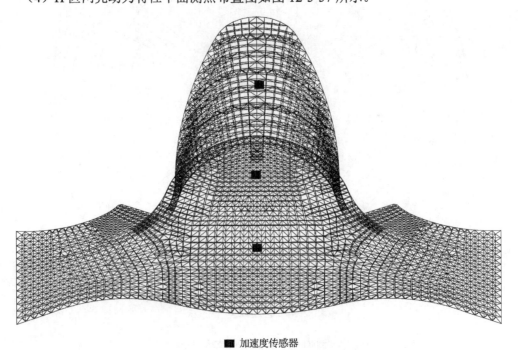

■ 加速度传感器

图 12-5-57　H 区动力特性平面测点布置图

8. 数据处理与分析

1）应力监测结果与有限元计算值的对比

广东科学中心钢结构的钢构件采用 Q345 钢，理论屈服强度 345MPa，设计强度为 315MPa。这里仅列举出 E 区部分监测点的应力-工况变化曲线如图 12-5-58～图 12-5-67 所示。

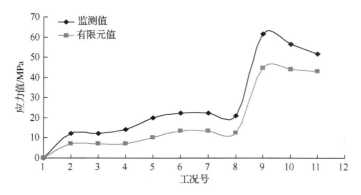

图 12-5-58　E 区 1 号点应力-工况变化曲线

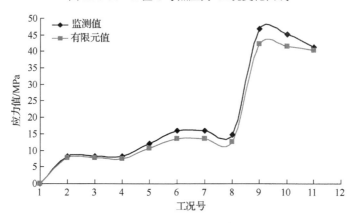

图 12-5-59　E 区 2 号点应力-工况变化曲线

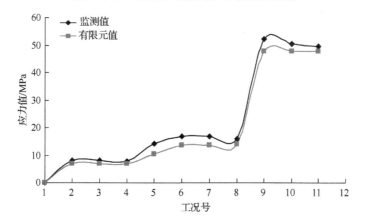

图 12-5-60　E 区 3 号点应力-工况变化曲线

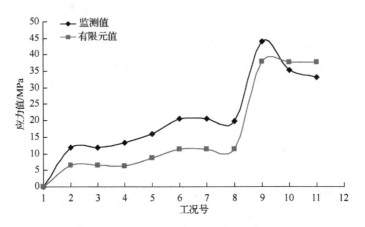

图 12-5-61　E 区 4 号点应力-工况变化曲线

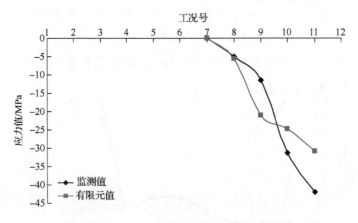

图 12-5-62　E 区 EC3 号点应力-工况变化曲线

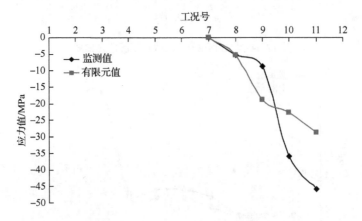

图 12-5-63　E 区 EC4 号点应力-工况变化曲线

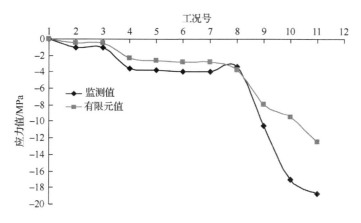

图 12-5-64　E 区 EZ2-1 号点应力-工况变化曲线

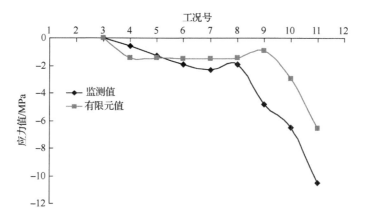

图 12-5-65　E 区 EZ3-1 号点应力-工况变化曲线

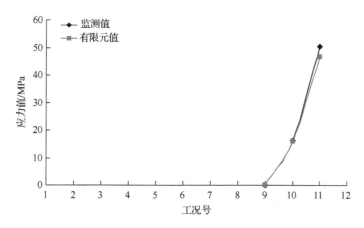

图 12-5-66　E 区 EW-1 号点应力-工况变化曲线

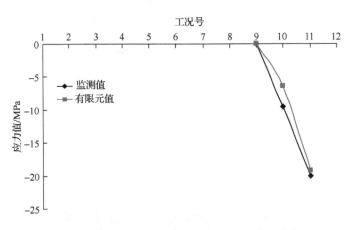

图 12-5-67　E 区 EWC-2 号点应力-工况变化曲线

2）关键节点空间位置监测结果与有限元计算值的对比

　　G 区的单层钢结构球壳结构部分，周边不同标高处设置了多道弧形圈梁支承，其受力性能同单纯的球壳结构有较大不同。施工时，首先要将圈梁上的壳体支座位置进行严格控制，再选择适量的球壳节点（可选择吊装时的临时支承点），对其空间位置进行实时监控，将壳体的变形控制在设计允许范围内。由于施工过程的复杂性和不可预测性，在进行工况分析与模拟时，将该工程分为 7 个阶段分别进行模拟，采用一个分析模型，尽可能贴近实际工程，模拟分阶段的拆模过程，即从球壳顶部标高 30.200m 开始每次往下拆 6m 范围的支撑，挠度不利杆件最大值如表 12-5-6 所示。G 区工况 7 的挠度图如图 12-5-68 所示。

表 12-5-6　挠度不利杆件最大值

工况号	挠度不利节点编号	挠度不利节点计算值/mm	挠度不利节点监测值/mm
1	16	0.536 63	0.4
2	4	0.827 23	1.5
3	337	1.542 7	2.0
4	353	2.701 3	2.5
5	341	5.440 9	4.1
6	341	5.441 2	4.3
7	341	6.798 1	6.8

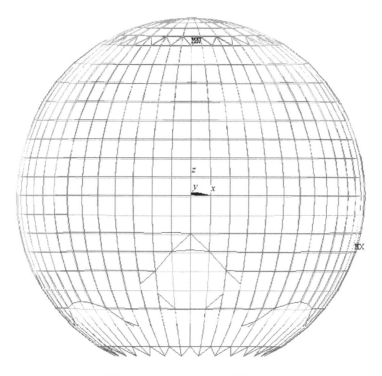

图 12-5-68　G 区工况 7 的挠度图

3）H 区网壳结构动力特性测试分析

为测量 H 区网壳结构的振动特性，在 H 区设置了 3 个加速度传感器进行测量。测点布置时，沿网壳 X 轴方向将网壳大致分为 4 等份，在 1/4、1/2、3/4 分点处分别设置了 3 个加速度传感器，图 12-5-69 和图 12-5-70 仅列出测点 3 的监测结果及频率测试分析结果。

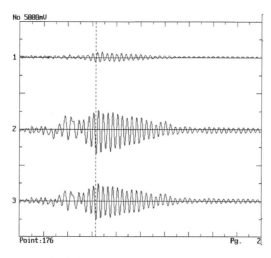

图 12-5-69　拆支撑前 H 区网壳结构测点 3 加速度测试结果

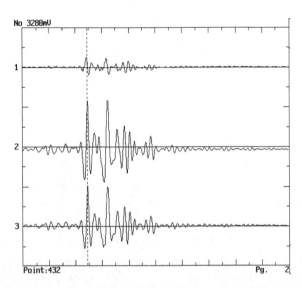

图 12-5-70　拆支撑后 H 区网壳结构测点 3 加速度测试结果

　　模态参数识别采用较为简单的频域识别的峰值（peak-picking）法，试验数据处理和模态参数识别分析程序均采用 MATLAB 自主开发完成。

　　峰值法是一种最简单的识别结构模态参数的方法。峰值法最初是基于结构自振频率在其频率响应函数上会出现峰值，峰值的出现成为特征频率的良好估计。对于环境振动，由于此时频率响应函数失去意义，将由环境振动响应的自谱来取代频率响应函数，此时，特征频率仅由平均正则化了的功率谱密度（power spectrum density，PSD）曲线上的峰值来确定，故称为峰值法。功率谱密度是用离散的傅里叶变换将实测的加速度数据转换到频域后直接求得，振型分量由传递函数在特征频率处的值确定。拆支撑前、后的 H 区网壳结构自振频率测试结果分别如图 12-5-71 和图 12-5-72 所示。

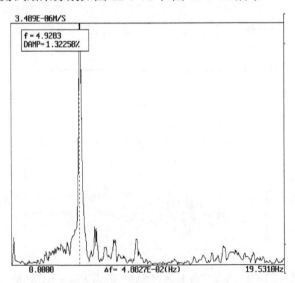

图 12-5-71　拆支撑前 H 区网壳结构自振频率测试结果

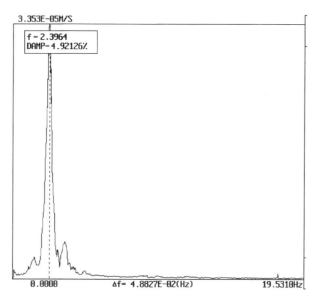

图 12-5-72　拆支撑后 H 区网壳结构自振频率测试结果

9. 结构工作评价

根据广东科学中心有限元仿真分析结果及现场监测数据的处理分析，可以对广东科学中心的工作评价如下。

（1）广东科学中心钢结构为一复杂空间受力体系，杆件应力随工况变化大，且一个杆件会出现由拉变压，由压又变拉的反复过程，对类似的关键杆件进行应力-应变监控，是保障施工安全进行的有力措施。

（2）从监测结果中可以看出，在施工过程中，荷载以结构自重为主，应力仍维持在较低水平，各区钢结构中最大拉应力为 65.5MPa，仅为设计屈服应力的 20.8%；最大压应力为 45.8MPa，为设计屈服应力的 14.5%。因此，从应力来看，结构在施工过程中处于非常安全的状态。

（3）对于展厅区，从整体监控来看，施工监控有几个关键阶段，各区的船头部分虽有支撑的作用，但对结构影响仍旧很大，船头吊装前后柱子、主桁架梁上某些杆件的应力均易发生突变。二层、三层混凝土浇筑完毕后，结构自重荷载大幅度增加，造成许多杆件的应力增长超过 100%。在屋顶施工完毕后，结构空间结构受力体系形成，支撑将被拆除，结构部分杆件的受力将发生很大变化，此工序是本次施工监控的重点。

（4）G 区单层网壳、H 区双层网壳结构与展厅区的巨型钢桁架结构受力特点具有很大的不同，该次监测所布置节点基本上能反映网壳结构的受力特点。所测应力水平并不高，最大拉应力为设计强度的 12.9%，最大压应力为设计强度的 8%。因此，监测表明网壳部分的结构安全性能够得到有效保证。

（5）H 区网壳在拆支撑前的自振频率为 4.9283Hz，在拆除支撑之后的自振频率为 2.3964Hz，表明结构由于边界条件的改变，结构的刚度发生了很大的变化，在施工过程中应予以充分的重视。另外，在结构投入使用后应定期进行结构的安全检测和结构动力特性的实时监测，保障结构的安全运营。

综上所述，有限元施工仿真为该次监测方案的确定提供了有益的指导。有限元分析结果与监测结果的对比分析表明，对于大部分杆件，有限元分析结果与监测结果相差30%以内，且总体趋势基本相同，完全达到工程的要求，说明该次施工仿真分析对结构及受力方式的模拟较为准确，起到了应有的作用。

13 建筑模块智能建造

13.1 概　　述

传统建筑行业的工作组织方式是以人为核心的，如何将建筑产品以工业化时代工厂式的标准化流水生产线来交付，一直是建筑业界的一大痛点。

之前，任何一个建筑产品的交付过程都是一个具体项目的实施过程，建设方在项目启动后临时组织各工种的施工队轮流进场施工，项目的质量完全取决于施工队的技能和建设方的项目管控与协调能力。结合预制装配整体式模块化理念，如何基于 BIM 及 IT 数字化技术，来进行从方案施工图设计到预制件模块标准化生产，以提高建筑产品交付的效能和质量，需要从运营模式、生产组织模式和建造统筹模式三个方面来实施。

1. 运营模式以建筑产品范式为核心

以建筑产品范式为核心的运营模式，能够将资源集中在一个个范式内进行产品研发。在一个建筑产品范式内，材料类型、构造层次、节点构造方式及相关建筑规范可通过研究后固化，对外开放的则是业主语境下的功能分隔、形状和面积等自适应接口。这样建筑企业既能通过外部接口让业主参与定制建筑产品，又能够结合工业生产的集约化优势降低建造成本，更重要的是，通过产品范式沉淀自身的核心资产，从而更好地提供建筑服务。

相比国际象棋、围棋等智力游戏，建筑、绘画和音乐的创作是科学和艺术相结合的过程，难以被计算机编程，但在可预见的时段内，人与人工智能（artificial intelligence，AI）的结合是这些领域更务实的创作方式，机械性、重复性和公式性的工作通过编程交给 AI，艺术性、感受性和综合性的工作交给人。以一个建筑范式为例，建筑物的形制、立面和色彩等感官性元素交由设计师制定；构造、连接和规范等设计逻辑交由 AI 自动生成。

建筑产品范式一旦被编程，业主能够通过软件调用外部接口，根据自身特定情况改变建筑物的功能分隔、面积和形状等参数，AI 自动生成建筑物的设计图纸，实时向业主报告工程的造价和工期，业主根据自身的承受能力最终确定性价比最优的产品方案。

2. 生产组织模式围绕柔性生产组建云工厂

建筑设计环节在整个建设过程中的占比最多不超过 20%，建筑范式能够较好地解决设计环节的问题，从而间接减少施工环节的损耗，但是施工环节本身的问题需要全新的生产组织模式。

建筑产品范式的运营模式意味着传统意义上的建筑设计师将转型成为产品研发工程师，产品研发中的制造工艺是至关重要的一个环节。建筑产品范式对材料类型进行了约束，对外却开放了可变的面积和形状等参数接口，研发工程师为了满足这些材料的生产加工工艺，必定需要柔性生产设备。柔性生产设备是一种全数字化的生产设备，进料和加工必须做到数控成型。一个建筑产品需要多种材料，每种材料都需要对应的柔性生产设备，其所生产的每块成型材料通过二维码标识所属的建筑产品。建筑产品所需的每块材料都在工厂进行预制生产，运送到现场后进行装配式施工。

由于建筑产品所需材料种类繁多，不太可能一家生产企业拥有所有的生产设备，一个建筑产品一旦完成设计数据化后，相应地需要一个柔性生产云工厂去承接设计数据包，拉动整条数控化的生产链。因为建筑产品具有地域化特性，最好能就近实现生产加工。在一个云工厂系统中，AI 设计及柔性生产设备之间要能够通过统一的访问接口交换地理位置、排产、控制信令和加工协议等生产信息。符合接口的设备能够组网进云工厂参与整个生产链条。

3. 建造统筹模式以 BIM 为线索打造建设云平台

与工业化产品相比，建筑产品的生产过程有所不同。工业化产品通常在研发阶段就确定了产品的生产工艺并完成小批量的产品试制，规模化生产后的每件产品的生产条件和流程都是稳定的，产品有严格的标准和措施，生产线的管控模式是以物管人。而建筑产品由于每个都是独特的，外部造型、内部空间、坐落方位等都是独特的，因此无法通过事先的研发和试制来制定严密的流水生产线。

虽然建筑产品范式能够对建筑产品的形式、构造和节点等进行约束，能够对施工工艺进行一定的约束，但本质上建筑产品建设过程的独一无二性并没有改变。在机器完全取代人工作业之前，建设过程将一直沿用多专业、多分包的协同工作模式，每个建筑产品的落地过程就是一个建设项目过程。项目工作模式中最复杂和困难的环节就是沟通和协同，传统建筑设计交付成果是二维平面图纸，由于设计是建设工作的起点，后续一系列的沟通和协同都是基于平面化表达的图纸，这就带来了一系列的问题，如下所述。

（1）建筑物是三维的，二维图纸是降维表达三维空间，需要多个视角和维度的图纸才能准确表达设计意图。多份图纸之间的一致性本身就对设计师提出了很高的要求，更何况建筑产品的设计过程是多阶段、不断深化的设计过程，传统设计院交付的施工图只是一次设计，大量细节需要后续其他专业和分包团队的设计师补充进行二次设计和深化设计，这对图纸一致性提出了更高的要求。

（2）二维图纸具有高度符号化和专业化表达的特点，只有经过专业训练的人员才能判读，业主、施工工人等非专业人士无法高效地阅读二维图纸。更严重的是，由于传统设计院模式下设计和施工分离，大量设计师不了解现场情况，造成部分设计不合理、不符合现场实际情况；而施工工人依仗丰富的现场施工经验而忽略图纸、不按图施工的情况比比皆是。

（3）传统施工图纸反映的是建筑物建成之后应有的形制，然而施工环节是一个动态的过程，不仅分时分段，更需要多个专业的施工团队轮流进场协同施工。

针对以上问题，建筑行业提出了 BIM 概念。BIM 是工程项目在设计、分析、建造和运维过程中的数字化表达，它通过在空间几何模型基础上叠加时间、数量和成本、建造与管理等信息，实现从 3D 到 4D、5D 等的多维表达。BIM 是工程项目有关信息的共享知识资源，是信息共享、协同工作的核心价值。它可使工程项目信息在规划、设计、施工和运营维护全过程充分共享、无损传递，使工程技术和管理人员能够对各种建筑信息做到高效、正确的理解和应对，为多方参与的协同工作提供坚实基础，并为建设项目从概念到拆除全生命期中各参与方的决策提供可靠依据。

建筑产品的落地需要基于 BIM 技术，以全数字化管理为目标，围绕着"设计施工一体化""生产装配工业化""EPC 管理数字化"等理念，打造一个 BIM 化的项目建设云平台，该平台连接项目建设各参与方。分包单位能够在 BIM 数据基础上进行深化设计、提交本方施工过程所需的材料、人员和机具进场计划和施工步骤；总包单位则能够通过平台管控各分包单位，模拟施工组织，协调各方工作；业主则能够通过平台了解施工进度和资金使用情况。

13.2　建筑智能设计

设计数据是进行所有建造行为的原始数据，设计数据的准确性和其组织方式对后续的工作有根本性的影响。因此在进行建筑设计时，必须充分考虑设计前置信息的完整性、设计过程的合理性、设计结果的准确性及设计输出格式的统一性。

设计前置信息的完整性是指设计输入条件不仅要包含建筑基本的几何数据，还要包含建筑的物理属性、时间属性等信息，比如可以在设计过程中对建筑部品进行智能识别，从而分析部件的结构构造，这就要求输入信息必须以 BIM 的方式进行组织。

智能设计过程，相对于传统建筑设计流程有很大的区别。传统建筑的设计过程中，设计深度只需要到施工图深度，深化设计往往是交给施工单位或加工单位继续深化，并且构件之间的耦合较高，不容易进行模块化设计。在传统的建筑设计过程中，建筑、结构、水电暖通等专业分别独立进行，遇到问题需要进行深入的沟通，耗时费力而且效果不佳，而建筑模块智能设计可以对单个模型进行充分解耦，降低部件之间的依赖关系，并且将这种依赖关系通过接口的形式独立出来，使得模块之间的连接形式可以重复利用。专业与专业之间可以通过协同技术达到资源共享，而且在设计过程中，也要充分考虑到生产和施工的实际情况，这样才能确保 BIM 的准确性，避免后续返工，有效提升设计效率和准确度，降低工程成本。

基于 BIM 平台的智能设计流程，设计的结果数据基本可以满足后续工作的需求。首先，设计结果包含了整个模型的三维几何信息和材质信息，建筑模型和结构模型可直接渲染生成效果图呈现给最终客户；其次，通过准确的三维模型，套用已有的出图模板，可直接生成用于部件拼装的拼装图和用于施工的施工图，节省了大量人力和时间，并且三维模型包含的几何数据，可以提取材料的用量，为工程报价和材料采购提供原始的准确信息；最后，通过结构化的模型信息，可直接生成用于指导生产的加工文件，达到数据上的设计生产一体化。

目前，装配式建筑包括很多种新型房屋体系，如钢结构、木结构、钢木混合、预制混凝土等。下面以轻钢结构装配式建筑为例来阐述面向建筑的智能设计行为。

轻钢结构主要是指以轻型冷弯薄壁型钢，轻型焊接和高频焊接型钢，薄钢板、薄壁钢管，轻型热轧钢及其以上各种构件拼接、焊接而成的组合构件等为主要受力构件，大量采用轻质围护材料的单层和多层轻型钢结构建筑。

我国轻钢结构体系起步较晚，是在引进国外的相关材料和软件的基础上发展起来的。近年来，随着压型钢板、冷弯薄壁型钢、H型钢的大批量生产得以实现，轻钢结构体系得到了较为广泛的推广。工程应用的发展推动了该种体系在我国的设计、成型一体化进程。其程序化设计已经取代手工设计，国外设计软件逐渐被我国自行编制的设计软件所替代。

冷弯薄壁轻钢装配式建筑是一种以冷弯薄壁型钢构件为基本结构骨架，以新型结构板材为结构体系，配以其他保温、装饰材料，经工厂集成生产和现场装配而成的房屋建筑体系。该体系具有截面尺寸小、自重轻等特点，具有良好的抗震、防火、热工、隔声性能，是一种高效节能型绿色建筑体系。

根据冷弯薄壁轻钢装配式建筑的特点和优势，结合此类建筑产品设计经验、规范、数据和逻辑方法，总结出全专业可简化、可实施、可标准化的规则，建立冷弯薄壁型钢建筑产品范式，对建筑产品的材料类型、构造层次、节点构造方式以及相关建筑规范进行研究总结，通过计算机编程进行数字化转换，将设计师的经验、规范、数据、逻辑方法及其他智力成果沉淀为一套通用的全数字化智能设计软件，将传统的建筑设计变为软件自动设计，逐步发展形成智能设计平台，从而更好、更高效地提供标准化的建筑设计服务，为建筑产品的工业化生产建造打下基础。另外，对外提供建筑语境下的功能分隔、形状和面积等自适应接口，通过这些简单的外部约束，实现建筑产品的个性化定制，使建筑产品能够更好地满足复杂地形、地貌及不同地质基础条件等要求。

全数字化智能设计软件需基于国际通用的 BIM 平台进行，如 Autodesk Revit 平台。通过集成大量建筑产品规则，根据建筑设计师提供的建筑方案，自动生成建筑产品模块单元，如墙架、楼层桁架、屋架及檩条等，形成体系 BIM 数字化成果（图 13-2-1 和图 13-2-2）。

同步给出模块构件的三维空间布置、平面施工图、计算书及工程材料量的统计数据，直接对接审批、报价、采购及施工环节，其间无须重复建模，可极大提高工作效率。输出成果形式需多样化，既支持 Revit 等主流设计软件的数据格式输出，也支持自主定义的定制化数据格式输出（如关系型数据库、自定义数据格式等），为实现设计、施工、生产、运维全生命周期的数据一体化流转奠定基础。

另外，直接对接生产环节，输出装配图及生产加工数据，配合冷弯薄壁型钢的生产加工系统，实现设计与生产的无缝衔接。

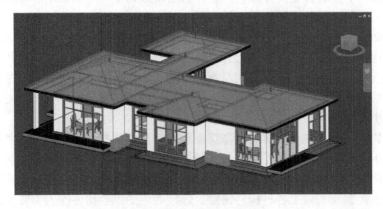

图 13-2-1　建筑方案

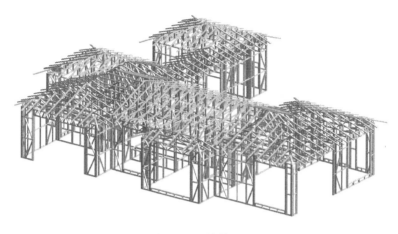

图 13-2-2　结构设计

13.3　建筑模块生产智能建造

建筑范式能够较好地解决设计环节的问题，从而间接减少施工环节的损耗，但是施工环节本身的问题需要全新的生产与组织模式。

基于预制装配式模块化建筑需求，以数字化柔性制造设备为载体，人们通过智能软件输出结果来自动驱动模块构件的标准化生产和装配。同时，基于工业 4.0 的核心思想，借助云制造技术开展智能生产体系的研究，集中生产部署、集约保障和精确管理，为建筑模块智能建造提供技术保障。

13.3.1　柔性制造设备

20 世纪中期，数控机床的出现开辟了制造装备的新纪元。数控技术发展的一个趋势是，提升各种装备性能并不断更新换代，推动数字化制造技术的发展与应用。数字化制造技术，指的是在数字化技术和制造技术融合的背景下，在虚拟现实、计算机网络、快速原型、数据库和多媒体等支撑技术的支持下，根据用户的需求，迅速收集资源信息，对产品信息、工艺信息和资源信息进行分析、规划和重组，实现对产品设计和功能的仿真及原型制造，进而快速生产出符合用户要求的产品。通俗地说，数字化制造就是指制造领域的数字化，它是制造技术、计算机技术、网络技术与管理科学的交叉、融合、发展与应用的结果，也是制造企业、制造系统与生产过程、生产系统不断实现数字化的必然趋势，其内涵包括三个层面，即以设计为中心的数字化制造技术、以控制为中心的数字化制造技术、以管理为中心的数字化制造技术。

生产制造过程中有两个很重要的方面，即设备与人。随着数字化制造技术的迅猛发展，相对复杂的自动化设备得以更多地参与到生产流程中，并替代人对生产进行控制，从而提高整体生产效率，以及使产品质量更稳定。

控制建筑模块质量，推动预制装配式模块化建筑的发展离不开数字制造装备的发展与应用。以冷弯薄壁型钢轻钢装配式建筑为例，其全数字化结构成型生产设备（图 13-3-1）的推出，提高了建筑模块的生产效率，降低了建筑模块的生产成本，促进了此类装配式建筑产品的拓展。此种结构成型设备进料和加工做到数控成型，能实现两种规格（C&U）

杆件材料的自动连续生产，设备所生产的每个模块构件均具有二维码标识其所属的建筑产品。建筑产品所需的每个模块构件都可以在工厂进行预制生产和装配，装配化率可达到 80%以上，被运到现场后进行简单吊装施工即可投入安装流程。

图 13-3-1　数字化结构成型生产设备

结构成型设备不但能够在工厂里进行生产，而且还能安置在集装箱里运输到边远的工地去现场生产。

结构成型设备智控系统（图 13-3-2）是连接设计与生产的中间纽带，也是实现一键式全数字化生产的技术保障。基于此，可以无缝连接市场主流设计软件输出的多格式设计数据，将其转化为高精度的生产数据，打通设计与生产的数据流通，形成一体化体系服务能力。

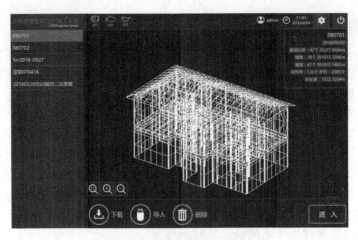

图 13-3-2　结构成型设备智控系统

结构成型设备智控软件读取外部的建筑设计模型数据，分析得出具象模块构件的生产加工数据，通过建立上位机与下位机的通信，指导并控制设备生产各类建筑所需模块构件。

结构成型设备使用触摸屏式的工控机进行操作，触摸屏作为人机交互接口，主机设置在电箱中，通过其可对机器设备状态进行实时监控、参数配置，以及控制模型数据的展示、任务的生产加工。

结构成型设备控制系统采用 Ethernet/Modbus 控制方式，控制各种液压动作和伺服电机启动、停止，保证与机器设备的数据传输并监控传感器反馈数据。

结构成型设备控制系统通过 RS-232 串口通信方式连接喷码打印机系统，对从机器生产出来的各个部件编号进行喷码（字符或二维码），保证后续方便地实施拼装工作。

结构成型设备采用高分辨率编码器及解码器技术，为驱动器提供参考数据，并确保在高速的状态下可控制误差值在 0.5mm 以内。

当然，科技的快速发展，不仅使设备产品的种类变得丰富，同时加快了产品更新和淘汰的速度。柔性制造是适应全球竞争极为重要的制造技术与理念，一般把柔性制造技术认为是可以随市场需求变化，迅速对产品种类或者生产方式作出相应调整的一种现代化制造技术。这种柔性制造系统要具有许多方面的"柔性"，如运行柔性、产品柔性、批量柔性、工序柔性、扩展柔性、设备柔性、工艺柔性、生产柔性等。为了适应不断发展的预制装配式模块化建筑产品的生产制造需求，单纯地从提升设备能力来考虑改善生产系统颇有难度。与其去"组合设备"，不如转向"设备组合"，也就是将设备功能进行若干次组合与分割，再根据单一或较少功能"设备组合"来代替所谓的"组合设备"，从而减少生产工序中设备参与的分量，将原来分化在设备中的转换成本及效率转移到管理手段上来，实现人与设备的简单调整配合。通过这样的转换，使整体的生产过程中的可控制和自我调整的环节得到改善。

13.3.2　MES 辅助智能生产

制造执行系统（manufacturing execution system，MES）指管理和监测工厂现场的工作进程的控制系统，是实现智能生产的有效途径。制造执行系统如图 13-3-3 所示。

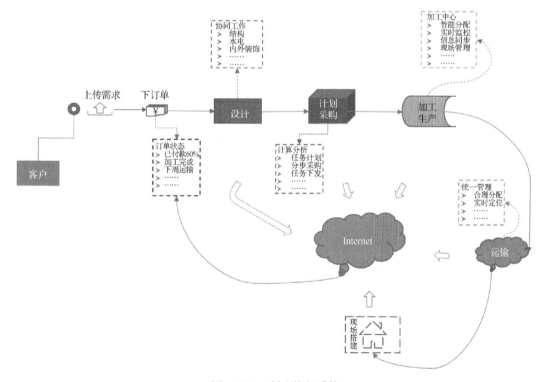

图 13-3-3　制造执行系统

制造执行系统的操作流程简述如下。

在收集到预制装配式建筑模块构件的生产订单之后，将任务下发到生产车间，然后借助制造执行系统把任务再次拆分到指定设备，并在设备上实现加工生产过程的全程信息化在线跟踪。借助于计算分析智能算法，把生产车间和生产线联网，需求、任务信息与生产过程动态数据等实时信息统一管理并同步给各方。通过严格的品质监控体系管理制造，完成后进行模块组装并运输到现场进行房屋搭建。

在制造执行系统中，重点应用有以下几大功能。

1）资源分配和状态管理

管理机床、工具、人员、物料、设备，以及其他生产信息（例如进行加工必须准备的工艺文件、数控加工程序等文档资料），用以保证生产的正常进行。它还要提供资源使用情况的历史记录，确保设备能够正确安装和运转，并提供实时的状态信息。对这些资源的管理，还包括为满足作业排程计划目标对其所做的预定和调度。

2）运作/详细调度

在具体生产单元的操作中，根据相关的优先级、属性、特征以及配方，提供作业排程功能。例如，当根据形状和其他特征对颜色顺序进行合理排序时，可最大限度地减少生产过程中的准备时间。这个调度功能的能力有限，主要是通过识别替代性、重叠性或并行性操作来准确计算出时间、设备上下料，以作出相应调整来适应变化。

3）生产单元分配

以作业、订单、批量、成批和工作单等形式管理生产单元间工作的流动。分配信息用于作业顺序的定制，以及车间有事件发生时的实时变更。

4）文档管理

管理生产单元有关的记录和表格，包括工作指令、配方、工程图纸、标准工艺规程、零件的数控加工程序、批量加工记录、工程更改通知以及班次间的通信记录，并提供了按计划编辑信息的功能。它将各种指令下达给操作层，包括向操作者提供操作数据或向设备控制层提供生产配方。此外，它还包括对环境、健康和安全制度信息，以及 ISO 信息的管理与完整性维护，例如纠正措施控制程序。当然，还有存储历史信息功能。

5）数据采集

能通过数据采集接口来获取生产单元的记录和表格上填写的各种作业生产数据和参数。这些数据可以从车间以手工方式录入或自动从设备上获取按分钟级实时更新的数据。

6）质量管理

对生产制造过程中获得的测量值进行实时分析，以保证产品质量得到良好控制，质量问题得到确切关注。该功能还可针对质量问题推荐相关纠正措施，包括对症状、行为和结果进行关联以确定问题原因。

7）过程管理

监控生产过程、自动纠错或向用户提供决策支持以纠正和改进制造过程活动。这些活动具有内操作性，主要集中在被监控的机器和设备上，同时具有互操作性，跟踪从一项到另一项作业流程。过程管理还包括报警功能，使管理人员能够及时察觉到出现了超出允许误差的过程更改。通过数据采集接口，过程管理可以实现智能设备与制造执行系统之间的数据交换。

8）产品跟踪和系谱

提供模块构件在任一时刻的位置和状态信息。其状态信息可包括组成物料、产品批号、序列号、当前生产情况、警告、返工或与产品相关的其他异常信息。其在线跟踪功能也可创建一个历史记录，使得模块构件和每个末端产品的使用具有追溯性。

13.3.3　基于云工厂的建筑模块生产组织

随着装配式建筑体系的不断发展，各种新型的混合建筑体系也将不断涌现，比如轻钢轻混凝土建筑系统、钢木建筑系统等，开展智能生产体系研究，探讨解决预制装配式建筑模块的组合生产的方法也将成为一个迫在眉睫的课题。

云制造是一种基于网络的、面向服务的智能化制造新模式和新手段，是一种利用网络和云制造服务平台，按用户需求组织网上制造资源，为用户提供各类按需制造服务的一种网络化制造新模式。

云制造技术将现有网络化制造和服务技术同云计算、云安全、高性能计算、物联网等技术融合，实现各类制造资源（制造硬设备、计算系统、软件、模型、数据、信息等）统一的、集中的智能化管理和经营。建筑模块生产云工厂模式如图 13-3-4 所示。

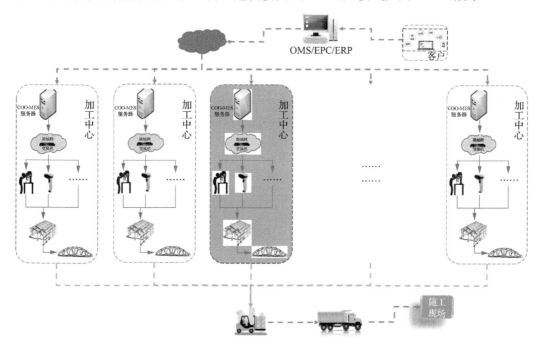

图 13-3-4　建筑模块生产云工厂模式

结合不同的应用领域，云制造支持 4 种典型应用，即单主体（单用户）完成某阶段制造、多主体（多用户）协同完成某阶段制造、多主体（多用户）协同完成跨阶段制造、多主体（多用户）按需获得制造能力。

云制造服务系统包括资源层、中间件层、核心服务层、门户层和应用层等。云制造服务平台则由中间件层、核心服务层和门户层组成。其中，资源层涵盖了设计资源、仿真资源、生产资源、试验资源、集成资源、能力资源及管理资源等，向上体现为虚拟化制造资源和服务化能力资源两种形态；中间件层支持各类资源的虚拟化、服务化，接入、感知和协同的中间件；核心服务层基于中间件层的接口，提供云制造服务平台至关重要的各类功能，包括服务部署/注册、服务搜索/匹配、服务组合/调度、服务运行/容错、服务监控/评估及服务定价/计费；门户层为统一的高效能云制造支撑平台门户，为服务提供者、平台运营者及服务使用者三类用户使用。通过网页浏览器进入门户，用户就可以使用一系列的制造资源和能力；应用层提供支持单主体完成某阶段制造、支持多主体协同完成某阶段制造、支持多主体协同完成跨阶段制造和支持多主体按需获得制造能力四种应用模式。应用层提供云服务和云加端服务两种使用方式。

14 智能建造管理系统

14.1 全产业链建造管理系统

14.1.1 简述

传统建筑业的设计、材料、供应链、施工现场等环节分散、独立、复杂，项目施工过程针对性强，项目管理成本高，而且目前建筑业信息化程度较低，还没有采用项目规划、设计、施工、运营和维护的一体化管理系统，仍依赖于定制工具。项目开发商、承包商、分包商、设计单位通常使用各自的管理平台，多平台间缺乏统一的信息串联。要实现智能建造，就需要一套基于全产业链建造管理系统，即将产业链的各环节的建造数据打通，实现各单位的内部生产及运营管理在线化，以及各单位之间业务协同在线化。

14.1.2 全产业链管理系统架构

1）关键技术

CPS（cyber-physical systems）指信息物理系统，是一个综合计算、网络和物理环境的多维复杂系统，其将人、机、物互联，实体与虚拟对象双向连接，以虚控实，虚实融合，实现敏捷性和柔性、智能生产。

CPS 技术也是工业 4.0 的核心技术。

2）系统架构

基于 CPS 的全产业链管理系统架构如图 14-1-1 所示，其包括：属于物理世界的工厂生产感知与执行模块、供应链感知与执行模块、现场施工感知与执行模块、交付及运维感知与执行模块；属于虚拟世界的个性化定制模块、产品设计决策与学习模块、工厂生产决策与学习模块、供应链决策与学习模块、现场施工决策与学习模块、交付及运维决策与学习模块；属于知识世界的产品设计知识库、工厂生产知识库、供应链知识库、现场施工知识库、交付及运维知识库。

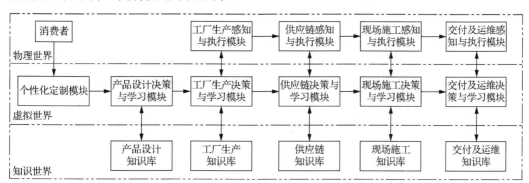

图 14-1-1　全产业链管理系统架构

14.1.3　设计管理子系统

1）简要说明

建筑产品设计作为建造产业链的起点，要实现智能建造首先要实现的就是建筑产品的数字化；其次建筑产品设计工作通常需要各个专业（建筑、结构、给排水、强弱电、暖通等）进行配工作配合，因此建筑产品设计管理工作十分重要。

设计管理子系统应该包括两大功能板块，即建筑产品数字化和建筑产品设计管理。

2）关键技术

（1）应用软件开发技术。建筑产品设计管理多为流程、业务管理，普通的应用软件开发技术即可实现。

（2）BIM 软件二次开发技术。根据国内目前的情况，大多数设计院采用 CAD 进行建筑产品设计，但由于行业趋势的推动，基于 BIM 的设计在逐步推进，因此基于 BIM 设计软件的二次开发技术将是建筑产品数据化的关键开发技术。

3）应用示例

目前国内建筑行业的设计管理子系统还处于起步阶段，尤其是建筑产品数字化相关的系统，基本都是对建筑产品实现局部数字化。图 14-1-2 所示为某公司开发的基于 BIM 的 PC 构件工艺设计系统的功能框架，该系统基于 Revit 二次开发技术进行开发，实现 PC 构件的数字化自动拆分。

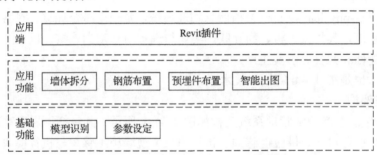

图 14-1-2　某 PC 构件工艺设计系统功能框架

该系统的主要功能如图 14-1-3 所示。

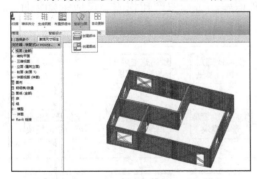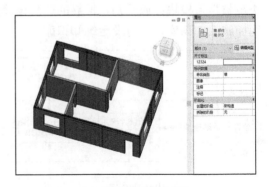

（a）选择要出图的构件模型并创建为部件　　　　　（b）系统按要求生成部件

图 14-1-3　某 PC 构件工艺设计系统的主要功能

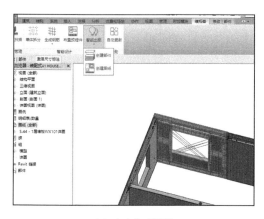

（c）点击生成图纸

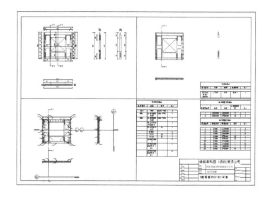

（d）系统自动生成图纸

图 14-1-3（续）

14.1.4 工厂生产管理子系统

1）简要说明

我国建筑业经过几十年的快速发展，已走向新型工业化建筑时代，目前大部分的现场作业活动将转移至工厂进行标准化作业。因此，工厂生产管理子系统将作为全产业链建造管理系统的重要子系统，且工厂管理子系统的功能应覆盖工厂的生产运营管理，而非传统的 MES 系统、ERP 系统或者 WMS 系统等单一业务系统，其功能应涵盖商务、计划、生产、质量、物流、堆场、材料、人员、设备等各工厂管理对象。

2）关键技术

（1）应用软件开发技术。工厂管理子系统最基础的功能需求应实现工厂业务活动在线化，普通的应用软件开发技术即可实现。

（2）人工智能。人工智能技术的应用是最终能否实现智能建造的关键技术，如工厂生产排程最优解、多工厂生产能力调度等。

3）应用示例

目前国内建筑行业的工厂生产管理子系统还处于初步阶段，各品牌的工厂生产管理系统实现了工厂生产管理活动在线化，但落地的智能化应用比较少。

图 14-1-4 所示为某公司针对 PC 构件工厂开发的 PC 构件生产的管理系统功能架构，该系统实现对工厂的计划、生产、质量、堆场、物流的管理，并提高工厂的生产管理效率。

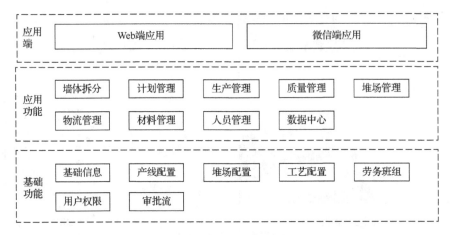

图 14-1-4　某 PC 构件工厂系统功能框架图

该 PC 构件工厂管理系统功能包括商务管理、计划管理、生产管理、质量管理、材料管理、人员管理、物流管理、数据中心等。

（1）商务管理。对各项目的 PC 构件生产、运输、施工等进行在线管理，可实现查看包括概况、构件、吊装计划、项目日志等项目详情和承接项目各单位工程的构件情况等。

（2）计划管理。对生产计划、排摸规划、物流计划进行管理，可针对客户 PC 构件吊装计划、构件的形状、构件货架尺寸、运输重量进行装框规划和基于客户订单、构件库存、排摸规划进行生产日计划的编制。

（3）生产管理。对生产任务和生产过程进行在线管理，如根据生产日计划由产线负责人进行生产任务的跟进，并确保每个构件具有唯一的二维码信息。

（4）质量管理。关键工序及构件质量验收，进行质量问题库配置，记录 PC 构件质量验收信息。

（5）材料管理。主要进行工厂原材料的管理，其功能包括库存、收料、入库、出库管理，具体包括工厂原材料库存及出库台账，以便查看原材料进、出库情况。

（6）人员管理。对工厂人员进行信息管理，并结合门禁系统，实现对人员考勤管理，可生成人员信息列表。

（7）物流管理。对工厂的构件发货、车队、堆场货架进行管理。

（8）数据中心。对工厂的生产、质量、堆场、物流情况进行统计汇总分析，利用质量数据中心对验收、质量问题、质量趋势进行统计分析，利用生产管理数据中心进行工厂生产情况的统计分析。

14.1.5　工程项目管理子系统

1）简介说明

工程项目管理作为建筑工程建设的重要活动，是建筑工程项目建设成功与否的关键。工程项目管理子系统应实现对项目进度、质量、安全、人员、材料、设备、环境、后勤的在线化管理，提高建设工程项目管理效率。

2）关键技术

（1）应用软件开发技术。工程项目管理子系统最基础的功能需求应实现工程项目管理业务活动在线化，普通的应用软件开发技术即可实现。

（2）人工智能。人工智能技术的应用是最终能否实现智能建造的关键技术，如施工进度计划最优解、施工平面图最优布置等。

3）应用示例

目前国内建筑行业的工程项目管理子系统还处于初级阶段，各品牌的工程项目管理系统基本实现了工程项目管理活动在线化，但智能化应用比较少。

图 14-1-5 为某公司开发的工程项目管理系统功能框架图，该系统可实现对工程项目进行管理，提高工程项目的管理效率。

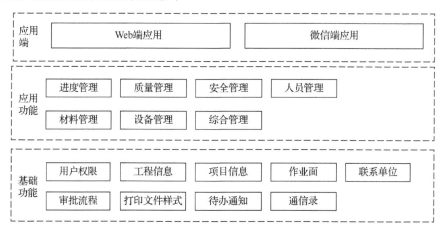

图 14-1-5　某工程项目管理系统功能框架图

该项目管理系统主要对项目目标及生产要素进行在线化管理，主要包括进度管理、质量管理、安全管理、人员管理、材料管理、设备管理、综合管理等各个板块。

（1）进度管理，即工程项目进行进度全过程管理，包括进度计划编制、进度任务执行、进度分析功能，利用标准化进度编制模式，可极大缩短计划的编制时间，为系统执行进度计划一键调整；利用计划执行台账可实时查看进度执行情况；系统可自动进行单位工程进度的统计分析，包括形象进度情况、工期进展、延误任务、施工效率等。

（2）质量管理，即现场的质量活动在线化，同时建立质量相关知识库，包括质量检查、质量整改、实测实量、质量亮点，可实现微信端质量检查、对检查问题发起整改、系统自动生成测量统计结果和质量亮点管理。

（3）安全管理，即现场的安全活动在线化，包括安全检查、安全整改、危险源管理、安全早会、安全教育、安全交底、特种作业人员证件管理、安全亮点等，如安全检查管理、安全问题在线整改及复核、危险源监督统计及预警通知、安全早会管理、安全教育管理、人员证件信息创建及核查管理和安全亮点管理。

（4）人员管理，即现场的人员管理在线化，包括人员信息库、进退场管理、人员考勤、工资发放管理，如通过人员信息库台账、人员信息，建立实名制积分评价，进行人员进退场管理、人员考勤记录和对工资实际发放情况进行记录。

（5）材料管理，即现场的材料管理在线化，包括材料报审、采购管理、领用管理，实现材料报审及审批（审批通过的材料需求数据会同步至采购管理和领用管理），采购订单跟进、收货、入库等，以及通过微信端进行材料领用和材料领用出库记录。

（6）设备管理，即现场的设备管理在线化，包括设备报审、设备进出登记表、设备运行监测。

（7）综合管理，即现场其他管理在线化，包括公文处理、施工日志、分包评价、晴雨表、后勤报审等，在公文批示中可填写意见并指定承办人、阅办人；根据信息记录设置，不同的人员可完成施工日志内容的记录；系统自动进行指标评价、生成晴雨表及统计分析。

14.2　建造过程数据采集、存储及应用

14.2.1　简述

整个建造过程的数据异常庞大，有业务管理数据、生产要素（人、机、料、法、环）监控数据、建筑物监控数据等各种相关数据，而建造过程数据的采集、存储及处理是实现智能建造的数据基础。

14.2.2　数据采集

目前数据采集通常有两种方式：一是通过软件收集建造业务管理活动数据；二是运用传感器、物联网、通信等信息技术实现建造过程数据的采集。软件收集业务管理活动数据此处不再讲解，本节重点将通过数据采集案例讲解传感器如何采集建造过程数据。

1）人员数据采集

人员作为生产管理的重要对象，其有没有在生产区域、在生产区域的停留时间都可以作为人员管理重要数据依据，人员区域定位系统通过在现场安装定位基站、人员佩戴定位标签的方式进行人员区域定位，以实现生产人员考勤、危险作业区域人员定位跟踪等功能。

（1）功能框架。人员数据采集功能框架如图 14-2-1 所示。

（2）技术说明。

① 硬件层。硬件层包含嵌入式微处理器、ADC 模拟信号采集、按键和指示 LED 灯、蓝牙功能，以及 Flash 内存区可以保存蓝牙协议栈代码和系统程序，串口 RS232 位无线通信 LoRa 设备的数据接口。

② 中间层。硬件与软件之间为中间层，也称为硬件抽象层或扳级支持包，它将系统上层软件与底层硬件分开，使系统的底层驱动程序与硬件无关，上层开发人员无须关

心底层硬件的具体情况，根据 BSP 层提供的接口即可进行开发。该层一般包括含相关底层硬件的初始化、数据的输入/输出操作和硬件设备的配置功能。

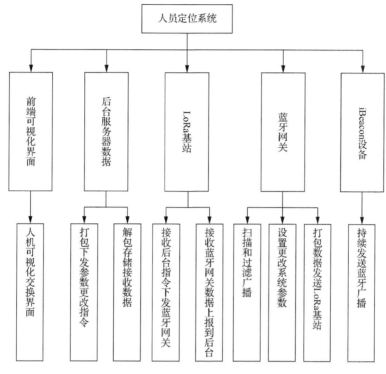

图 14-2-1　人员数据采集功能框架

③ 软件层。软件层主要为按键和 LoRa 下发的串口指令修改系统的参数，蓝牙对周围的 iBeacon 广播包进行搜索并过滤 UUID 重复包并进行数据打包。通过指定的 LoRa 串口协议把打包的数据进行发送。电池的电压模拟信号转化为数字百分比信号和启动 LED 运行指示灯。

（3）硬件安装及部署。

① 网关安装及启动。先固定网关底座，再进行网关安装，拨动底部开关，5s 后定位网关正面红灯闪烁，则表示该定位网关功能正常。

② 标签安装。通常在人员的安全帽或者反光衣上安装定位标签。

2）物料数据采集

物料是生产建造活动的关键要素，传统物料的收料均通过人工验收，以及手工建立台账进行管理。物料收料数据的自动化采集通过安装传感器及硬件设备实现。

（1）系统说明。在传统地磅加装摄像头、车牌识别、摄像头、数据采集及控制箱等设备，将传统地磅改造成智能地磅，提高称重及收料效率。

（2）系统功能框架。物料数据采集系统功能框架如图 14-2-2 所示，主要包括硬件层、本地端软件及云端系统三部分。

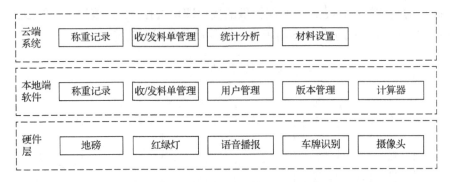

图 14-2-2　物料数据采集系统功能框架

（3）技术说明。

① 硬件开发。地磅控制盒采用嵌入式单片机系统，包含输入输出逻辑控制、语音引导、大屏显示三个单元。

② 软件开发。系统采用前后端分离的开发技术，服务端技术栈包括 Nginx、PHP、RabbitMQ、ThinkPHP、MySQL、Redis、Swoole、Git、docker，前端开发技术包括 Vue、Scss、Vuex、Vue-Router、Echarts、gitlab、gogs、svn。

（4）地磅改造。针对传统地磅加装硬件进行改造升级。

① 控制箱。主要用于进行数据对接及硬件操作指令的下发。

② 车牌识别。主要用于车牌识别，控制车辆上、下地磅。

③ 摄像头。主要用于称重过程画面监控及影像留存。

（5）智能称重。

① 重车称重。车辆通过车牌识别进入地磅称重区域，磅房操作人员进行供应商及材料信息的输入，保存重车智能称重等信息。

② 空车称重。车辆通过车牌识别计入地磅称重区域，系统自动获取历史过磅记录，操作人员进行质量确认。

③ 系统自动生成收料记录，包括收料信息、过程照片等。

14.2.3　数据存储

由于传感器数据量大且设备种类繁多，通常都会开发一套物联网平台系统进行数据的获取及存储。常见的物联网平台系统架构如图 14-2-3 所示。其主要功能包括物联网设备数据对接和物联网设备数据存储。

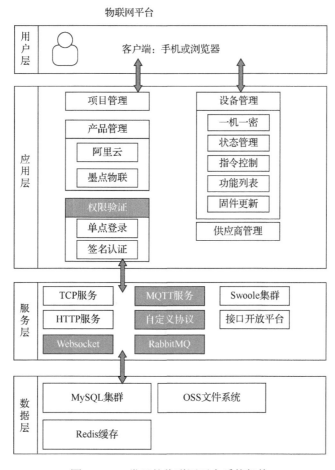

图 14-2-3 常见的物联网平台系统架构

1）物联网设备数据对接

通常采用 TCP 协议、MQTT 协议、HTTP 协议，以及平台定时采集等方式进行设备数据对接。数据传输过程中一般采用 AES 加密方式，保证数据在传输过程中的安全性。通过 MD5 摘要签名的方式保证请求体在单位时间内有效，防止第三方截取请求后恶意攻击平台。

2）物联网设备数据存储

设备数据经过平台数据入口的数据过滤和检验后，就会进入平台的数据存储模块，存储模块会对数据的时效性作出判断，根据平台制定的分析策略对数据进行相应的入库操作。通常物联网设备数据存储周期为 15 天，历史数据平台运维将自动备份到后台支持历史数据的查找，能够支持千万级的数据量。

14.2.4 数据应用

数据收集之后数据完成数据存储后，其他系统可以通过两种方式调用实时数据。第一种为 RabbitMQ 消息队列方式，业务模块可以创建消费者接收生产者投递的消息并对消息进行相应的业务处理。第二种方式为 Websocket 方式将数据返回给业务处理。

14.3　建造三维可视化管理系统

14.3.1　简述

目前管理系统多为二维平面化的数据管理系统，该类系统需要管理人员对于管理的实体对象十分熟悉，否则很难让管理人员将看见系统数据与实体对象建立数据映射关系，而某公司开发的建造三维可视化管理系统很好地解决了该问题。

14.3.2　系统架构

基于 BIM、物联网、云计算、大数据的技术，采用"两端一云"的三维可视化管理系统功能架构（图 14-3-1），通过软件端收集建造管理数据、硬件采集建造生产要素监控数据，结合 BIM 数据打造一个实时的、虚实同步的三维可视化管理系统。

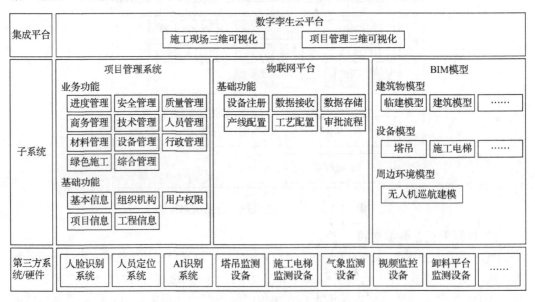

图 14-3-1　三维可视化管理系统功能架构

14.3.3　功能简介

1）施工现场三维可视化

（1）环境三维可视化（图 14-3-2）。通过无人机航拍建模+BIM，可真实还原建筑工程周边环境。

图 14-3-2　基于无人机航拍的环境三维可视化

（2）生产要素三维可视化。对人员、设备和材料等生产要素进行智能监控（图 14-3-3），掌握生产要素的状态数据。

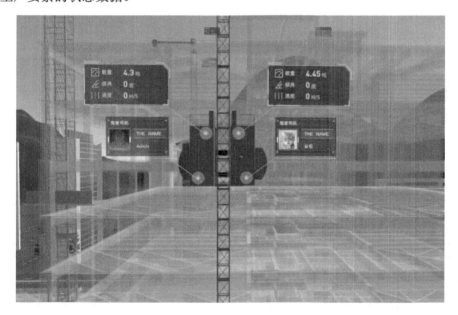

图 14-3-3　智能监控

2）项目管理三维可视化

（1）进度管理三维可视化。将进度管理数据实时同步至集成平台，真实还原现场施工进度情况，进度与现场实施同步（图 14-3-4），同时提供更直观的进度分析模式。

图 14-3-4　进度与现场实施同步

（2）质量管理三维可视化。将质量管理数据同步至集成平台，通过三维可视化方式进行展示及分析，利用球状模型代表质量问题，可实现质量问题三维可视化（图 14-3-5），质量统计分析和质量问题详情可查看。

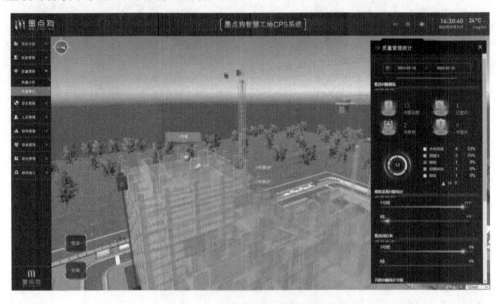

图 14-3-5　质量问题三维可视化

（3）安全管理三维可视化。将安全管理数据同步至集成平台，通过三维可视化方式进行展示及分析，利用方块模型代表安全问题，可实现安全问题三维可视化；利用黑色三角形模型代表危险源，可实现危险源三维可视化（图 14-3-6）。

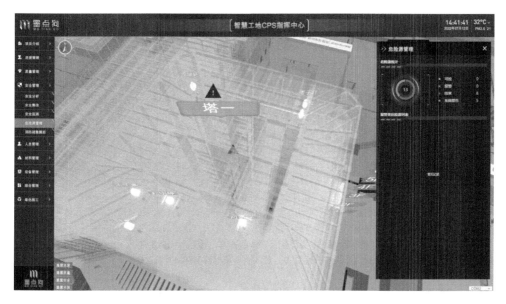

图 14-3-6   危险源三维可视化

14.4   智能建造效益分析

14.4.1   促进绿色建筑的推广，节能效益明显

智能建造系统在提高装配式建筑项目管理效益方面成效显著，某项目利用智能建造系统，结合经验丰富的装配式建筑项目管理团队，降低生产成本 5%～10%，对助推装配式建筑发展和普及具有积极的作用；而装配式建筑作为绿色建筑建造方式的一种形式，在节水、节能、减排及节省人力方面的成效已在实际项目中得到有力证明。

14.4.2   完善质量管理体系

智能建造系统可实现工厂现场一体化和现场工厂一体化的模式，打通生产和施工环节，通过施工模拟，控制生产过程中材料选择和预制过程，大大提高构件的生产合格率，从而从根本上保证装配式建筑的整体质量。

14.4.3   降低工地安全事故

智能建造系统以 CPS 信息物理系统为底层技术，利用 BIM 和互联网、大数据、物联网、新型建筑工业化等技术，构建"管理系统+智能硬件+数字孪生云平台"两端一云的现场建造管理平台，实现安全管理可视化，可以有效监督安全生产过程，避免传统建筑模式中常常出现的安全事故问题。

参 考 文 献

[1] 中国工程建设标准化协会. 模块化装配整体式建筑设计规程: T/CECS 575—2019[S]. 北京: 中国建筑工业出版社, 2019.

[2] 张季超, 陈杰峰, 许勇, 等. 新型预制装配整体式框架结构技术探讨[J]. 建筑结构, 2013, 43 (S1): 1355-1357.

[3] 中国工程建设标准化协会. 模块化装配整体式建筑施工及验收标准: T/CECS 577—2019[S]. 北京: 中国建筑工业出版社, 2019.

[4] 蒋勤俭, 刘昊, 黄清杰. 面砖饰面混凝土外墙板生产工艺关键技术研究[J]. 混凝土世界, 2017 (7): 56-64.

[5] 曾庆强. 浅谈钢结构的钢材种类和选用[J]. 石河子科技, 2011 (1): 64, 44.

[6] 柴昶. 在钢结构工程设计中正确合理地选用钢材[J]. 钢结构, 2001 (6): 52-55.

[7] 赵荣超. 浅析混凝土结构中锚栓和锚筋的区别[J]. 建筑结构, 2016, 46 (S2): 463-465.

[8] 徐建月, 陈宝贵, 段林丽. 密封材料在建筑防水工程中的应用[J]. 新型建筑材料, 2011, 38 (12): 39-41.

[9] 孙海涛, 彭光琴. 钢筋机械连接的施工要点及接头检验[J]. 山西建筑, 2006 (10): 155-156.

[10] 王红霞, 王星, 何廷树, 等. 灌浆材料的发展历程及研究进展[J]. 混凝土, 2008 (10): 30-33.

[11] 杨静, 李永德. 建筑防水密封材料及其施工技术 (3): 建筑物中接缝的类型及其防水密封设计[J]. 工业建筑, 2000 (11): 59-62.

[12] 于水军, 马鸿雁. 钢结构防腐与防火涂装施工及其品质控制[J]. 涂料工业, 2008 (3): 40-43, 48.

[13] 姚佩, 张艳娟, 刘学理. 新型夹芯保温墙体的芯材选择[J]. 新型建筑材料, 2014, 41 (4): 49-50, 63.

[14] 朱文祥, 吴志敏, 张海遐, 等. 预制夹芯保温墙体连接件的研究现状[J]. 建筑节能, 2017, 45 (4): 48-51.

[15] 孙成双, 江帆, 满庆鹏. BIM 技术在建筑业的应用能力评述[J]. 工程管理学报, 2014, 28 (3): 27-31.

[16] 王珊珊, 王伟. AP1000 重要模块运输吊装安全措施研究[J]. 中国安全生产科学技术, 2016, 12 (S1): 97-102.

[17] 中国工程建设标准化协会. 模块化装配整体式建筑隔震减震技术标准: T/CECS 576—2019[S]. 北京: 中国建筑工业出版社, 2019.

[18] 黄富民. 钢筋材料验收技术探析[J]. 城市住宅, 2016, 23 (12): 116-118.

[19] 张保民, 杜德培. 工程质量检测管理新探索: 见证检测[J]. 工程质量, 2005 (10): 4-5.

[20] 张季超, 易和, 李霆, 等. 广东科学中心建设科技创新[M]. 北京: 科学出版社, 2012.

致　　谢

　　本书是在全面、系统地介绍预制装配整体式模块化建筑施工及验收等内容的基础上，结合近年来快速发展的建筑模块智能制造和智能建造新技术编写而成的。在本书编写过程中，作者要特别感谢参与了本书内容相关研究工作的人员，他们是：广州大学谭平、汪大洋、王可怡、张岩、彭超恒、刘向东、简伟通、吕明、沈冬儿、刘丹、陈志河、陈力、陈泽宇，浙江东南网架股份有限公司何挺、何云飞、陈伟刚，河南理工大学刘希亮、程建华、苑东亮，河南省基本建设科学实验研究院有限公司张晖、文石命、郭颖，中山大学刘镇，郑州大学郭院成、冯虎，河南大学岳建伟，华北水利水电大学宋灿，河南工程学院张铟、朱海堂，广东番禺职业技术学院叶雯、胡维建，广东建设职业技术学院王慧英，广州城建职业学院方金刚、刘丘林、张红霞、周小华，中南建筑设计院有限公司李宏胜、刘炳清、胡紫东、袁理明，中国建筑科学研究院有限公司艾明星、彭罗文、王雪，焦作快宜居实业有限公司秦瑞宾、孔德星、葛一兵，广东精特建筑工程有限公司燕志刚、段战非，广东建筑产业研究院有限公司谢伟峰，广州市建筑科学研究院有限公司胡贺松、陈航、乔西、宋雄彬，深圳市路桥建设集团有限公司张爱军、李会超，广东新会中集特种运输设备有限公司陈惠玲、李小杰，碧桂园粤东区域公司李首方，中建七局冯大阔，郑州新大方建工科技有限公司刘小飞，墨点狗智能科技（东莞）有限公司郑孝旭、谷锐、杨为、游鹤超。